国家林业和草原局普通高等教育"十四五"规划教材

GIS 原理与应用

（第 2 版）

张王菲　姬永杰　主编

中国林业出版社
China Forestry Publishing House

图书在版编目(CIP)数据

GIS 原理与应用/张王菲，姬永杰主编. —2 版. —北京：中国林业出版社，2023.8
国家林业和草原局普通高等教育"十四五"规划教材
ISBN 978-7-5219-2276-9

Ⅰ.①G… Ⅱ.①张… ②姬… Ⅲ.①地理信息系统-高等学校-教材 Ⅳ.①P208.2

中国国家版本馆 CIP 数据核字(2023)第 137577 号

策划编辑：范立鹏
责任编辑：范立鹏
责任校对：苏　梅
封面设计：周周设计局

出版发行：中国林业出版社
　　　　　(100009，北京市西城区刘海胡同 7 号，电话 83223120)
电子邮箱：cfphzbs@ 163. com
网　址：www. forestry. gov. cn/lycb. html
印　刷：北京中科印刷有限公司
版　次：2018 年 11 月第 1 版
　　　　2023 年 8 月第 2 版
印　次：2023 年 8 月第 1 次
开　本：787mm×1092mm　1/16
印　张：17.5
字　数：420 千字
定　价：56.00 元

习作数据　　习作演示

《GIS 原理与应用》(第 2 版)
编写人员

主　　编：张王菲　姬永杰

副 主 编：黄华国　田　昕

编写人员：(按姓氏笔画排序)
　　　　　田　昕(中国林业科学研究院资源信息研究所)
　　　　　刘　畅(西南林业大学)
　　　　　刘　菊(河北省国土空间规划编制研究中心)
　　　　　牟凤云(重庆交通大学)
　　　　　张王菲(西南林业大学)
　　　　　赵　飞(云南大学)
　　　　　姬永杰(西南林业大学)
　　　　　黄国然(西南林业大学)
　　　　　黄华国(北京林业大学)

《GIS 原理与应用》(第 1 版) 编写人员

主　　编：张王菲　姬永杰

副主编：刘　畅　唐　静

编写人员：(按姓氏笔画排序)
　　　　　牟凤云(重庆交通大学)
　　　　　刘　畅(西南林业大学)
　　　　　李建刚(昆明市国土规划勘察测绘研究院)
　　　　　张王菲(西南林业大学)
　　　　　唐　静(西南林业大学)
　　　　　聂俊堂(昆明冶金高等专科学校)
　　　　　姬永杰(西南林业大学)
　　　　　殷晓洁(西南林业大学)

第 2 版前言

地理信息系统(GIS)作为一种先进的信息技术工具,在地理学、城市规划、环境保护等领域发挥着重要作用。"地理信息系统原理"课程作为地理信息科学专业的一门核心必修课程,在人才培养方案的课程结构组成中占有举足轻重的地位。我国的地理信息系统高等教育自 20 世纪 90 年代以来获得了高速发展,对地理信息系统专业教材的需求逐年增加。本教材初版于 2018 年,近几年来,随着地理信息系统学科的发展和高校教育改革的深入推进,"地理信息系统原理"教学对于配套教材的先进性、实用性和思想性提出了新的要求,初版教材恐难以更好地服务教学。为保证教材知识体系的前沿性,突出解决问题的实践性,促进教育教学的创新,我们重新组织人员对初版教材进行了修订。

本次修订突出理论与实践并重的编写理念,在保留第 1 版框架结构的基础上,对部分章节内容进行了调整,优化教材结构,对实验部分进行了全面的修订,加强了教材与实践的衔接。教材修订进一步丰富了经典和前沿的 GIS 知识,有利于拓宽学生思维广度,培养学生的空间思维和数据分析能力,帮助学生建立完整的 GIS 知识体系;此次修订提供了更为丰富的案例和实践,有助于学生更直观地理解 GIS 原理,熟练掌握 GIS 在林业、自然资源、环境保护、城市规划等领域的应用技能,加强运用 GIS 工具解决实际问题的能力。

此次教材修订得到了云南省重点支持建设林学学科和林学专业经费的资助。教材在"国家林业和草原局普通高等教育'十四五'规划教材"立项申报过程中,南京林业大学曹林教授、东北林业大学邢艳秋教授、中国林业科学研究院陈尔学研究员等专家学者给出了宝贵的修改意见,在此深表谢意。在教材修订过程中,西南林业大学张昊楠、王璐、敬谦、杨菲菲、王玉平、赵丹、杨希越、雷华雄等研究生同学参与了书稿的部分核校工作;在教材出版过程中,中国林业出版社范立鹏博士提出了宝贵的修改意见,在此一并致谢!

教材修订参考和引用了国内外一些 GIS 相关教材、论文、专著,在此谨向文献的作者们表示诚挚的谢意。由于时间仓促,挂一漏万之处恳请广大读者批评指正。

编 者

2023 年 7 月

第1版前言

地理信息技术近些年来已经深入应用到了各个行业中，国内外多所高校、研究中心都在培养相关的专业技术人才。然而地理信息技术的掌握既要依托地理信息系统的基本原理，还要结合实践掌握地理信息系统相关软件操作。此外，作为地理信息学科的研究人员，同时需要对地理信息领域相关的热点技术跟进。结合地理信息系统原理教学中的以上思考，本教材在编写时兼顾了 GIS 专业和非 GIS 专业学生学习中的基础原理、概念的掌握，同时针对基本原理、概念匹配了相应的实践操作。

与目前市场上多数 GIS 教材不同，本教材的每个章节由理论、要点、复习、实践四个部分组成，首先介绍基础理论，然后总结理论学习中的重要的知识点和术语，并结合重点内容形成每章的复习题，最后结合各知识点设计相应的实践操作。实践习作部分综合考虑了 GIS 的应用特点，为读者提供了丰富的数字资源。读者在具体的实践操作中，可通过扫描二维码的方式，在浏览器中下载课后习作相应的数据，并可使用手机在线观看相应的操作视频。通过这种系统的方式，保证学生在学习过程中将理论与实践相结合，实现所学知识的融会贯通。

结合地理信息的基本功能和应用功能，本书分为 10 章，简要内容和具体编写分工如下：第 1 章介绍了地理信息系统发展过去、现在和将来，GIS 相关的概念、信息、数据、地理信息、地理信息系统的组成、基本功能和应用功能；本章由张王菲、姬永杰编写，崔錾波负责文字校正和编排。第 2 章介绍了从现实世界到地理空间世界的抽象过程、空间数据模型的概念、类型、特点等；本章由聂俊堂编写，刘钱威、李望负责文字校对和编排。第 3 章介绍了空间实体的概念、类型、特征、存储以及空间实体的空间关系，同时介绍了空间参照系、地图投影的基本知识；本章由唐静编写，李鑫、马鹏根负责文字校对和编排。第 4 章分别介绍了空间数据库的基本知识和 GIS 中的数据结构；本章由刘畅编写，董钊、李宁负责文字校对和编排。第 5 章分别介绍了 GIS 数据的采集、质量控制和数据共享；本章由刘畅、姬永杰编写，刘钱威、李望负责文字校对和编排。第 6 章介绍了矢量数据的编辑、拓扑关系的建立、栅格数据和矢量数据的压缩、矢量和栅格数据的转换等；本章由姬永杰编写，董钊、李宁负责文字校对和编排。第 7 章分别介绍了空间查询和 GIS 中缓冲区分析、叠加分析、地形分析、统计分析、网络分析等空间分析方法，同时总结了 GIS 中空间建模的过程和方法；本章由张王菲编写，杨玥、廖朝芳负责文字校对和编排。第 8 章介绍了 GIS 与地图学的联系、地图的符号、专题信息的表现、制图综合及地理信息的可视化等；本章由殷晓洁、张王菲、李建刚编写，丁阳、张月负责文字校对和编排。第 9 章介绍了 GIS 在各个行业中的应用；本章由牟凤云、文哲编写，王涵、李兆碧、蒲标标负责文字校对和编排。第 10 章介绍了目前 GIS 发展中的热点技术，包括人工智能 GIS、大数据 GIS、深度学习和人工智能结合下的 GIS、GIS 中的虚拟现实技术；本章由牟凤云、杨玥、薛倩编写，姜兴雪、陈婕负责文字校对和编排。

本教材由张王菲、姬永杰确定整体结构，完成统稿。本教材的完成，是多位从事地理信息系统原理及相关课程教学的各位教师多年教学工作的结晶，编者所在教研室的其他教师也为本教材提供了极好的编写素材。

本教材的出版得到了国家自然科学基金（31860240）、国家复合应用型农林人材培养模式改革试点项目以及云南省区域特色高水平大学林学品牌专业项目的资助。同时，本教材的完成还得到了西南林业大学森林经理教研室多位老师的关怀和支持，胥辉教授、岳彩荣教授、徐天蜀教授等都为本教材提出了许多有益的建议和修改意见；地理信息系统专业的文哲、杨玥、刘钱威、丁阳、李鑫、蒲标标等也参与了部分插图的绘制及实践内容的数据准备和整理工作。此外，本教材的编写和出版得到了西南林业大学林学院王昌命院长、张堂松书记、张大才副院长的大力支持，得到了中国林业出版社范立鹏博士的大力指导和支持，在此一并致谢！

尽管本教材已有 40 余万字，但要全面阐述地理信息系统原理及相关技术，显然还不够多，大家在学习的过程中，应当结合相应知识点和实践内容多思考，同时还要结合各行业应用深入体会，真正领会 GIS 中的理论基础。

虽然本教材编写几易其稿，但由于编者水平有限，错误与不妥之处在所难免，敬请读者批评指正！

编　者

2018 年 6 月

目 录

第 2 版前言
第 1 版前言

第 1 章 绪 论 ··· (1)
   1.1 相关概念 ·· (1)
   1.2 发展概况 ·· (5)
   1.3 系统组成 ·· (12)
   1.4 基本功能和应用领域 ··· (13)
   1.5 相关学科 ·· (16)
   复习思考题 ·· (20)
   实践习作 ·· (20)

第 2 章 空间数据模型 ·· (22)
   2.1 现实世界抽象与空间建模 ······································ (22)
   2.2 空间数据模型 ·· (25)
   复习思考题 ·· (34)
   实践习作 ·· (35)

第 3 章 GIS 的空间特性 ··· (38)
   3.1 空间实体及其描述 ··· (38)
   3.2 空间关系 ·· (41)
   3.3 空间参考 ·· (43)
   3.4 空间投影 ·· (47)
   3.5 空间尺度 ·· (50)
   复习思考题 ·· (53)
   实践习作 ·· (53)

第 4 章 空间数据结构 ·· (55)
   4.1 地理数据 ·· (55)
   4.2 空间数据库 ··· (56)
   4.3 GIS 数据结构 ·· (65)
   复习思考题 ·· (86)
   实践习作 ·· (86)

第 5 章 空间数据采集与质量控制 ···································· (88)

5.1 GIS 数据源与数据获取方式 …………………………………………………… (88)
5.2 元数据与 GIS 数据共享 ……………………………………………………… (91)
5.3 地理数据的分类与编码 ……………………………………………………… (95)
5.4 地理数据采集 ………………………………………………………………… (103)
5.5 数据质量评价与控制 ………………………………………………………… (108)
复习思考题 ………………………………………………………………………… (114)
实践习作 …………………………………………………………………………… (114)

第 6 章 空间数据的处理 ………………………………………………………… (120)
6.1 矢量数据的编辑 ……………………………………………………………… (120)
6.2 矢量数据拓扑关系的自动建立 ……………………………………………… (130)
6.3 空间数据的压缩处理 ………………………………………………………… (132)
6.4 空间数据的插值方法 ………………………………………………………… (134)
6.5 空间数据格式转换 …………………………………………………………… (137)
复习思考题 ………………………………………………………………………… (141)
实践习作 …………………………………………………………………………… (142)

第 7 章 空间查询与空间分析 …………………………………………………… (147)
7.1 空间数据的查询 ……………………………………………………………… (147)
7.2 缓冲区分析 …………………………………………………………………… (150)
7.3 空间统计分析 ………………………………………………………………… (154)
7.4 叠置分析 ……………………………………………………………………… (159)
7.5 地形分析 ……………………………………………………………………… (164)
7.6 网络分析 ……………………………………………………………………… (179)
7.7 空间分析模型 ………………………………………………………………… (187)
复习思考题 ………………………………………………………………………… (193)
实践习作 …………………………………………………………………………… (193)

第 8 章 空间数据表现与地图制图 ……………………………………………… (205)
8.1 GIS 数据表现与地图学 ……………………………………………………… (205)
8.2 地图的符号 …………………………………………………………………… (207)
8.3 专题信息表现 ………………………………………………………………… (216)
8.4 专题地图设计 ………………………………………………………………… (221)
8.5 制图综合 ……………………………………………………………………… (224)
8.6 地理信息可视化 ……………………………………………………………… (228)
复习思考题 ………………………………………………………………………… (233)
实践习作 …………………………………………………………………………… (234)

第 9 章 GIS 的行业应用 ………………………………………………………… (236)
9.1 GIS 在城市规划及建设中的应用 …………………………………………… (236)
9.2 GIS 在资源管理及环境保护中的应用 ……………………………………… (242)
9.3 GIS 在灾害预警与救灾中的应用 …………………………………………… (249)

9.4　GIS 在电信行业运营中的应用 ………………………………………………（250）
9.5　GIS 在交通运输中的应用 …………………………………………………（251）
9.6　GIS 在军事领域的应用 ……………………………………………………（252）
9.7　GIS 应用领域发展趋势 ……………………………………………………（252）
复习思考题 ……………………………………………………………………（253）
实践习作 ………………………………………………………………………（253）

第 10 章　GIS 的发展趋势 …………………………………………………（256）
10.1　人工智能 GIS ……………………………………………………………（256）
10.2　大数据下的 GIS …………………………………………………………（260）
10.3　人工智能与深度学习下的 GIS 相关应用 ………………………………（261）
10.4　GIS 中的虚拟现实技术 …………………………………………………（263）

参考文献 ……………………………………………………………………………（266）

第 1 章

绪　　论

【内容提要】本章介绍地理信息系统(geographical information system，GIS)的基本概念，包括信息、数据、信息系统、空间数据、空间信息和地理信息系统；介绍GIS的主要研究内容以及与其他学科(如地理学、地图学、遥感)的关系；介绍GIS的组成、分类、功能和发展历史。

1.1　相关概念

地理信息系统是集地球科学、信息科学与计算机技术为一体的高新技术，目前已广泛应用于资源管理、环境监测、灾害评估、城市与区域规划等众多领域，成为社会可持续发展有效的辅助决策支持工具。为使读者正确认识地理信息系统，以下简要介绍地理信息系统相关概念。

1.1.1　信息与数据

(1) 信息的概念和特性

信息是现实世界在人们头脑中的反映，它以文字、数据、符号、声音、图像等形式记录下来，进行传递和处理，为人们的生产、建设、管理等提供依据。它不随载体(记录)形式的改变而改变。信息具有客观性、适用性、传输性和共享性。

①客观性。任何信息都是与客观事实相联系的，这是信息的正确性和精确度的保证(数据录入的精度和准确度)。

②适用性。信息面宽、量大，但对于不同问题，产生影响的因素不同，需要的信息种类是不同的。信息系统将地理空间的巨大数据流收集、组织和管理起来，经过处理、转换和分析转换为对生产、管理和决策具有重要意义的信息，这是由建立信息系统的目的性所决定的(建库时选择性地录入数据，保持适合的精度)。

③传输性。信息可在信息发送者与接收者之间通过传输网络进行传输，传输网络被形象地称为"信息高速公路"(网络、电话、新闻媒体)。

④共享性。信息与实物不同，信息可传输给多个用户，为用户共享，而其本身并无损失，这为信息的并发应用提供可能性(如股市信息等)。

(2) 数据的概念

数据是指某一目标(客观事物、事件)定性、定量描述的原始资料,包括数字、文字、符号、图形、图像、声音、视频以及它们能转换成的数据等形式。数据是用以载荷信息的物理符号,数据本身并没有意义(如一条线)。数据的格式往往与计算机系统有关,并随载荷它的物理设备的形式而改变。

(3) 信息与数据的关系

信息与数据是不可分离的。信息是数据的内涵(数据中所包含的意义就是信息),而数据是信息的表达(信息由与物理介质有关的数据表达,具有多种多样的形式,由一种数据形式转换为其他数据形式,但其中包含的信息的内容不会改变)。

1.1.2 地理信息与地学信息

(1) 地理信息及其特性

地理信息是表征地理系统诸要素的数量、质量、分布特征、相互联系和变化规律的数字、文字、声音、视频、图像和图形等的总称。地理信息包括地域性、多层次性和动态性3个特征。

①地域性。地理信息属于空间信息,其位置的识别是与数据联系在一起的,这是地理信息区别于其他类型信息的显著标志。

②多层次性。地理信息还具有多维结构的特征,即在二维空间的基础上实现多专题的第三维结构,而各个专题型实体之间的联系是通过属性码进行的,这就为地理系统各圈层之间的综合研究提供了可能,也为地理系统多层次的分析和信息的传输与筛选提供了方便。

③动态性。可以按时间尺度将地理信息划分为超短期的(如台风、地震等)、短期的(如江河洪水、秋季低温等)、中期的(如土地利用、作物估产等)、长期的(如城市化、水土流失等)和超长期的(如地壳变动、气候变化等)。地理信息的这种动态变化的特征,不但要求地理信息获取要及时,而且要求定期、及时更新。从其自然的变化过程中研究其变化规律,从而做出地理事物的预测与预报,为科学决策提供依据。

总之,认识地理信息的这种区域性、多层次性和动态性对建立地理信息系统,实现人口、资源、环境等的综合分析、管理、规划和决策具有重要意义。

(2) 地学信息

与人类居住的地球有关的信息都是地学信息。地学信息具有无限性、多样性、灵活性等特点。地学信息是人们深入认识地球系统、合理开发资源、净化能源、保护环境的前提和保证。

地理信息与地学信息的区别主要在于信息源的范围不同。地理信息的信息源是地球表面的岩石圈、水圈、大气圈和人类活动等;地学信息的信息源范围更广泛,它们不仅来自地表,还包括地下、大气层甚至宇宙空间。

1.1.3 系统与信息系统

(1) 系统

系统(system)是具有特定功能的、相互有机联系的许多要素所构成的一个整体。对计算机而言，系统是为实现某些特定的功能，由必要的人、机器、方法或程序按一定的相关关系联系起来进行工作的集合体，内部要素之间的相互联系通过信息流实现。系统的特征由构成系统的要素及其相互之间的联系方式所决定。

(2) 信息系统

信息系统(information system，IS)是能对数据和信息进行采集、存储、加工和再现，并能回答用户一系列问题的系统。它具有采集、管理、分析和表达数据的能力。在计算机时代，信息系统都部分或全部由计算机系统支持，人们常常使用计算机收集数据并将数据处理成信息，计算机的使用导致了一场信息革命，目前，计算机已经渗透到各个领域。一个基于计算机的信息系统包括计算机硬件、软件、数据和用户四大要素。

① 计算机硬件包括各类计算机处理及终端设备，它帮助人们在非常短的时间内处理大量数据、存储信息和快速获得帮助。

② 软件是支持数据信息的采集、存储、加工、再现和回答用户问题的计算机程序系统，它接受有效数据，并正确地处理数据；在一定的时间内提供适用的、正确的信息，并存储信息为将来所用。

③ 数据是系统分析与处理的对象，构成系统的应用基础。

④ 用户是信息系统所服务的对象。由于信息系统并不是完全自动化的，在系统中总是包含一些人的复杂因素，人的作用是输入数据、使用信息和操作信息系统，建立信息系统也需要人的参与。在基于计算机的信息系统中，处理过程的作用是告诉人们各部分间的相互关系(图1-1)。

图1-1 信息系统的组成

(3) 信息系统的类型

信息的需要完全取决于管理的层次，设计一个系统要满足组织中所有层次人员的信息需要，这种系统是很复杂的，因为组织中使用的信息在数量、状态和类型上都是易变和不可预知的。在组织中将信息系统分成3个管理层次：操作层(底层)、战术层(中间层)和战略层(顶层)。操作层包括的人员如会计师、销售人员和商店监理，他们执行日常工作和上级管理所做的计划；战术层包括组织中的高级管理人员和参与最高管理的中层管理人员；而管理层负责决定组织的发展方向。为了解决系统复杂性这一问题，大多数组织建立不同类型的系统来满足需要(图1-2)。

① 事物处理系统(transaction process system，TPS)。主要用以支持操作层人员的日常活动。它主要负责处理日常事务。

② 管理信息系统(management information system，MIS)。需要包含组织中的事务处理系统，并提供了内部综合形式的数据，以及外部组织的一般范围和大范围的数据。许多战术层提供的信息能按照该层管理者希望的那样以熟悉的和喜欢的形式提供。但是，为战术层管理者提供的另外一部分信息和大多数为战略层管理者提供的信息是不可能事先确定的。这些不确定性对管理信息系统的设计者来说是个很大的挑战。

③ 决策支持系统(decision support system，DSS)。能从管理信息系统等系统中获得信

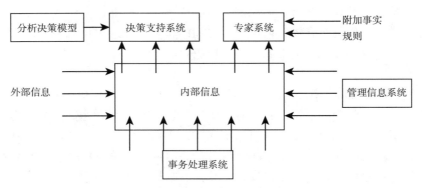

图 1-2 信息系统的类型

息，帮助管理者制定决策。该系统是一组处理数据和进行推测的分析程序，是基于计算机的交互式信息系统。分析决策模型、管理信息系统中的信息、决策者的推测三者组合达到好的决策效果。

④专家系统(expert system，ES)。是基于计算机模仿人工决策处理过程的信息系统。专家系统扩大了计算机的应用范围，使其从传统的资料处理领域发展到智能推理。管理信息系统能提供信息帮助制定决策，决策支持系统能帮助改善决策的质量，只有专家系统能应用智能推理制定决策并解释决策理由。专家系统由 5 个部分组成：知识库、推理机、解释系统、用户接口和知识获得系统。

1.1.4 地理信息系统

地理信息系统(GIS)是一种在计算机软件、硬件支持下，把各种地理信息和环境参数按空间分布或地理坐标，以一定格式输入、存储、检索、显示和综合分析应用的技术系统。在我国，20 世纪自 80 年代以来，从中央到地方的许多行业和单位对它的需求越来越迫切，相继研建了不同规模和多种形式的地理信息系统，并且在国民经济和社会的协调发展中发挥了良好的作用和效益，展现广阔的应用前景。

(1) 定义地理信息系统的 3 种观点

目前，从地理信息系统在实际应用中的作用和地位来看，对地理信息系统的定义存在以下 3 种观点：

第一种观点为地图观点，认为地理信息系统是一个地图分析与处理系统，它侧重于将每个地理数据集看作一幅地图，通过地图代数实现数据的操作与运算，其结果仍然表现为一张具有新内容的地图。

第二种观点为数据库观点，它侧重于数据库设计与实现的完美性，一个复杂的数据库管理系统被视为地理信息系统不可分割的一部分。

第三种观点则是空间分析的观点，强调地理信息系统的空间分析与模型分析功能，认为地理信息系统是一门空间信息科学，而不仅仅是一门技术。

一般而言，第三种观点被普遍接受，并认为这是区分地理信息系统与其他地理数据自动化处理系统的唯一特征。

(2) 地理信息系统的定义

①地理信息系统是对地理环境有关问题进行分析和研究的一门学科,它将地理环境的各种要素,包括它们的空间位置形状及分布特征和与之有关的社会、经济等专题信息,以及这些信息之间的联系等,进行获取、组织、存储、检索、分析,并在管理、规划与决策中应用。

②为了获取、存储、检索、分析和显示空间定位数据而建立的计算机化的数据库管理系统。——美国国家地理信息与分析中心

③是在计算机软硬件支持下,以采集、存储、管理、检索、分析和描述空间物体的定位分布及与之相关的属性数据,并回答用户问题为主要任务的计算机系统。

④地理信息系统是一种获取、存储、检索、操作、分析和显示地球空间数据的计算机系统。——英国教育部

综上所述,地理信息系统可定义为:由计算机系统、地理数据和用户组成的,对地理数据的采集、存储、查询检索、处理、分析、输出、更新、维护管理和应用,以及在不同用户、不同系统、不同地点之间传输地理数据的计算机信息系统。

(3) 地理信息系统与其他信息系统之间的关系

狭义的 GIS 中的 I 是指信息(information),顾名思义是指地理空间中存在的各种各样的信息,S 是指系统(system)。IS 是指通过计算机对各种的信息进行管理、使用,是在计算机软硬件的支持下,通过用户对数据的操作和使用,来实现人们想做的各种事情的系统。"地理"是对"信息系统"的限定,即只包括地理信息的管理系统,因此,它们之间既有联系又有区别。

首先,信息系统包含地理信息系统,地理信息系统属于信息系统。其次,地理信息系统离不开数据库技术。数据库中的一些基本技术,如数据模型、数据存储、数据检索等都是地理信息系统广泛使用的核心技术。地理信息系统对空间数据和属性数据共同管理、分析和应用,而一般的信息系统侧重于非图形数据(属性数据)的优化存储与查询,即使存储了图形,也是以文件的形式存储,不能对空间数据进行查询、检索、分析,没有拓扑关系,其图形显示功能也很有限。

1.2 发展概况

地理信息系统脱胎于地图,它们都是地理信息的载体,具有获得、存储、编辑、处理、分析与显示地理数据的功能。地图是地理学的第二代语言,而地理信息系统将成为地理学的第三代语言。20 世纪 60 年代初,在计算机图形学的基础上出现了计算机化的数字地图。1950 年,美国麻省理工学院为它的"旋风一号"计算机制造了第一台图形显示器;1958 年,一家美国公司在联机的数字记录仪基础上研制成滚筒式绘图仪;1960 年,加拿大测量学家 R. F. Tomlinson 提出了把地图变成数字形式的地图,1963 年,又提出地理信息系统这一术语,并建立了第一个地理信息系统——加拿大地理信息系统,随后地理信息系统以燎原之势在全世界迅速发展起来。

1.2.1 发展历程

(1) 开拓发展阶段(20世纪60年代)

20世纪60年代是地理信息系统的开拓起步阶段，该阶段关注的主要是空间数据的地学处理。

60年代初，计算机技术开始用于地图量算、分析和制作，由于机助制图具有快速、廉价、灵活多样、易于更新、操作简便、质量可靠、便于存储、量测、分类、合并和覆盖分析等优点而迅速发展起来。60年代中期，由于对于自然资源和环境的规划管理和应用加速增长的需要，对大量空间环境数据存储、分析和显示技术方法改进的要求，以及计算机技术及其在自然资源和环境数据处理中应用的迅速发展，促使对地图进行综合分析和输出的系统日益增多。

60年代中后期，许多与地理信息系统有关的组织和机构纷纷建立并开展工作，如美国城市和区域信息系统协会(URISA)在1966年成立，美国信息系统全国协会(NASIS)在1969年成立，城市信息系统跨机构委员会(UAAC)在1968年成立，国际地理联合会(IGU)的地理数据遥感和处理小组委员会在1968年成立等。这些组织和机构相继组织了一系列地理信息系统的国际讨论会。

最初的系统主要是关于城市和土地利用的，如加拿大地理信息系统(CGIS)就是为处理加拿大土地调查获得的大量数据建立的。该系统由加拿大政府组织于1963年开始研制实施，到1971年正式投入运行，被认为是国际上最早建立的、较为完善的大型使用的地理信息系统。

由于计算机硬件系统功能较弱，限制了软件技术的发展。这一时期地理信息系统软件的研制主要是针对具体的地理信息系统应用进行的，到60年代末期，针对地理信息系统具体功能的软件技术有了较大进展。

第一，栅格-矢量转换技术、自动拓扑编码以及多边形中拓扑误差检测等方法得以发展，开辟了分别处理图形和属性数据的途径。

第二，具有属性数据的单张或部分图幅可以与其他图幅或部分在图边自动拼接，从而构成一幅更大的图件，使小型计算机能够分块处理较大空间范围(或图幅)的数据文件。

第三，采用命令语言建立空间数据管理系统，对属性再分类、分解线段、合并多边形、改变比例尺、测量面积、产生新图和新的多边形、按属性搜索、输出表格和报告以及多边形的叠加处理等。

这一时期的软件主要针对当时的主机和外设开发的，算法尚嫌粗糙，图形功能有限。

(2) 巩固阶段(20世纪70年代)

20世纪70年代是地理信息系统的巩固发展阶段，该阶段关注的主要是空间地理信息的管理。

进入70年代以后，由于计算机硬件和软件技术的飞速发展，尤其是大容量存取设备——硬盘的使用，为空间数据的录入、存储、检索和输出提供了强有力的手段。用户屏幕和图形、图像卡的发展增强了人机对话和高质量图形显示功能，促使地理信息系统朝着使用方向迅速发展。一些发达国家先后建立了许多不同专题、不同规模、不同类型的各具特色的地理信息系统。例如，美国森林调查局发展了全国林业统一使用的资源信息显示系统；美国地质调查所发展了多个地理信息系统用于获取和处理地质、地理、地形和水资源信息，较典型的有 GIRAS；日本国土地理院从 1974 年开始建立数字国土信息系统，存储、处理和检索测量数据、航空相片信息、行政区划、土地利用、地形地质等信息，为国家和地区土地规划服务；瑞典在中央、区域和市三级建立了许多信息系统，比较典型的如区域统计数据库、道路数据库、土地测量信息系统、斯德哥尔摩地理信息系统、城市规划信息系统等；法国建立了地理数据库 GITAN 系统和深部地球物理信息系统等。此外，探讨以遥感数据为基础的地理信息系统逐渐受到重视，如将遥感纳入地理信息系统的可能性、接口问题以及遥感支持的信息系统的结构和构成等问题；美国喷气推动实验室（JPL）在 1976 年研制成功兼具影像数据处理和地理信息系统功能的影像信息系统（image based information system，IBIS），可以处理 Landsat 影像多光谱数据；美国航空航天局（NASA）的地球资源实验室在 1979 年至 1980 年发展了一个名为 ELAS 的地理信息系统，该系统可以接受 Landsat MSS 影像数据、数字化地图数据、机载热红外多波段扫描仪以及海洋卫星合成孔径雷达的数据等，产生地面覆盖专题图。

由于这一时期对地理信息系统的需求增加，许多团体、机构和公司开展了地理信息系统的研制工作，推动了地理信息系统软件的发展。根据国际地理联合会（IGU）地理数据遥测和处理小组委员会 1976 年的调查，处理空间数据的软件已有 600 多个，完整的地理信息系统有 80 多个。这一时期地图数字化输入技术有了一定的进展，采用人机交互方式，易于编辑修改，提高了工作效率，扫描输入技术系统出现。图形功能扩展不大，数据管理能力也较小。这一时期软件最重要的进展是人机图形交互技术的发展。

（3）突破阶段（20 世纪 80 年代）

20 世纪 80 年代，由于大规模和超大规模集成电路的问世，推出了第四代计算机，为地理信息的传输时效提供了硬件支持。由于计算机的发展，推出了图形工作站和个人计算机等性能价格比大为提高的新一代计算机，计算机和空间信息系统在许多部门广泛应用。随着计算机软、硬件技术的发展和普及，地理信息系统也逐渐走向成熟。这一时期是地理信息系统发展的重要时期。计算机价格的大幅度下降，功能较强的微型计算机系统的普及和图形输入、输出和存储设备的快速发展，大大推动了地理信息系统软件的发展，并研制了大量的计算机地理信息系统软件系统。由于计算机系统的软件环境限制较严，使在计算机地理信息系统中发展的许多算法和软件技术具有很高的效率，地理信息系统软件技术在以下几个方面有了很大的突破。在栅格扫描输入的数据处理方面，尽管扫描数据的处理要花费很长的机时（与扫描时间相比为 10∶1），但是仍可大大提高数据输入的效率；在数据存储和运算方面，随着硬件技术的发展，地理信息系统软件处理的数据量和复杂程度大大提高，许多软件技术固化到专用的处理器中；而且遥感影像的自动校正、实体识别、影像增强和专家系统分析软件也明显增加；在数据输出方面，与硬件技术相配合，地理信息系统软件可支持多种形式的地图输出；在地理信息管理方面，除了 DBMS 技术已发展到支持大型地图数据库的水平外，专门研制的适合地理信息系统空间关系表达和分析的空间数据库管理系统也有了很大的发展。

总之，这一时期的地理信息系统的发展有如下特点：①在 70 年代技术开发的基础上，地理信息系统技术全面推向应用。②开展工作的国家和地区更为广泛，国际合作日益加强，开始探讨建立国际性的地理信息系统，地理信息系统由发达国家推向发展中国家。③地理信息系统技术进入多种学科领域，从比较简单的、功能单一的、系统分散的发展到多功能的、共享的综合性信息系统，并向智能化发展，新型的地理信息系统将运用专家系统知识，进行分析、预报和决策。④计算机地理信息系统蓬勃发展，并得到广泛应用。在地理信息系统理论指导下研制的地理信息系统工具具有高效率和更强的独立性、通用性，更少依赖于应用领域和计算机硬件环境，为地理信息系统的建立和应用开辟了新的途径。

(4) 用户时代(20世纪90年代至今)

进入20世纪90年代，随着地理信息产业的建立和数字化信息产品在全世界的普及，地理信息系统将深入到各行各业乃至千家万户，成为人们生产、生活、学习和工作中不可缺少的工具和助手。地理信息系统已成为许多机构必备的工作系统，尤其是政府决策部门在一定程度上由于受地理信息系统影响而改变了现有机构的运行方式、设置与工作计划等。而且，社会对地理信息系统认识普遍提高，需求大幅度增加，从而导致地理信息系统应用的扩大与深化。国家级乃至全球性的地理信息系统的开发与应用已成为公众关注的问题。地理信息系统已被列入"信息高速公路"计划，也是美国前副总统戈尔提出的"数字地球"战略的重要组成部分。该时期地理信息系统的发展呈现以下特点：①多源数据信息共享。②数据实现跨平台操作。③平衡计算负载和网络流量负载。④操作及管理简单化。⑤应用普及化、大众化。

这个时期，地理信息系统发展的标志性技术主要有：数字地球、网格GIS、虚拟现实GIS、移动GIS、云GIS、智慧GIS、大数据GIS等。

地理信息系统发展历程中的重要事件见表1-1。

表1-1 地理信息系统发展历程中的重要事件

年份	事件
1957	第一个自动制图结果的产生
1960	美国空军首次成功发射"科罗娜"(Corona)卫星
1963	Roger Tomlinson开始了加拿大地理信息系统的开发
1963	Edgar Horwood建立了城市与区域信息系统联合会(URISA)
1964	Howard Fisher建立了计算机图形和空间分析的哈佛实验室
1966	SYMAP系统在西北技术学院研制并在哈佛实验室完成
1967	DIME(双重独立制图编码)由美国人口普查局研制
1969	Jack Dangermond和Laura Dangermond夫妇建立了美国环境系统研究所(ESRI)
1969	Jim Meadlock建立了Integraph公司
1969	在英国诞生了激光扫描仪
1969	IanMcHarg很有影响的书《自然设计》(Design with Nature)出版
1971	加拿大地理信息(CGIS)建立
1972	IBM的GFIS发布
1972	GISP(general information system for planning)开发

(续)

年份	事件
1972	Landsat 卫星首次发射成功
1973	USGS 研制了地理信息提取和分析系统
1973	马里兰自动地理信息(Maryland automatic geographic information，MAGI)开发
1974	在伦敦的皇家艺术学院建立了试验制图单元(experimental cartography unit，ECU)
1974	首次自动制图会议在美国明尼苏达州的 Reston 召开
1976	明尼苏达研制了明尼苏达土地管理信息系统
1977	USGS 研制了数字化线图(DLG)空间数据模式
1978	ERDAS 成立
1978	地图叠加复合与统计系统开发
1979	哈佛图形实验室研发了 ODYSSEY GIS
1981	ESRI ARC/INFO GIS 发布
1982	NASA 发射了 Landsat TM4
1983	ETAK 数字制图公司成立
1984	Marble，Calkins 和 Peuquet 出版了《地理信息系统的基本读物》(Basic Readings in Geographic Information Systems for Land Sources Assessment)
1984	第一届国际空间数据处理会议召开
1984	Landsat 商业化
1984	NASA 发射 Landsat TM5
1985	GPS 成为可运行系统
1985	美国军队建筑工程实验室开始研制地理资源分析支持系统(geographic resources analysis support systems，GRASS)
1986	MapInfo 建立
1986	Peter Burrough 出版了《土地资源评估的地理信息系统原理》(Principles of Geographic Information Systems for Land Resources Assessment)
1986	SPOT 卫星首次发射
1987	Tydac SPANS GIS 发布
1987	科拉克大学开始 Idrisi 项目
1988	美国人口调查局第一次公开发布 TIGER
1988	纽约州立大学开始研制 GIS-L Internet list-server
1988	GIS World 首次发行
1988	首次 GIS/LIS 会议举行
1988	英国的区域研究实验室成立
1988	Small World 公司成立
1989	在英国成立了地理信息系统联合会(AGI)
1989	Stan Arnoff 出版了《地理信息系统：一个管理透视》(Geographic Information Systems：A Management Perspective)

(续)

年份	事件
1989	Intergraph 发布 MGE
1991	P. A. Longley，M. F. Goodchild，D. J. Maguire 和 D. W. Rhind 出版了《地理信息系统：原理和应用》(*Geographic Information Systems*：*Principles and Technical Issues*)
1991	出版 *Big Book* I
1992	DCW 发布
1992	MAPS ALIVE 发行
1993	Digital Matrix Systems 发布了 InFoCAD for Windows NT 第一个版本，它是第一个基于 WinNT 的 GIS 软件
1994	OGC 形成（David Schell，Ken Gardells，Kurt Buehler 等）
1995	MapInfo 专业版发布
1996	Internet GIS 发布
1996	Mapquest
1996	GIS Day
1999	NASA 发射了 Landsat TM7
1999	IKONOS 发射成功
2000	超过 100 万人使用 GIS
2002	美国国家在线地图集发布
2003	英国推出在线国家统计系统
2003	推出地理空间一站式服务
2004	国家地理空间情报局（NGA）设立

1.2.2 GIS 在我国的发展历程

20 世纪 70 年代初，我国也开始了探讨计算机在地图制图和遥感领域的应用。

20 世纪 80 年代，随着微型计算机的问世，软件技术的发展和我国对"信息革命"的热烈响应，地理信息系统这一新技术正式作为实体，在我国进入全面试验阶段。我国地理信息系统方面的工作自 80 年代初开始。以 1980 年中国科学院遥感应用研究所成立的全国第一个地理信息系统研究室为标志，在几年的起步发展阶段中，我国地理信息系统在理论探索、硬件配制、软件研制、规范制定、局部系统建立、初步应用实验和技术队伍培养等方面都取得了进步，积累了经验，为全国范围内开展地理信息系统的研制和应用奠定了基础。

从 1986 年到 1995 年，我国地理信息系统随着社会主义市场经济的发展走上了全面发展道路。由于沿海、沿江经济开发区的发展，土地的有偿使用和外资的引进，急需地理信息系统为之服务，推动了地理信息系统的发展和应用。地理信息系统研究作为政府行为，正式列入国家科技攻关项目，开始有计划、有组织、有目标地进行理论研究和应用建设。

进入 21 世纪，在互联网第 3 次浪潮下，3G 的出现、Web 2.0 理念以及相应技术体系的各种应用带来了全新的技术和运维支撑，用户对地理信息系统的功能提出了新需求，服务需要具备体验性、沟通性、差异性、创造性和关联性等特征，这使常规以电子地图为基础的地理信息服务面临巨大挑战，成为一场革命，新地理信息时代逐渐形成。新地理信息时代具有明显特征，新地理信息时代服务对象从专业用户扩大到所有的大众用户。新地理信息时代用户同时也是空间数据和空间信息的提供者。新地理信息时代通过传感器网络实现实时数据更新和实时信息提取。

近年来，人工智能的发展给地理信息系统的发展指出了新的研究方向，从深蓝计算机战胜国际象棋大师卡斯帕罗夫，到 AlphaGO 击败围棋大师柯洁，既展示了人工智能的巨大成就，也预示了人工智能的美好前景。目前，汽车导航、网购物流、航班管家等时空信息服务，已广泛服务于人类生活的各个领域。地理信息系统作为时空信息服务的技术支撑，在人工智能、大数据、云平台、物联网等新兴技术的支持下，正焕发出活力与巨大商机。

1.2.3 发展趋势

(1) 大数据 GIS 技术

现代社会，互联网、移动互联网、物联网和车联网、金融、通信等产生大量数据。这些数据种类多、数据量大、价值密度低、变化速度快，以至于传统的数据库技术难以对其加以进行有效的管理和分析，这就是所谓的大数据。近年来发展起来以 Hadoop 和 Spark 为代表的一些新技术系统，可以用来存储、管理和分析挖掘这些数据。这些数据大多具有位置特性，如手机信息数据、网络搜索数据、电商交易数据，都有相关人员的位置信息，分析这些大数据的空间分布和空间移动特点，能让大数据发挥更大的价值。对于这些数据，传统 GIS 无法直接管理和分析，要基于 IT 大数据技术做复杂的编程才能实现，无疑增加了分析和挖掘的难度。一些 GIS 平台软件厂商结合相关大数据技术，在 GIS 平台软件里增加对带位置的大数据进行存储、索引、管理和分析的能力，降低了大数据空间分析难度，让更多机构和个人不用编程或者仅用较少编程，就可以管理和分析空间大数据，这就是大数据 GIS 技术。

(2) 新一代三维 GIS 技术

三维 GIS 发展了将近 20 年，取得了极大进步，目前逐渐确立了新一代三维 GIS 技术体系。二三维一体化是新一代三维 GIS 技术的基础框架。有人把通过二次开发在应用层面集成二维和三维称为二三维一体化，其实只是二三维联动。真正的二三维一体化，是数据模型、软件内核和软件形态的二三维一体化，这样才能让三维从中看不中用的"偶像派"走向真正实用的"实力派"。除传统手工三维建模以外，新一代三维 GIS 技术还融合了倾斜摄影三维技术、激光点云三维技术、BIM 与 GIS 结合的三维技术等。倾斜摄影和激光点云技术提升了三维的真实感、精度和生产效率；而 BIM 和激光点云的应用则让三维 GIS 从室外走进室内，从宏观走向微观。新一代三维 GIS 技术实现了二维与三维一体化，地上与地下一体化，空中与地表一体化，陆地与海洋一体化，室内与室外一体化，宏观与微观一体化。新一代三维将在很大程度上影响未来 GIS 的应用发展。

(3) 云 GIS 技术

云计算是为了集中计算资源，以便达到更节约和经济地利用计算资源的一种技术。云计算同时也让更大规模的计算方便得以实现。云 GIS 技术的第一个要求是让 GIS 软件能运行在云环境上，更进一层的要求是能够充分发挥云计算环境的优势，以便提高 GIS 服务和计算的性能，或者节约计算资源的目标。云计算时代的 GIS 软件，要打通云(服务器)GIS 和各种端 GIS(桌面 GIS 和移动端 GIS)之间的联通。在大量应用中，GIS 平台还要能够提供尽可能"瘦"的客户端(如 WebGL)以尽可能发挥云的计算优势，减少端的安装维护代价。

云计算时代，服务器上的 GIS 软件不再局限于一套 WebGIS 或 Service GIS 服务器软件，还需要提供云 GIS 门户软件、云 GIS 管理服务器软件，以及提高云 GIS 在有限带宽上高性能运行的 CDN 服务器或前置服务器软件。

(4) 跨平台 GIS 技术

跨平台指的是跨硬件设备和操作系统。硬件设备包括各种服务器、桌面电脑和移动设备等；操作系统包括服务器和桌面端用的各种 Windows、Linux、Unix，以及移动端的 Andriod 和 iOS 操作系统等。

1.3 系统组成

与普通的信息系统类似，一个完整的地理信息系统主要由 4 个部分构成，即计算机硬件系统、计算机软件系统、系统管理操作人员和地理数据(或空间数据)。其核心部分是计算机系统(软件和硬件)，空间数据反映地理信息系统的地理内容，而管理人员和用户则决定系统的工作方式和信息表示方式。

1.3.1 计算机硬件系统

计算机硬件系统是计算机系统中的实际物理装置的总称，可以是电子的、电磁的、机械的、光学的元件或装置，是地理信息系统的物理外壳。系统的规模、精度、速度、功能、形式、使用方法甚至软件都与硬件有极大的关系，受硬件指标的支持或制约。地理信息系统由于其任务的复杂性和特殊性，必须由计算机设备支持。计算机硬件系统的基本组件包括输入/输出设备、中央处理单元、存储器(包括主存储器、辅助存储器硬件)等。这些硬件组件协同工作，可向计算机系统提供必要的信息，使其完成任务，也可保存数据以备现在或将来使用，还可将处理得到的结果或信息提供给用户。

1.3.2 计算机软件系统

计算机软件系统是指必需的各种程序。对于地理信息系统应用而言，通常包括以下部分。

(1) 计算机系统软件

由计算机厂家提供的、为用户使用计算机提供方便的程序系统，通常包括操作系统、汇编程序、编译程序、诊断程序、库程序以及各种维护使用手册、程序说明等，是地理信息系统日常工作所必需的。

(2) 地理信息系统软件和其他支持软件

地理信息系统软件和其他支持软件包括通用的 GIS 软件包，也可以包括数据库管理系统、计算机图形软件包、计算机图像处理系统、CAD 等，用于支持对空间数据输入、存储、转换、输出和与用户接口。

(3) 应用分析程序

应用分析程序是系统开发人员或用户根据地理专题或区域分析模型编制的用于某种特定应用任务的程序,是系统功能的扩充与延伸。在 GIS 工具支持下,应用程序的开发应是透明的和动态的,与系统的物理存储结构无关,而随着系统应用水平的提高不断优化和扩充。应用程序作用于地理专题或区域数据,构成地理信息系统的具体内容,这是用户最为关心的真正用于地理分析的部分,也是从空间数据中提取地理信息的关键。用户进行系统开发的大部分工作是开发应用程序,而应用程序的水平在很大程度上决定系统的应用性优劣和成败。

1.3.3 系统管理操作人员

人是地理信息系统的重要构成因素。地理信息系统不同于一幅地图,而是一个动态的地理模型。仅有系统软硬件和数据还不能构成完整的地理信息系统,还需要人进行系统组织、管理、维护和数据更新、系统扩充完善、应用程序开发,并灵活采用地理分析模型提取多种信息,为研究和决策服务。对于合格的系统设计、运行和使用来说,地理信息系统专业人员是地理信息系统应用的关键,而强有力的组织是系统运行的保障。一个周密规划的地理信息系统项目应包括负责系统设计和执行的项目经理、信息管理的技术人员、系统用户化的应用工程师以及最终运行系统的用户。

1.3.4 地理数据

地理数据是指以地球表面空间位置为参照的自然、社会和人文经济景观数据,可以是图形、图像、文字、表格和数字等。它是由系统的建立者通过数字化仪、扫描仪、键盘、磁带机或其他系统通信输入地理信息系统,是系统程序作用的对象,是地理信息系统所表达的现实世界经过模型抽象的实质性内容。

1.4 基本功能和应用领域

作为地理信息自动处理与分析系统,地理信息系统能回答和解决以下 5 类问题:位置(locations),即在某个地方有什么;条件(conditions),即符合某些条件的实体在哪里;趋势(trends),即某个地方发生的某个事件及其随时间的变化过程;模式(patterns),即某个地方存在的空间实体的分布模式;模型(models),即某个地方如果具备某种条件会发生什么。

基于此基础,地理信息系统具有基本功能,具体包括:数据采集和编辑、数据存储与管理、数据处理和变换、空间分析和统计、产品制作与显示、二次开发和编程;应用功能如:资源管理、区域规划、国土监测、辅助决策。

1.4.1 基本功能

(1) 数据采集和编辑

GIS 数据通常抽象为不同的专题或层。数据采集编辑功能就是保证各层实体的地物要素按顺序转化为(x,y)坐标及对应的代码输入到计算机中。目前，可用于地理信息系统数据采集的方法与技术很多，如手扶跟踪数字化仪、自动化扫描输入等。扫描技术的应用与改进，实现扫描数据的自动化编辑与处理仍是GIS数据获取研究的主要技术关键。

(2) 数据存储与组织

这是建立地理信息系统数据库的关键步骤，涉及空间数据和属性数据的组织。栅格模型、矢量模型或栅格/矢量混合模型是常用的空间数据组织方法。空间数据结构的选择在一定程度上决定了系统所能执行的数据与分析的功能；在地理数据组织与管理中，最为关键的是如何将空间数据与属性数据融合为一体。

(3) 数据处理和变换

由于地理信息系统涉及的数据类型多种多样，同一种类型数据的质量也可能有很大的差异。为了保证系统数据的规范和统一，建立满足用户需求的数据文件，数据处理是地理信息系统的基础功能之一。数据处理的任务和操作内容包括：

①数据变换。指对数据从一种数学状态转换为另一种数学状态，包括投影变换、辐射纠正、比例尺缩放等。

②数据重构。指对数据从一种几何形态转换为另一种几何形态，包括数据拼接、数据截取、数据压缩、误差改正和处理等。数据压缩是采用一定的模型和编码方法，可以降低这种冗余度，从而实现数据压缩。

③数据抽取。指对数据从全集合到子集的条件提取，包括类型选择、窗口提取、布尔提取和空间内插等。

(4) 空间查询与空间分析

空间查询和分析是地理信息系统中非常重要的功能，它们使我们能够更好地理解地理现象、掌握地理数据，从而做出更明智的决策。

空间查询是指基于地理位置信息对数据进行筛选和过滤，以得到满足某些空间条件的地理数据。空间分析则是指在GIS中对地理现象进行分析和计算，以得出更深入的认识。常见的空间分析包括缓冲区分析、叠置分析、网络分析等。

(5) 产品制作与显示

GIS产品是指经由系统处理和分析，产生具有新的概念和内容，可以直接输出供专业规划或决策人员使用的各种地图、图像、图表或文字说明，其中地图图形输出是GIS产品的主要表现形式。一个运行的GIS，其产品制作与显示的功能包括：设置显示环境、定义制图环境、显示地图要素、定义字形符号等。

(6) 二次开发和编程

为使GIS技术广泛应用于各个领域，满足不同的应用需求，它必须具备的另一个重要的基本功能就是二次开发环境。这样，用户可以非常方便地编制自己的菜单和程序，生成可视化的用户应用界面，完成地理信息系统各项应用功能的开发。

1.4.2 应用领域

(1) 测绘与地图制图

测绘与地图制图：GIS技术源于机助制图。GIS技术与遥感(remote sensing, RS)、全球定位系统(global positioning system,GPS)技术在测绘界的广泛应用,为测绘与地图制图带来了一场革命性的变化。集中体现在:地图数据获取与成图的技术流程发生的根本的改变,地图的成图周期大大缩短,地图成图精度大幅度提高,地图的品种大大丰富。数字地图、网络地图、电子地图等一批崭新的地图形式为广大用户带来了巨大的应用便利。测绘与地图制图进入了一个崭新的时代。

(2) 资源管理

资源清查是地理信息系统的基本功能,主要任务是将各种来源的数据汇集在一起,并通过系统的统计和覆盖分析功能,按多种边界和属性条件,提供区域多种条件组合形式的资源统计和进行原始数据的快速再现。以土地利用类型为例,可以输出不同土地利用类型的分布和面积,按不同高程带划分的土地利用类型,不同坡度区内的土地利用现状,以及不同时期的土地利用变化等,为资源的合理利用、开发和科学管理提供依据。再如,美国国土资源部和威斯康星州合作建立了以治理土壤侵蚀为主要目的的多用途专用的土地地理信息系统。该系统通过收集耕地面积、湿地分布面积、季节性洪水覆盖面积、土壤类型、专题图件信息、卫星遥感数据等信息,建立了潜在威斯康星地区的土壤侵蚀模型,据此,探讨了土壤恶化的机理,提出了合理的改良土壤方案,达到对土壤资源保护的目的。

(3) 交通领域

交通规划中经常要涉及人口、国民经济数据,各类城市规划的用地与规模,道路长度等级与通行能力,交通量,交通分区等众多内容,用地理信息系统来管理,可以在兼容接口的条件下接收上述大部分现有数据,大幅减少各部门数据调查和数据输入的时间和工作,从而缩短规划项目的设计周期,提高工作效率。以道路交通事故预测与分析为例,基于 GIS 的定位系统,利用 GIS 将交通事故数据文件集合成一个整体,可以形象直观地报告事故地点、性质和原因,并对各事故地点的发生频率比较,找出事故多发地段,结合现有道路条件进行事故预测。可以将特殊地点考虑到预测当中,如学校、单位等在放学下班时间段,对应路段必定会产生不同程度的拥挤,针对拥挤程度,再来制订方案优化交通。

(4) 城乡规划

城乡规划中要处理许多不同性质和不同特点的问题,它涉及资源、环境、人口、交通、经济、教育、文化和金融等多个地理变量和大量数据。地理信息系统的数据库管理有利于将这些数据信息归并到统一系统中,最后进行城乡多目标的开发和规划,包括城镇总体规划、城市建设用地适宜性评价、环境质量评价、道路交通规划、公共设施配置,以及城市环境的动态监测等。这些规划功能的实现,是以地理信息系统的空间搜索方法、多种信息的叠加处理和一系列分析(回归分析、投入产出计算、模糊加权评价、0-1 规划模型、系统动力学模型等)加以保证的。我国大城市数量居于世界前列,根据加快中心城市的规划建设,加强城市建设决策科学化的要求,利用地理信息系统作为城市规划、管理和分析的工具,具有十分重要的意义。例如,北京某测绘部门以北京市大比例尺地形图为基础图形数据,在此基础上综合叠加地下及地面的八大类管线(包括上水、污水、电力、通信、燃气、工程管线)以及测量控制网,规划路等基础测绘信息,形成一个测绘数据的城市地下管线信息系统,从而实现了对地下管线信息的全面的现代化管理。为城市规划设计与管理部门、市政工程设计与管理部门、城市交通运输部门与道路建设部门等提供地下管线及

(5) 灾害监测

GIS 技术与遥感技术结合可有效用于森林火灾的预测预报、洪水灾情监测和洪水淹没损失的估算，为救灾抢险和防洪决策提供及时准确的信息。1994 年的美国洛杉矶大地震，利用 ArcInfo 进行灾后应急响应决策支持，成为大都市利用 GIS 技术建立防震减灾系统的成功范例。日本通过对横滨大地震的震后影响进行评估，建立各类数字地图库，如地质、断层、倒塌建筑等图库，把各类图层进行叠加分析，得出对应急救援有价值的信息，该系统的建成使有关机构可以对类似类似日本神户大地震的灾害事件做出快速响应，最大程度地减少伤亡和损失。再如，据我国大兴安岭地区的研究，通过普查分析森林火灾实况，统计分析十几万个气象数据，从中筛选气温、风速、降水、温度等气象要素，春秋两季植被生长情况和积雪覆盖程度等 14 个因子，用模糊数学方法建立数学模型，建立了计算机信息系统多因子综合指标森林火险预报方法，对预报火险等级的准确率可达 73% 以上。

(6) 环境保护

利用 GIS 技术建立城市环境监测、分析及预报信息系统；为实现环境监测与管理的科学化自动化提供最基本的条件；在区域环境质量现状评价过程中，利用 GIS 技术的辅助，实现对整个区域的环境质量进行全面客观的评价，以反映区域中受污染的程度以及空间分布状态；在野生动植物保护中的应用，世界自然基金会采用 GIS 空间分析功能，帮助世界最大的猫科动物改变它们目前濒临灭绝的境地，都取得了很好的应用效果。

(7) 国防

现代战争的一个基本特点就是"3S"技术被广泛地运用到从战略构思到战术安排的各个环节。它往往在一定程度上决定了战争的成败。例如，海湾战争期间，美国国防制图局为战争的需要在工作站上建立了地理信息系统与遥感的集成系统，它能用自动影像匹配和自动目标识别技术，处理卫星和高空侦察机实时获得的战场数字影像，及时地将反映战场现状的正射影像叠加到数字地图上，数据直接传送到海湾前线指挥部和五角大楼，为军事决策提供 24 小时的实时服务。

(8) 宏观决策支持

地理信息系统利用拥有的数据库，通过一系列决策模型的构建和比较分析，为国家宏观决策提供依据。例如，系统支持下的土地承载力的研究，可以解决土地资源与人口容量的规划。我国在三峡地区研究中，利用地理信息系统和机助制图的方法，建立环境监测系统，为三峡宏观决策提供了建库前后环境变化的数量、速度和演变趋势等可靠的数据。

总之，地理信息系统正越来越成为国民经济各有关领域必不可少的应用工具，相信它的不断成熟与完善将为社会的进步与发展作出更大的贡献。

1.5 相关学科

地理信息系统是 20 世纪 60 年代开始迅速发展起来的地理学研究的新技术，是多种学科交叉的产物。作为传统科学与现代技术相结合的产物，地理信息系统为各种涉及空间数据分析的学科提供了新的方法，而这些学科的发展都不同程度地提供了一些构成地理信息系统的技术与方法。为了更好地掌握并深刻地理解地理信息系统，有必要认识和理解与地理信息系统相关的学科。

（1）地理学

地理学是一门研究人类赖以生存的空间的科学。在地理学研究中，空间分析的理论和方法具有悠久的历史，它为地理信息系统提供了有关空间分析的基本观点与方法，成为地理信息系统的基础理论依托。而地理信息系统的发展也为地理问题的解决提供了全新的技术手段，并使地理学研究的数学传统得到了充分的发挥。

地理系统的内部及其外界，不仅存在着物质和能量的交流，还存在着信息交流，这种信息交流使系统许多不相关的形态各异的要素联系起来，共同作用于地理系统。地理信息系统体现着一种信息联系，由系统建立者输入机器存储的各种影像、地图和图表都包含了丰富的地理空间信息的数据，通过指针或索引等组织信息相关联。系统软件对空间数据编码解码和处理，用户对地理信息系统发出指令，地理信息系统按约定的方式做出解释后，获得用户指令信息，调用系统内的数据提取相应的信息，从而对用户做出反应，这是信息按一定方式流动的过程。由此可见，地理信息系统不仅要以信息的形式表达自然界实体之间物质和能量的流动，更为重要的是以最直接的方式反映自然界的信息联系，并快速模拟这种联系发展的结果，达到地理预测的目的。

总之，自然界与人类存在着密切的信息联系。地理学家面对的是一个实体的、自然的地理世界，而感受到的却是一个地理信息世界。地理研究实际上是基于这个与真实世界并存且在信息意义上等价的信息世界，地理信息系统以地理信息世界表达地理现实世界，可以真实、快速地模拟各种自然的过程和思维的过程，对地理研究和预测具有十分重要的作用。

（2）地图学

地图是记录地理信息的一种图形语言形式，从历史发展的角度来看，地理信息系统脱胎于地图，地图学理论与方法对地理信息系统的发展有着重要的影响。地理信息系统是地图信息的又一种新的载体形式，它具有存储、分析、显示和传输空间信息的功能，尤其是计算机制图为地图特征的数字表达、操作和显示提供了一系列方法，为地理信息系统的图形输出设计提供了技术支持。同时，地图仍是目前地理信息系统的重要数据来源之一。但二者又有本质的区别：地图强调的是数据分析、符号化与显示，而地理信息系统更注重于信息分析。

地图是认识和分析研究客观世界的常用手段，尽管地图的表现形式发生了种种变化，但是依然可以认为构成地图的主要因素有地图图形要素、数学要素和辅助要素。

①地图图形要素。是用地图符号所表示的制图区域内，各种自然和社会经济现象的分布、联系以及时间变化等的内容部分（又称地理要素），如江河、山地、平原、土质、植被、居民点、道路、行政界线或其他专题内容等，这是地图构成要素中的主体部分。

②数学要素。是决定图形分布位置和几何精度的数学基础，是地图的"骨架"。其包括地图投影、坐标网、比例尺及大地控制点等。地图投影是用数学方法将地球椭球面上的图形转绘到平面上；坐标网是各种地图的数学基础，是地图上不可缺少的要素；比例尺表示坐标网和地图图形的缩小程度；大地控制点是保证将地球的自然表面转绘到椭球面上，再

转绘到平面直角坐标网内时，具有精确的地理位置。

③辅助要素。是为了便于读图与用图而设置的。如图例就是显示地图内容的各种符号的说明，还有图名、地图编制和出版单位、编图时间和所用编图资料的情况、出版年月等。有的地图上还有补充资料，用以补充和丰富地图的内容。如在图边或图廓内空白处，绘制一些补充地图或剖面图、统计图等。有时还有一些表格或某一方面的重点文字说明。

从地理信息系统的发展过程可以看出，地理信息系统的产生、发展与制图系统存在着密切的联系，两者的相通之处是基于空间数据库的表达、显示和处理。从系统构成与功能上看，一个地理信息系统具有机助制图系统的所有组成和功能，并且地理信息系统还有数据信息分析的功能。地图是一种图解图像，是根据地理思想对现实世界进行科学抽象和符号表示的一种地理模型，是地理思维的产物，也是实体世界地理信息的高效载体，地图可以从不同方面、不同专题，系统地记录和传输实体世界历史的、现在的和规划预测的地理景观信息。

(3) 计算机科学

地理信息系统技术的创立和发展是与地理空间信息的表达、处理、分析和应用手段的不断发展分不开的。20 世纪 60 年代初，在计算机图形学的基础上出现了计算机化的数字地图。地理信息系统与计算机的数据库技术、计算机辅助设计(computer aided design, CAD)、计算机辅助制图(computer aided manufacturing, CAM)和计算机图形学(computer graphics)等有着密切的联系。但是它们却无法取代地理信息系统的作用。

数据库管理系统(database management system, DBMS)是操作和管理数据库的软件系统，提供可被多个应用程序和用户调用的软件系统，支持可被多个应用程序和用户调用的数据库的建立、更新、查询和维护功能，地理信息系统在数据管理上借鉴 DBMS 的理论和方法，非几何属性数据有时也采用通用 DBMS 或在其上开发的软件系统管理；对于空间地理数据的管理，通用的 DBMS 有两个明显的缺点：第一，缺乏空间实体定义能力。目前流行的网状结构、层次结构、关系结构等，都难以对空间结构全面、灵活、高效地加以描述。第二，缺乏空间关系查询能力。通用的 DBMS 查询主要是针对实体的查询，而地理信息系统中则要求对实体的空间关系进行查询，如关于方位、距离、包容、相邻、相交和空间覆盖关系等，显然，通用 DBMS 难以实现对地理数据空间查询和空间分析。数据是信息的载体，对数据进行解释可提取信息，通用数据库和地理数据库都是针对数据本身进行管理，而地理信息系统则在数据管理基础上，通过地理模型运算，产生有用的地理信息，取得信息的多少和质量，与地理模型的水平密切相关。

计算机图形学是利用计算机处理图形信息以及借助图形信息进行人-机通信处理的技术，是地理信息系统算法设计的基础。地理信息系统是随着计算机图形学技术的发展而不断发展完善的，但是计算机图形学所处理的图形数据是不包含地理属性的纯几何图形，是地理空间数据的几何抽象，可以实现地理信息系统底层的图形操作，但不能完成数据的地理模型分析和许多具有地理意义的数据处理，不能构成完整的地理信息系统。

计算机辅助设计(CAD)是通过计算机辅助设计人员进行设计，以提高设计的自动化程度，节省人力和时间；专门用于制图的计算机辅助制图(CAM)，采用计算机进行几何图形的编辑和绘制。地理信息系统(GIS)与 CAD、CAM 的区别在于：①CAD 不能建立地理坐标系和完成地理坐标变换；②GIS的数据量比CAD、CAM大得多，结构更为复杂，数据间联系紧密，这是因为GIS涉及的区域广泛，精度要求高，变化复杂，要素众多，相互关联，单一结构难以完整描述；③CAD和CAM不具备GIS具有地理意义的空间查询和分析功能。

(4) 遥感

遥感(RS)是一种不通过直接接触目标物而获得其信息的一种新型的探测技术。它通常是指获取和处理地球表面的信息，尤其是自然资源与人文环境方面的信息，并最终反映在相片或数字影像上的技术。影像通常需要进一步处理方可使用，用于该目的的技术称为图像处理。图像处理包括各种可以对相片或数字影像进行处理的操作，这些操作包括影像压缩、影像存储、影像增强以及量化影像模式识别等。目前，遥感已经成为环境研究中极有价值的工具，不同学科的专业人员不断地发现航空遥感不同数据在各领域内的潜在应用。遥感和图像处理技术被用于获取和处理地球表面有关的信息，地理信息系统的发展则源于对土地属性信息与相应几何表达的集成及空间分析的需求。这两项技术在过去是相互独立发展的，尽管它们实际上是互补的。

从地理信息系统本身的角度出发，随着它应用领域的拓宽和深入，首先，它要求存储大量的相关数据，通过不断地积累和延伸，从而具备反映自然历史过程和人为影响的趋势的能力，揭示事物发展的内在规律。但是地理信息系统数据库几乎只是通过地图数字化建立起来的，用户无法接触到原始资料及其有关信息，而地理信息系统中的原始数据却是有效地模拟和控制误差传播的基础。其次，地理信息系统为了保持系统的动态性和现势性，它还要求及时地更新系统中的数据，目前地理信息系统中存储的信息只是现实世界的一个静态模型，需要定时或及时的更新。遥感作为一种获取和更新空间数据的强有力手段，能及时地提供准确、综合和大范围内进行动态检测的各种资源与环境数据，因此，遥感信息就成为地理信息系统十分重要的信息源。另外，GIS数据可以作为遥感影像分析的一种辅助数据。在两者集成过程中，地理信息系统主要用于数据处理、操作和分析；而遥感则作为一种数据获取、维护与更新GIS数据的手段。

此外，地理信息系统可用于基于知识的遥感影像分析。地理信息系统和遥感是两个相互独立发展起来的技术领域，随着它们应用领域的不断开拓和自身的不断发展，即由定性到定量、由静态到动态、由现状描述到预测预报的不断深入和提高，它们的结合也逐渐由低级向高级阶段发展。遥感和地理信息系统的结合经历了由低级向高级阶段的发展过程。最早的结合工作包括把航空遥感相片经目视判读和处理后编制成各种类型的专题图，然后将它们数字化并输入地理信息系统；从20世纪70年代中后期开始，各种影像分析系统得到了迅速而广泛地发展。大量的遥感数据以及图像分析系统图像分类所形成的各类专题信息，可以直接输入地理信息系统，整个过程可在"全数字"的环境下进行，图像数据能够在生成编辑地图的屏幕上显示，标志着遥感和地理信息系统的结合进入了新的阶段。

RS作为空间数据采集手段，已成为地理信息系统的主要信息源与数据更新途径。遥感图像处理系统包含若干复杂的解析函数，并有许多方法用于信息的增强与分类。另外，大地测量为地理信息系统提供了精确定位的控制系统，尤其是全球定位系统(GPS)可快速、廉价地获得地表特征的熟悉位置信息。航空相片及其精确测量方法的应用使摄影测量成为 GIS 主要的地形数据来源。总之，遥感是地理信息系统的主要数据源与更新手段，同时，地理信息系统的应用又进一步支持遥感信息的综合开发与利用。

（5）管理科学

传统意义上的管理信息系统是以管理为目的，在计算机硬件和软件支持下具有存储、处理、管理和分析数据能力的信息系统，如人才管理信息系统、财务管理信息系统、服务业管理信息系统等。这类信息系统的最大特征是它处理的数据没有或者不包括空间特征。

还有一类管理信息系统是以具有空间分析功能的地理信息系统为支持、以管理为目标的信息系统，它利用地理信息系统的各种功能实现对具有空间特征的要素进行处理分析以达到管理区域系统的目的，如城市交通管理信息系统、城市供水管理信息系统、节水农业管理信息系统等。

复习思考题

1. 简述信息、数据、地理信息的概念。它们之间是怎样的关系？
2. 什么是空间数据？它有几种类型？什么是地图？
3. 简述地理信息系统的基本功能。
4. 简述地理信息科学与其他学科的联系。

实践习作

习作 1-1　森林公园选址

1. 知识点

地理信息系统的概念、基本功能。

2. 习作数据

EL_arc.shp、XZLBAK_arc.shp 和 XZS_poly.shp 数据。

3. 结果与要求

采用"建立缓冲区和叠置分析功能"方法，分析合适的森林公园地址。利用统计分析功能，统计各选取地块的各类用地面积和总面积。

4. 操作步骤

（1）加载数据

启动 ArcMap，右击图层，在弹出的快捷菜单上选择"添加数据"，分别将 EL_arc.shp、XZLBAK_arc.shp 和 XZS_poly.shp 数据加载到 ArcMap 环境。

（2）选取高程等于 20 m 的等高线

点击【选择】，在弹出的快捷菜单上选择"按属性选择"。在打开的【按属性选择】对话框的【图层】选项卡中选择"EL_arc 图层"，在【方法】中，双击"高程"，在【SELECT * FROM EL_arc WHERE】中就会显示"高程"。设置""高程"=20"后，点击【确定】，即可出现选取的高程为 20 m 的等高线。

（3）设置显示属性

右击图层，在弹出的快捷菜单上选择"属性"。在打开的【数据库属性】对话框中，点击【常规】选项卡，在【地图】和【显示】下拉菜单中的均选择"米"，将显示单位设置为"米"。设置完成后，ArcMap 地图显示窗口的状态栏中，显示单位变为米。

(4) 添加缓冲区分析工具

在 ArcMap 窗口的主菜单中点击【自定义】，在弹出的快捷菜单中点击【自定义模式】，在弹出的【自定义】对话框中点击【命令】，在下拉菜单中选择"工具"，在右侧的命令中选择"缓冲向导"，将其拖入主菜单栏，缓冲区分析工具即出现在主菜单栏。

(5) 建立 20 m 等高线 100 m 的缓冲区

点击步骤(4)添加的【缓冲向导】，选择"EL_arc 图层"，勾选"仅使用所选要素"，点击【下一步】，在【以指定的距离】中设置 100 m，然后点击【下一步】，在【融合缓冲区之间的障碍】勾选"是"，选择保存路径，点击【完成】，即可建立缓冲区。

(6) 选择公路

点击【选择】，在弹出的快捷菜单上选择"按属性选择"。在打开的【按属性选择】对话框【图层】选项卡中选择"XZLBAK_arc 图层"，在【方法】中双击"DILEIHAO"，在【SELECT * FROM EL_arc WHERE】中会显示"DILEIHAO"。设置""DILEIHAO">=60 AND"DILEIHAO"<=70"后，点击【确定】，即可选择公路。

(7) 分别建立 50 m 和 200 m 的缓冲区

点击【缓冲向导】，选择"XZLBAK_arc 图层"，勾选"仅使用所选要素"，点击【下一步】，在【以指定距离】中设置 50 m，然后点击【下一步】，在【融合缓冲区之间的障碍】点击【是】，选择保存路径，点击【完成】，即可建立 50 m 的缓冲区。同理，建立 200 m 的缓冲区。

(8) 检索出距道路 50~200 m 的缓冲区

点击 ArcToolbox，在【分析工具】中点击【叠加分析】，在【叠加分析】中点击【擦除】。在弹出窗口的【输入元素】选项卡中选择 200 m 的缓冲区文件，【擦除要素】选项卡中选择 50 m 的缓冲区，在【要素输出类】中选择输出结果的保存位置，点击【确定】，得到 50~200 m 的缓冲区。

(9) 选择水库

点击【选择】，在弹出的快捷菜单上选择"按属性选择"。在打开的【按属性选择】对话框的【图层】选项卡中选择"XZS_poly 图层"，在【方法】中双击"地类号"，在【SELECT * FROM EL_arc WHERE】中就会显示"地类号"。设置""地类号"=73"后，点击【确定】，即可选择水库。

(10) 建立 150 m 的缓冲区

点击【缓冲向导】，选择"XZS_poly 图层"，勾选"仅使用所选要素"，点击【下一步】，在【以指定的距离】中设置 150 m，然后点击【下一步】，勾选【是】。与建立缓冲区的区别是在【创建缓冲区使其】中勾选"仅位于面外部"，然后选择保存路径，点击【完成】，即可建立缓冲区。

(11) 选出非建设用地

先在 XZS_poly 中选出建设用地，点击【选择】，在弹出的快捷菜单上选择"按属性选择"。在打开的【按属性选择】对话框的【图层】选项卡中选择"XZS_poly 图层"，在【SELECT * FROM EL_arc WHERE】中设置""地类名称"="城市建制镇"OR"地类名称"="村庄"OR"地类名称"="独立工矿用地""后，点击【确定】，即可选择建设用地。右击选中图层 XZS_poly，依次点击【打开属性表】—【表选项】—【切换选择】，再次右击选中 XZS_poly 图层，点击【数据】选择"导出数据"，在【导出数据】对话框中将"输出要素类"保留默认名称即可，得到非建设用地。

(12) 采用叠加分析获得选址结果

在 ArcToolbox 中，依次点击【分析工具】—【叠加分析】—【相交】打开叠加分析工具，添加前面所生成的 4 个图层，在【输出要素类】中选择输出结果保存位置，点击【确定】得到选址结果。

第 2 章

空间数据模型

【内容提要】人类所处的地理空间世界是现实世界,为了能够利用信息技术来描述现实世界,就必须实现现实世界向计算机世界的转化,因此必须对现实世界进行建模。对于地理信息系统而言,建模的结果是构建空间数据模型。对模型的具体实现就是空间数据结构。空间数据模型主要包括:场模型、要素模型、网络模型、时空数据模型、三维数据模型等。本章介绍由现实世界到数字世界的抽象及主要数据模型的相关概念。

2.1 现实世界抽象与空间建模

2.1.1 地理(地球)空间认知理论

美国地理信息与分析中心(National Center for Geographic Information and Analysis, NCGIA)在 1995 年发表的《高级地理信息科学》(*Advancing Geographic Information Science*)报告中提出了 3 个地理信息科学战略领域,地理空间的认知模型(cognitive model of geographic space)是其中之一。美国地理信息科学大学研究会(University Consortium for Geographic Information Science)的报告中,也把地理信息的认知列为第二个问题。可见,地理(地球)空间认知理论已成为地球空间信息科学公认的基础理论,也是地理信息系统的公认基础理论。

认知是一个人认知和感知他生活于其中的世界时所经历的各个过程的总称,包括感受、发现、识别、想象、判断、记忆和学习等。奈瑟尔把认知定义为"感觉输入被转换、简化、加工、存储、发现和利用的过程",所以,可以说认知就是"信息获取、存储转换、分析和利用的过程",简而言之,就是"信息处理的过程"。

地理(地球)空间认知是研究人们怎样认识自己赖以生存的环境,包括其中诸事物、现象的相互位置、空间分布、依存关系,以及它们的变化规律。这里之所以强调"空间"这一概念,是因为认知的对象是多维的、多时相的,它们存在于地球空间之中。地理环境是复杂多样的,要正确地认识、掌握与应用这种广泛而复杂的信息,需要进行去粗取精、去伪存真的加工,这就要求对地理环境进行科学的认识,对于复杂对象的认识是一个从感性认识到理性认识的抽象过程。

基于地理学的空间认知过程包括编码过程、内部表达和解码过程。地理认知是地理信息传输过程中的子系统，其过程不仅需要探测、识别或区分信息，更需要主动的解译信息，形成对客观世界的整理认识。这整个过程反映了人对空间地理客体的认识由浅入深的特点。在地理认知的基础上对真实世界的信息进行抽象和概括，形成地理信息系统中的模型，是地理空间建模的基础。

2.1.2 现实世界的抽象与建模

人们通过地理学的认知理论和方法完成对地理世界的认知过程，获得对地理世界需要表达的地理信息的一组概念和关系的知识，并用地理学语言对其定义和描述，形成地理空间认知模型，也称为认知的概念世界或概念模型。为了将这个概念世界变换到地理空间世界，需要从地理对象的建模角度和地理数据库的角度，对其概念、特征或对象、关系、关联规则、属性、表达规则和内容等，用计算机形式化语言或其他建模语言进行定义和描述，形成地理空间数据模型或逻辑模型。

对地理对象的抽象过程通常认为有9个层次，在这9个层次之间通过8个接口与它们连接，定义了从现实世界到地理要素集合世界的转换模型。这9个层次依次为现实世界（real world）、概念世界（conceptual world）、地理空间世界（geospatial world）、维度世界（dimensional world）、项目世界（project world）、点世界（points world）、几何体世界（geometry world）、地理要素世界（feature world）以及要素集合世界（feature collection world）。连接它们的8个接口分别为认识（epistemic）接口、GIS学科（GIS discipline）接口、局部测度（local metric）接口、信息团体（community）接口、空间参照系（spatial reference）接口、几何体结构接口、要素结构接口及项目结构接口。其中前5个模型是对现实世界的抽象，并不在计算机软件中被实现；后4个模型是关于真实世界的数学和符号化的模型，将在软件中实现。

图 2-1 表示了对现实世界抽象的过程，即由现实世界到概念世界；由概念世界到地理空间世界；由地理空间世界到维度世界，

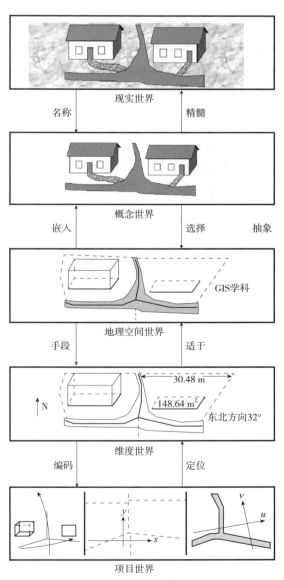

图 2-1 现实世界的抽象过程

由维度世界到项目世界。现实世界是所有事物的集合，无论人们是否知道这些事物。根据事物的本质，人们可以认识理解现实世界中的事物。现实世界中像云一样的纹理结构占据了图形的绝大部分(图2-1)，代表了人们所不了解的事物，而且它们造成了宇宙的混沌状态。人们只知道一些所熟悉的事实，其中的一些被绘制在图中。概念世界是人类自然语言的世界，人类了解且认识其所命名的事物，因此这些事物构成了"语言的世界"。在图2-1的概念世界中，表示宇宙混沌状态的云并不存在，因为这些在自然语言内容中通常是不可见的。对于地理信息系统来讲，自然语言的概念世界并不是充分抽象的，在地理信息系统中只有概念世界中一个简化的子集才是兴趣所在，这个子集叫作地理空间世界。地理空间世界把世界看作一个抽象的、几乎具有卡通特性的世界。在这里，充满了复杂形状、样式、细节的概念世界中的现象被消除，并用简单的、浅显的抽象来代替，这些抽象通常在时间、空间上都是静态的。例如，通过地理空间世界的抽象，河流被看作线，地形被看作等高线多边形的简化，而森林被看作多边形。在地理空间世界中所认识的要素通常有一个自然的维度：0、1、2或3，这取决于它们是否被看成点、线、面、体。此外，根据二元拓扑关系(如包含、相邻或分开)，它们还具有另外的量度。下一个层次的抽象识别了要素固有的维度和尺度(dimensionality and metrics)特性，因此叫作维度世界。维度世界是现实世界抽象的最后一个。下一个抽象叫作项目世界，该世界只发生在一个具体的实现中，每一个实现都是针对一个特殊的GIS学科或分学科。在每一个实际的实现中，只有维度世界中的一个子集得到识别。通常这个子集是由研究区域的范围和被测量的特定现象所决定。

2.1.3　空间数据建模

地理信息系统以数字世界表示自然世界、现实世界与数学模型之间的关系，如图2-2所示。在计算机中，现实世界是以各种符号形式来表达和记录的，计算机在对数字和符号进行操作时，又将它们表示为二进制形式(比特世界)。因此，基于计算机的地理信息系统不能直接作用于现实世界，必须经过对现实世界的数据描述。模型是对现实世界的简化表达，是将系统的各个要素通过适当的筛选，用一定的表现规则描述简明的映像。

图2-2　现实世界与数学模型的关系

地图是地理信息系统以数字世界表达自然世界的主要方式之一。地图是一种符号模型，因为它是通过制图方法处理后得到的现实世界的简化描述；存储数字地图的计算机文件也是一种符号模型，它以数字代码表现图形符号。一幅数字地图的产生不仅需要选择所要表现的实体，还要进一步考虑如何对表达它们的数据进行组织。如果数据的组织规则没有很好地建立起来，则一幅数字地图除了对生产这些数据的个人或组织有用以外，对于其他用户是没有用的。

模型，尤其是数学模型在空间建模中起着十分重要的作用。由于模型是对客观世界中解决各种实际问题所依据的规律或过程的抽象或模拟，因此能有效地帮助人们从各种因素之间找出其因果关系或者联系，有利于问题的解决。模型的建立是数学或技术性的问题，但它必须以广泛、深入的专业研究为基础，专业研究的深入程度决定了所建模型的质量与效果，而模型的质量和数量又决定了系统中数据使用的效率和深度。

空间数据建模的基本任务是，针对所研究的空间现象或问题，描述 GIS 空间数据组织，设计 GIS 空间数据库模式，这包括定义空间实体及其相互间关系，确定数据实体或目标及其关系，设计在计算机中的物理组织、存储路径和数据库结构等。这项工作是以空间数据模型的理论为指导的。空间数据模型是关于现实世界中空间实体及其相互间联系的概念，为描述空间数据组织和设计空间数据库模式提供了基本的方法。

空间数据建模过程分为 3 个步骤：首先，选择一种数据模型对现实世界的数据进行组织；其次，选择一种数据结构表达该数据模型；最后，选择一种适合于记录该数据结构的文件格式。可见，一种空间数据建模可能有几种可选的数据模型，而每一种数据结构又可能采用多种文件格式进行存储。空间数据可依据它们的采集方式、存储方法、使用目标等，用不同的数据模型进行组织。如 GIS 中最常用的数据组织方式为矢量模型和栅格模型。在矢量模型中，用点、线、面表达世界；在栅格模型中，用空间单元或像元表达世界。

2.2 空间数据模型

GIS 空间数据模型由概念数据模型、逻辑数据模型和物理数据模型 3 个有机联系的层次所组成。其中，概念数据模型是关于实体及实体间联系的抽象概念集，逻辑数据模型是表达概念数据模型中数据实体(或记录)及其间关系，而物理数据模型则是描述数据在计算机中的物理组织、存储路径和数据库结构，三者之间的相互关系如图 2-3 所示。

图 2-3 中，由于职业、专业等的不同，人们所关心的问题、研究对象、期望的结果等方面存在着差异，因而对现实世界的描述和抽象也是不同的，形成了不同的用户视图，称为外模式。GIS 空间数据模型的概念模型是考虑用户需求的共性，用统一的语言描述和综合、集成各用户视图。逻辑数据模型是根据概念数据模型确定的空间数据库信息内容(空间实体及相互关系)，具体地表达数据项、记录等之间的关系，因而可以有若干不同的实现方法。逻辑数据模型并不涉及最底层的物理实现细节，但计算机处理的是二进制数据，必须将逻辑数据模型转换为物理数据模型，即要设计空间数据的物理组织、空间存取方法、数据库总体存储结构等。

空间数据模型是关于现实世界中空间实体及

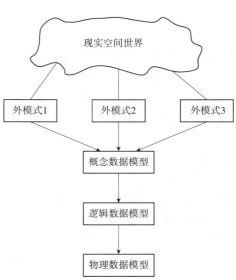

图 2-3 空间数据模型的 3 个层次

其相互间联系的概念,它为描述空间数据的组织和设计空间数据库模式提供了基本方法。因此,对空间数据模型的认识和研究在设计 GIS 空间数据库和发展新一代地理信息系统的过程中起着举足轻重的作用。在地理信息系统中,与空间信息有关的信息模型有 3 个,即场(field)模型、基于对象(要素)(feature)的模型和网络(network)模型。有很多类型的数据,有时被看作场,有时被看作对象。选择某一种模型而不选择另外一种模型主要是顾及数据的测量方式。如果数据来源于卫星影像,其中某一类现象由其边界及内部组成共同表征时,如作物类型或者森林类型可以采用基于场的模型;如果数据是以测量区域边界线的方式而且区域内部被看成是一致的,就可以采用基于要素的模型;如果是将分类空间分成粗略的子类,基于场的模型可以转换成基于要素的模型,因为后者更适合离散面或线特征的度量和分析。除以上空间数据模型外,地理信息系统中还包括时空模型、三维模型、动态模型等,属于 GIS 空间数据模型研究的前沿。本章仅介绍场模型、要素模型、网络模型及时空模型。

2.2.1　场模型

(1) 概念及定义

场是科学上的一个基本概念。在数学上,场可以模拟为空间位置(和时间)的函数。于是,如大气压强、温度、密度和电磁波等现象均可被描述为空间和时间的函数。标量场在每一个位置上具有一个标量值,而向量场表示大小和方向都随空间位置变化的变量。对于模拟具有一定空间内连续分布特点的现象来说,基于场的观点是合适的。例如,海拔、空气中污染物的集中程度、地表温度、土壤湿度以及空气和水的流动速度和方向。根据应用的不同,场可以表现为二维或三维。二维场就是在二维空间中任何已知的地点上,都有表现这一现象的值;而三维场则是在三维空间中对于任何位置来说都有一个值。一些现象(如空气污染物)在空间中本质上是三维的,但是许多情况下可以由二维场来表示。另外,在遥感领域,主要利用卫星或飞机上的传感器收集空间数据,此时主要采用场模型。

从函数的角度来看,地球表面可建模成一个函数。该函数的定义域是地理空间,而值域是地理实体元素的集合。设这个函数为 $f(x)$,它将地理空间的每个点映射到值域的具体元素上。函数 $f(x)$ 是分段函数,它在元素相同的地方取值恒定,而在元素发生变化处才改变取值,该函数模型称为场模型。

对于空间应用来说,场模型包含 3 个组成部分:空间框架、场函数和一组相关的场操作。空间框架是将给定区域划分成有限的空间位置分布,其中每个划分出的子区域称为位置,在大多数精度要求下,可以用点来代表位置。空间框架是有限网格,这个网格加诸在基本空间上。所有度量都基于这个框架来完成。场函数是从空间框架到属性域上的映射函数。例如,温度场就是空间中各个位置的温度分布。

场模型是一组从空间框架到属性域的函数,即在空间框架 SF 上的场模型 F 是场函数的集合。场模型可用以下数学公式进行表示:

$$z: s \rightarrow z(s) \tag{2-1}$$

式中　z——可度量的函数;

　　　s——空间中的位置。

表 2-1 场模型示例

场模型	定义域维数	值域维数	自变量	因变量
$T(z)$	1	1	空间坐标(高程)	高度 z 处的气温
$E(t)$	1	3	时间坐标	某时刻的静电力
$H(x, y)$	2	1	空间坐标	地表高程
$P(x, y, z)$	3	1	空间坐标	土壤的孔隙度
$v(\lambda, \varphi, z)$	3	3	空间坐标(λ、φ 经纬度，z 高度)	风速(三维矢量)
$\sigma(x, y, z)$	3	9	空间坐标	压力张量
$\Theta(\lambda, \varphi, p, t)$	4	1	压力面 p、时间 t	潜温
$\Theta_t(\lambda, \varphi, p)$	3	∞	压力面 p	时间序列的潜温
$I(x, y, z, t, \lambda)$	5	1	时空坐标(x, y, z, t)，波长 λ	波长 λ 的电磁波在(x, y, z, t)处的辐射强度

因此，该式表示了从空间域到值域的映射。表 2-1 列出了地理研究中场模型的例子。

(2) 场的特点

场经常被视为由一系列等值线组成，一条等值线就是地面上所有具有相同属性值的点的有序集合。场通常具有以下特征：

①空间结构特征和属性域。空间结构可以是规则的或不规则的，但空间结构的分辨率和位置误差则十分重要。它们应当与空间结构设计所支持的数据类型和分析相适应。属性域的数值可以包含以下几种类型：名称、序数、间隔和比率。属性域支持空值，如果值未知或不确定则赋予空值。

②连续的、可微的、离散的。如果空间域函数连续，则空间域也是连续的，即随着空间位置的微小变化，其属性值也将发生微小变化；如果空间域函数是可微分的，则空间域也是可微分的；连续与可微分两个概念之间有逻辑关系，每个可微函数一定是连续的，但连续函数不一定可微。

③与方向无关的(各向同性)和与方向有关的(各向异性)。空间场内部的各种性质是否随方向的变化而发生变化，是空间场的重要特征。如果场中的所有性质都与方向无关，则称为各向同性场(isotropic field)；反之，这个场称为各向异性场(anisotropic field)。例如，旅行时间，假如从某一个点旅行到另一个点所耗时间仅与这两点之间的欧氏几何距离成正比，则从一个固定点出发，旅行一定时间所能到达的点必然是一个等时圆，为各向同性场[图 2-4(a)]；如果某一点处有一条高速通道，则利用与不利用高速通道所产生的旅行时间是不同的，为各向异性场[图 2-4(b)]。等时线已标明在图 2-4 中，图中的双曲线是利用与不利用高速通道的分界线。

④空间自相关。是空间场中的数值聚集程度的一种量度。距离近的事物之间的联系性强于距离远的事物之间的联系性。如果一个空间场中类似的数值有聚集的倾向，则该空间场就表现为很强的正空间自相关；如果类似的属性值在空间上有相互排斥的倾向，则表现为负空间自相关(图 2-5)。

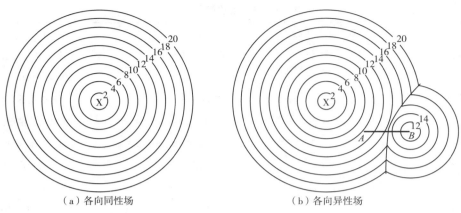

(a)各向同性场　　　　　　　(b)各向异性场

图 2-4　在各向同性与各向异性场中的旅行时间面

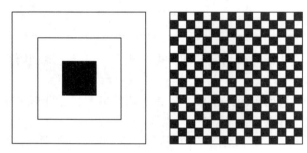

图 2-5　强空间正负自相关模式

(3)场模型的类型

场模型的数据组织结构如图 2-6 所示。在地理空间上任意给定的空间位置都对应一个唯一的属性值。根据这种属性分布的表示方法，基于场模型可分为图斑模型、等值线模型和采样模型。

图 2-6　场模型数据组织结构

①图斑模型。是将一个地理空间划分成一些简单的连通域，每个区域用一个简单的数学函数表示一种主要属性的变化。据表示地理现象的不同，可以对应不同类型的属性函数。

常量：即每个区域中的属性函数值保持一个常数。

线性函数：对平面上划分的每个区域，对应的属性函数值的变化不是常量，而是一个线型函数。

高阶函数：在有些情况下，在一个区域内，要求属性函数为一个高阶函数，以提高表示的精确性。

②等值线模型。用一组等值线将地理空间划分成若干区域，每个区域中的属性值的变化是相邻的两条等值线的连续插值。值得注意的是，等值线之间进行水平切割的过程中丢失了大量详细信息，该类信息是不可恢复的。

③采样模型。地理空间上的属性值是通过采集有限个点的属性值来确定的。例如，表示高程采用离散点、规则格网、不规则三角网进行采样。

(4) 栅格数据模型

栅格数据模型是场模型的代表模型。栅格数据模型是基于连续铺盖的,它是将连续空间离散化,即用二维铺盖或划分覆盖整个连续空间。铺盖可以分为规则的和不规则的,后者可当作拓扑多边形处理,如社会经济分区、城市街区。铺盖的特征参数有尺寸、形状、方位和间距。

基于栅格的空间模型把空间看作像元(pixel)的划分,每个像元都与分类或标识所包含现象的记录有关。像元与栅格都是来自图像处理的内容,其中单个的图像可以通过扫描每个栅格产生。GIS 栅格数据经常来自人工和卫星遥感扫描设备,以及用于数字化文件的设备。采用栅格模型的信息系统,通常应用了分层的方法。在图层中,栅格像元记录了特殊现象的存在。像元的值表明了在已知类中现象的分类情况(图 2-7)。

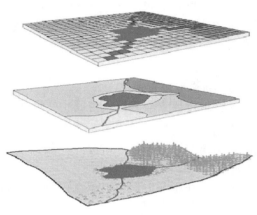

图 2-7 栅格数据模型

为了 GIS 数据处理,栅格模型的一个重要的特征是栅格中像元的位置被预先确定,所以很容易进行重叠运算以比较不同图层中所存储的特征。由于像元位置是预先确定的,且是相同的,在一个具体的应用中,不同图层地物的每个属性可以从逻辑上或算法上与其他图层中的像元属性相结合,以便产生相应重叠中的属性值。其与基于图层的矢量模型的不同之处在于图层中的面单元彼此是独立的,直接比较图层必须做进一步处理以识别重叠的属性。GIS 中基于栅格表示可以扩展到三维以产生一个体元(voxel)模型,其中像元是由立方体元素组成。地理数据的一些类型并不总是由边界表示的,因为数据值可能与某一属性相关,而该属性随着位置的变化而变化,而且并不是清楚的地理边界。体元模型被广泛应用于媒体成像,它们能够很好地表现渐进的、特殊的位置变化,并生成这种变化的剖面图。

2.2.2 要素模型

(1) 基本概念

基于要素的模型强调了个体现象,该现象以独立的方式或以与其他现象之间的关系的方式来研究。任何现象,无论大小,都可以被确定为一个对象(object),假设它可以从概念上与其邻域现象相分离。要素可以由不同的对象所组成,而且它们可以与其他的相分离的对象有特殊的关系。要素模型中基于对象研究的基础是将其嵌入坐标空间,这个空间包括欧式空间、度量空间、拓扑空间等,可以在这个空间中测量对象之间的距离、方向等。

(2) 要素模型的特点

基于要素的模型把信息空间分解为对象或实体。一个实体必须符合 3 个条件:①可被识别;②重要(与问题相关);③可被描述(有特征)。而实体的特征可以通过静态属性(如城市名)、动态的行为特征和结构特征来描述。与基于场的模型不同,基于要素的模型把信息空间看作许多对象(城市、集镇、村庄、区)的集合,而这些对象又具有本身的属性(如人口密度、质心和边界等)。基于要素的模型中的实体可采用多种维度来定义属性,包括空间维、时间维、图形维、文本维和数字维。空间对象之所以称为"空间的",是因为它们存在于"空间"之中,即所谓"嵌入式空间"。空间对象的定义取决于嵌入式空间的结构。常用的嵌入式空间类型有:①欧氏空间,它允许在对象之间采用距离和方位的量度,欧氏空间中的对象可以用坐标组的集合来表示;②量度空间,它允许在对象之间采用距离量度(但不一定有方向);③拓扑空间,它允许在对象之间进行拓扑关系的描述(不一定有距离和方向);④面向集合的空间,它只采用一般的基于集合的关系,如包含、合并及相交等。

(3) 要素类型

将地理要素嵌入欧氏空间中,形成了 3 类地物要素对象,即点对象、线对象和多边形对象,通常也称为点要素、线要素和面要素,或者点实体、线实体和面实体。

①点对象。点是有特定的位置、维数为零的实体,包括以下类型:点实体(point entity),用来代表一个实体;注记点,用于定位注记;内点(label point),用于记录多边形的属性,存在于多边形内;节点(结点,node),表示线的终点和起点;角点(vertex),表示线段和弧段的内部点。

②线对象。是 GIS 中维度为一的实体,表示实体和它们边界的空间属性,用一系列坐标表示,通常具有以下特征:实体长度(从起点到终点的总长)、弯曲度(用于表示道路拐弯时弯曲的程度)、方向性(单向与双向,上游到下游等)。常见的线实体包括线段、边界、链、弧段、网络等。

③面对象。面状实体也称为多边形,是对湖泊、岛屿、地块等现象的描述。通常在数据库中用一封闭曲线加内点来表示,是地理信息系统中维度为二的实体。面实体具有以下空间特性:面积范围、周长、独立性或与其他地物相邻、重叠性与非重叠性等。

(4) 矢量数据模型

矢量数据模型是要素模型的典型模型(图 2-8)。矢量方法强调离散现象的存在,由边界线(点、线、面)来确定边界,因此可以看成是基于要素的。矢量数据模型将现象看作原型实体的集合,且组成空间实体。在二维模型内,原型实体是点、线和面,而在三维中,原型也包括表面和体。矢量模型的表达源于原型空间实体本身,通常以坐标来定义。一个点的位置可以用二维或三维坐标的单一集合来描述。一条线通常由有序的两个或多个坐标对集合来表示。特定坐标之间线的路径可以是线性函数,也可以是较高次的数学函数,而线本身可以由中间点的集合来确定。一个面通常由一个边界来定义,而边界是由形成一个封闭的环状的一条或多条线所组成。如果区域有个洞在其中,那么可以采用多个环以描述它。

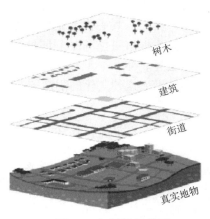

图 2-8　矢量数据模型

2.2.3 网络模型

(1) 网络模型的理论基础

在地理信息系统的一些应用问题中,经常用到一种更为抽象的空间关系,即只关心空间对象间的邻接或连通关系,而忽略几何形状、空间位置、面积和长度等几何特性。这种抽象的数学基础恰好是计算机科学的理论基础——图论。图论也是网络模型的数学理论基础。

图论起源于欧拉对"哥尼斯堡7桥问题"的研究。哥尼斯堡是东普鲁士的一座城,普雷格尔(Pregel)河流经这个城市,如图2-9所示,A和B是河的两岸,C和D是河中的两个孤岛,彼此有7座桥相连接。我们的问题是:从一个地方出发,通过每一座桥一次且仅一次,最后回到出发地,这样的路径是否存在?

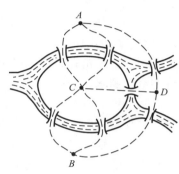

图2-9 哥尼斯堡7桥问题

欧拉对这一问题进行了抽象,他把由河分割开的每一片陆地用平面上的一个点表示,则一共有4个点(河左、右岸和两个岛),用两个点之间的一条连线表示两片陆地之间有一座桥。这样就把问题转化为一个等价问题:从A、B、C、D中任一点出发,能否经过每条边一次且仅一次,回到出发点。欧拉证明了只有当图中与每个点相连的边数为偶数时,才存在这样的路径。所以,"哥尼斯堡7桥问题"没有解。

欧拉的工作成为现代图论的基础。在图论中,点与点之间的连接关系是核心,至于它在平面上的表现形式是无关紧要的。如前所述,图论是现实几何世界的一个高度抽象。

(2) 网络模型概念及定义

在现实世界许多地理事务和现象可以构成网络,如铁路、公路、通信线路、管线、自然界中的物质流、能量流和信息流等,都可以表示为相应的点之间的连线,由此构成现实世界中多种多样的地理网络。按照基于对象的观点,网络是由点对象和线对象之间的拓扑空间关系所构成的。基于网络的空间模型与基于要素的模型在一些方面有共同点,因为它们经常处理离散的地物,但是最基本的特征是需要多个要素之间的影响和交互,通常沿着与它们连接的通道。相关现象的精确形状并不是非常重要的,重要的是具体现象之间的距离或者阻力的度量。

网状模型的基本特征是节点数据间没有明确的从属关系,一个节点可与其他多个节点建立联系。网状模型将数据组织成有向图结构。结构中的节点代表数据记录,连线描述不同节点数据间的关系。有向图的形式化定义为:

$$\text{Digraph} = (\text{Vertex}, \{\text{Relation}\}) \tag{2-2}$$

式中,Vertex 为图中数据元素(顶点)的有限非空集合;Relation 为两个顶点之间的关系的集合。

(3) 网络模型的组成

①线状要素。即链要素,是构成网络的骨架,是现实世界中各种网络中流动的管线的抽象,如街道、河流、水管等,其状态属性包括阻力和需求。链的阻力指通过一条链时所

需要花费的时间或费用等。链的需求指沿着链可以收集到的或可以分配给一个中心的资源总量。

②点状要素。指网络中链的节点，如港口、车站、电站等，可以分为以下几种特殊的类型：

障碍：禁止网络中链上流动的点。

拐角点：出现在网络链中所有的分割节点上的状态属性的阻力，如拐弯的时间和限制、不允许左拐。

中心：是指接受或分配资源的位置，如水库、商业中心、电站等，其状态属性包括资源容量、阻力限额。

站点：是指在路径选择中资源增减的站点，如库房、汽车站等，其状态属性有要被运输的资源需求，如产品数。

网络中的状态属性有阻力和需求两项，可通过空间属性和状态属性的转换并根据实际情况赋到网络属性表中。一般情况下，网络是通过将内在的线、点等要素在相应的位置绘出后，然后根据它们的空间位置以及各种属性特征从而建立起拓扑关系，使它们能成为网络分析中的基础部分，基于其上可进行一定的网络空间分析和操作。

2.2.4 时空模型

传统的地理信息系统应用只涉及地理信息的两个方面：空间维度和属性维度，因此也称作 SGIS(static GIS)，而能够同时处理时间维度的地理信息系统称为时态地理信息系统(temporal GIS, TGIS)。

在地理信息系统中，具有时间维度的数据可以分为两类：一类是结构化的数据，如一个测站历史数据的积累，它可以通过在属性数据表记录中简单地增加一个时间戳(time stamp)实现其管理；另一类是非结构化的数据，最典型的例子是土地利用状况的变化(图2-10)，

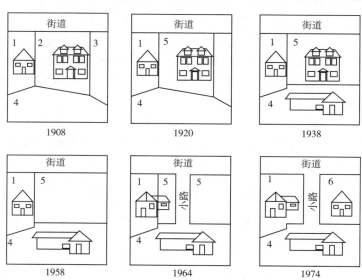

图 2-10　土地利用随时间的推移而变化

描述这种数据,是 TGIS 数据模型的重点要解决的问题。

使用时空模型时有两类基本问题:一是关于给定时间范围内的全球状态问题;二是关于位置或空间实体性质随时间如何变化的问题。这两类问题可以分别与时间静态视图和时间动态视图相关。任何时间数据库的目标都是为了记录或者表达时间变化状况。变化通常表述为事件或者事件的集合。事件最常用定义可能是"所发生的重要事情",对时空模型而言,更好的定义是描述一个或多个位置、实体或者二者的状态变化。

2.2.4.1 基于位置的时空模型

(1) 快照表示方法

该模型实际上是对存储在 GIS 数据库中的独立专题层的重定义。时空表达快照方法通常使用格网数据模型,但也可以使用矢量模型。单一层内并不存储和给定专题域(如高程或土地利用)相关的所有信息,而是存储单一已知时刻的、与单一专题域相关的信息,如图 2-11 所示。

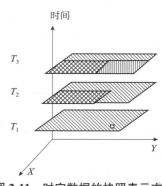

图 2-11 时空数据的快照表示方法

利用这种概念上直接的方法,就可以轻松地检索给定时刻任意位置或实体的状态,但时空快照表达方法也存在如下缺陷:

①每个快照都覆盖整个区域,当快照数量增加时,数据量增长巨大,造成需要存储大量没用的冗余数据,因为在大多数情况下,两个连续快照的空间变化仅仅是总数据量的一小部分,没必要获取覆盖整个区域的数据。

②两时间点间所积累的空间实体的变化在快照中隐式地存储,只能通过相邻快照的单元与单元(或矢量与矢量)的比较才能对其进行短暂检索。该方法可能非常耗时,但更为重要的是,一些位置上重要的短暂变化可能在两个连续的快照间发生,从而无法表达这些信息。

③不能准确确定任何独立变化所发生的时间。

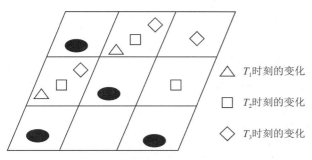

图 2-12 时空数据的格网表示方法

(2) 格网表示方法

格网模型不是仅记录每个像元的单一值,而是把一个长度可变的列表与每个像元关联起来,列表中的每个内容记录了该特定位置的变化,这种变化由新值和发生变化的时间来标识。如图 2-12 所示,将给定位置的每个新变化,加到该位置的列表开始处。变化结果参考格网单元上可变长的列表集合。每个列表代表该单元位置按时间顺序排列的事件历史。整个区域的当前(即最新记录的)全球状态很容易被检索到,亦即所有位置参考列表中存储的第一个值。与快照表达相比,格网表达模型仅存储与特定位置相关的变化,避免了冗余的数据信息(即仅存储变不变位置处的值)。

2.2.4.2 基于空间实体的时空模型

修正矢量方法属于基于空间实体的时空表达方法。它是以修正的概念为基础，不断记录多边形实体或者线实体位置中初始点之后随时间的任何变化。

图 2-13 为 Langran(1989)提出的一个简单图形实例。它描述了正在发展的城市中的一小段公路的历史次序。细的黑线表示在时间 T_1 的原始公路情况。在以后的某个时间 T_2，原始路线被拉直了，T_3 表示新增了某条公路。

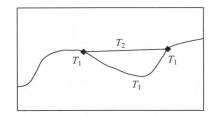
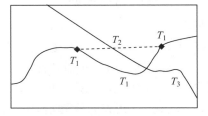

图 2-13　修正矢量方法

除了显示维护独立实体几何及其随时间变化的拓扑外，修正矢量方法在表达实体几何的性质的异步变化方面也有优势。但获得这种方法有时需要付出高昂的代价，即随着时间的推进和修正矢量数据的积累，矢量的时空拓扑关系将变化得越来越复杂。

很多非空间实体属性也随着时间的变化而变化。很多学者提出面向对象的表达方法作为解决上述问题的方法。面向对象方法的关键是整体单元存储的思想，所有的组成定义成一个特殊的"东西"，并将其作为一个概念(如单一银行交易、地理实体等)，这一过程称为封装；面向对象方法的另一个基本元素是继承，即确定对象类型的分类层次对象间的现实关联。

知识点

1. 数字世界：地理信息系统以数字世界表示自然世界，即描述现实世界与数学模型之间的关系。

2. 场模型：把地理空间中的事物或现象作为连续的变量或体来看待，根据不同的应用可以表示为二维的，也可以表示为三维的。

3. 要素模型：独立的对象分布在该空域中。按照其空间特征分为点、线和面 3 种基本对象，对象也可能是由其他的对象构成的复杂对象，并且与其他的对象保持着特定的关系。矢量方法强调了离散现象的存在，由边界线(点、线、面)来确定边界，因此可以看成是基于要素的。

4. 网络模型：从图论中发展而来，在网络模型中，空间要素被抽象为链、节点等对象，同时还要关注其间的连通关系。这种模型适合于对相互连接的线状现象进行建模，如交通线路、电力网线等。

复习思考题

1. 简述地理空间数据模型与数据结构的关系。

2. 什么是场模型？它有哪些特点？
3. 什么是要素模型？它有哪些特点？
4. 简述场模型与要素模型之间的区别。
5. 举例说明城市交通网络中的障碍、拐点、中心、站点和链。
6. 查阅资料，举例说明 TGIS 的应用案例。

实践习作

习作 2-1　查看 coverages 和 shapefile 的数据文件结构

1. 知识点

地理空间数据模型。

2. 习作数据

名称为 land 的 coverages 数据。

3. 结果与要求

在 ArcCatalog 中查看 coverages 数据结构，将其转化为 shpefile 文件，并查看数据其结构。

4. 操作步骤

(1) 在目录树中查看数据

打开 ArcMap，在目录树中链接数据文件夹 Ex2_1，文件夹中存在名称为 land 的 coverages 数据，展开 coverages，它包括 4 个要素类：arc、label、polygon 和 tic。在 preview 中可进行预览。Arc 可显示线（弧线）；label 显示每个多边形的标识点；polygon 显示多边形；tic 显示 land 的控制点。

(2) 查看 land 数据属性

右击目录树中的 land，选择"属性"，出现【Coverages 要素类属性】对话框。它包括两个栏标：【常规】和【投影和范围】。【常规】显示多边形要素类中的拓扑关系，【投影和范围】显示坐标及其图层的区域范围。

(3) 查看 land polygon 数据属性

右击 land polygon，选择"属性"，出现【Coverages 要素类属性】对话框，它包括两个栏标：【常规】和【项目】。【常规】显示 76 个多边形，【项目】描述属性表的项目以及属性。

(4) 查看与 land 有关的数据文件

与 land 有关的数据文件包含 land 和 info。Land 文件夹包含弧段数据文件(.adf)，其中一些图形文件可由名称来识别，如 arc.adf 表示弧的清单，pal.adf 表示多边形/弧清单。同一数据库中的其他 coverage 共享一个 info 文件夹，info 文件包含了 arcxx.dat、arcxx.nit 的属性数据文件，且包含的子文件夹都是二进制的，无法读取。

(5) 将 coverage 转化为多边形 shapefile 文件

点击 ArcToolbox 按钮以打开 ArcToolbox 窗口。有两种方法：第一种方法是使用转换工具【转换工具】—【转为 Shapefile】工具集中的【要素类转 Shapefile(批量)】工具，即可将 coverage 文件转化为 shapefile 文件。第二种方法是右击 land polygon，单击【导出】，选择"转为 Shapefile(单个)"，将其导出即可创建 shapefile 文件。现在使用第二种方法将其导出在和 land 同目录下，以 land_polygon.shp 命名。

(6) 查看 land_polygon.shp 数据属性

右击目录树中的 land_polygon.shp，选择"属性"，出现【Shapefile 属性】对话框，该对话框包含【常规】、【XY 坐标系】、【字段】和【索引】等栏标，【字段】显示 shapefile 中的字段和属性，【索引】显示 shapefile 的空间索引，空间索引可提高数据显示和查询的速度。

(7) 查看 land_polygon 带有的多个数据文件

Land_polygon 带有多个数据文件。这些文件中，land_polygon.shp 是形态（几何）文件，land_polygon.dbf 是 dBASE 格式的属性数据文件，land_polygon.shx 是空间索引。

习作 2-2 创建文件 geodatabase、要素数据集和要素类

1. 知识点

地理空间数据模型。

2. 习作数据

elevzone.shp 和 stream.shp 两个有相同坐标系和范围的数据。

3. 结果与要求

创建文件 geodatabase、要素数据集，将两个要素导入到要素数据集中成为两个要素类；检查它们的数据文件结构，geodatabase 中的要素名称不可重复。

4. 操作步骤

（1）创建 Geodatabase

打开 ArcMap，在目录树中链接数据文件夹 Ex2_2，点击【新建】，选择"文件地理数据库"。将其命名为 Task2.gdb。

（2）创建数据集

右击 Task2.gdb，单击【新建】，选择"要素数据集"，在后面的对话框中输入"Area"（字符之间仅用下划线连接，不能使用空格）。点击【下一步】，在下方的对话框中，按顺序选择"投影坐标系 UTM""NAD 1927"和"NAD 1927 UTM Zone 11N"并点击【下一步】，接受容差默认值，最后单击【完成】。

（3）在数据集中导入要素

右击 Area，单击【导入】，选择"要素类（多个）"。用浏览按钮或拖放的方法选择 elevzone.shp 和 stream.shp 作为输出要素，输出 geodatabase 的路径为 Area 数据集。

（4）查看数据库的属性

右击 Task2.gdb，选择"属性"。【数据库属性】对话框中有【常规】和【属性域】栏标。【属性域】用于建立属性的有效值或值的有效范围，以最大限度减少数据输入错误。

（5）查看要素属性

右击 Area 下的 elevzone，选择"属性"。【要素类属性】对话框中有 10 个栏标，可查看其属性，如【字段】、【索引】和【XY坐标系】等，与 shapefile 相似，但其他的如【属性域】、【制图表达】、【子类型】和【关系】则是 geodatabase 要素类所特有的。

（6）查看创建的数据库子文件

到文件夹中的 Task2.gdb，可看到它有很多小文件。

习作 2-3 查看并导入影像数据

1. 知识点

地理空间数据模型。

2. 所需数据

km.img，由 6 个波段组成的栅格图像。

3. 结果与要求

查看具有 6 个波段的栅格图像，通过改变各个波段的颜色来改变图像的视觉效果。

4. 操作步骤

（1）查看 km.img 数据属性

打开 ArcMap，在目录树中链接数据文件夹 Ex2_3，展开文件夹后右击 km.img，并右击【属性】，在【源】中显示 km.img 具有 4408 行、2722 列和 6 个波段。

(2) 查看栅格影像的 RGB 彩色合成

在 ArcMap 中打开 km.img 影像，然后此时显示的 km.img 为 RGB 合成，红、绿、蓝分别赋予波段 1、波段 2 和波段 3。

(3) 更改栅格影像的彩色合成

从 km.img 的目录菜单中选择"属性"。在【符号系统】栏中，使用下拉菜单来改变 RGB 的合成，红、绿、蓝分别赋予波段 3、波段 2 和波段 1。单击【确定】，显示一幅类似彩色照片的图像。

(4) 再次更改栅格影像的彩色合成

在步骤(3)基础上使用 RGB 组合，红、绿、蓝分别赋予波段 4、波段 3 和波段 2，显示假彩色红外图像。

习作 2-4 查看并导入 DEM 数据

1. 知识点

地理空间数据模型。

2. 所需数据

kmt.txt，包含高程数据的文本文件。

3. 结果与要求

使用包含高程数据的文本文件导入影像数据。

4. 操作步骤

(1) 查看 kmt 文本属性

打开 ArcMap，在目录树中链接数据文件夹 Ex2_4。双击打开 kmt.txt。文本中的前 6 行包含头文件信息。显示 DEM 是 72 列 45 行，像元大小是 0.0098625067022449，无像元编码是-9999，DEM 左下角的(X,Y)坐标是(102.36699536799，24.904022028378)。

(2) Kmt.txt 转化栅格

打开 ArcToolbox。在【转换工具】—【转为栅格】工具集下双击【ASCII 转栅格】工具，【输入 ASCII 栅格文件】的下拉箭头选择"kmt.txt"，最后保存栅格命名为"km1"，点击【确定】，运行 conversion。

(3) 查看栅格属性

右击栅格图 km1，点击【属性】，看【源】栏中显示与其相关的 5 种信息类别：数据源、栅格数据信息、范围、空间参照以及统计值。Km1 是像元大小 0.0098625067022449，高程最高 231，最低 144。

(4) 更改栅格属性，显示该图像

在 ArcMap 中打开 km1 栅格图，即查看图像，在【属性】—【符号系统】配色方案中可按自己的想法更改不同高程间所显示的颜色。

第 3 章

GIS 的空间特性

【内容提要】空间实体是 GIS 研究的主要对象,是空间关系的构成元素。所有空间实体及其关系需要纳入一定的空间参考下才可以进行空间分析,这些空间特性是 GIS 空间分析的前提和基础。本章介绍空间实体及其描述、空间关系、空间参考、空间投影及空间尺度等 GIS 的空间特性。

在地理学中,地理空间是指物质、能量、信息的存在形式在形态、结构过程、功能关系上的分布方式和格局及其在时间上的延续。地理信息系统中的地理空间分为绝对空间和相对空间两种形式。绝对空间是具有属性描述的空间位置的集合,它由一系列不同位置的空间坐标值组成;相对空间是具有空间属性特征的实体的集合,由不同实体之间的空间关系构成。因此,研究地理空间不仅需要分析地理空间特征实体或地理空间信息的几何形态和时空分布规律及其相互关系,还需要建立地理空间的定位参考框架,即地球空间参考相关的数学基础。

3.1 空间实体及其描述

3.1.1 空间实体的定义

空间实体是实体在地理数据库中的表示,是一种在现实世界中不可再分的地物或现象。它是一个具体有概括性、复杂性、相对意义的概念。空间实体可以抽象为点实体、线实体、面实体(多边形实体)和体实体。

空间实体是对现实世界的抽象和简化,这种抽象和简化的程度取决于实际运用的要求,因此,同样的空间实体由于运用目的的不同会表现出不同的形态。例如,道路的形态会根据运用的分析尺度的不同进行线–面转换,在大比例尺上是面状地物,而在小比例尺上是线状地物。需要注意的是,空间实体的形状也会由于数据采集的精度、密度不同发生一定程度的变化。图 3-1 示例了部分现实世界中的地物抽象后对应的实体类型。

3.1.2 空间实体的表达和描述

在地理信息系统中,需要对空间实体进行数据表达。当对空间实体进行数据表达时,

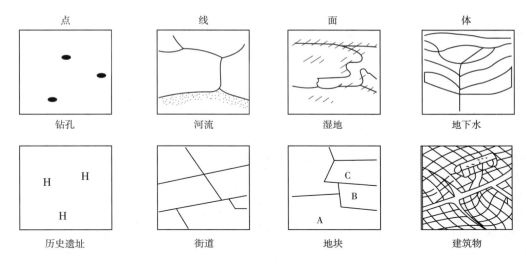

图 3-1 空间实体示例

关键看如何表达空间的一个点,因为点是构成地理空间实体的基本元素。采用没有大小的点(坐标)来表达基本点元素的方法,称为矢量表示法[图 3-2(a)];而采用有固定大小的点(面元)来表达基本元素的方法,称为栅格表示法[图 3-2(b)]。它们分别对应矢量数据模型和栅格数据模型,代表信息世界观点对现实空间实体两种不同的数据表达方法,其在功能、使用方法及应用对象上都有一定的差异,这在一定程度上反映 GIS 表示现实世界的不同概念。

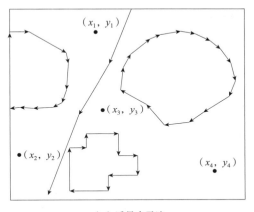

(a) 适量表示法　　　　　　　　　　(b) 栅格表示法

1. 河流; 3. 水田; 5. 建筑物; 4. 果园; 7. 水塔; 8. 消防栓。

图 3-2 空间实体的表达方法

空间实体一般通过 5 个方面来描述:

①识别码。用于区别同类而又不同的实体。

②位置。可用坐标描述也可用其他形式。

③空间特征。也是一种位置信息,如维数、类型及实体的组合等。

④实体的行为和功能。是指在数据采集过程中不仅要重视实体的静态描述,还要收集那些动态的变化,如岛屿的侵蚀、水体污染的扩散、建筑的变形等。

⑤实体的衍生信息。如一个实体有多个名称等。

3.1.3 空间实体的基本特征

(1)空间特征(空间属性)

空间特征用于描述空间实体所处位置的信息,是区别于其他实体的重要特征,包括空间维度、空间位置、空间关系、实体组合类型等方面的内容。空间维度是指空间实体抽象概括形成的实体维数,有零维(点)、一维(线)、二维(面)、三维(体)之分;空间位置是指空间实体在一定的坐标参考系中的位置,通常包括地理坐标系、平面直角坐标系等;空间关系是指空间实体之间存在的拓扑空间关系、方位空间关系和度量空间关系;实体组合类型通常用于描述复杂的地理现象或空间问题,指不同空间实体(点、线、面、体)的组合方式(图 3-3)。

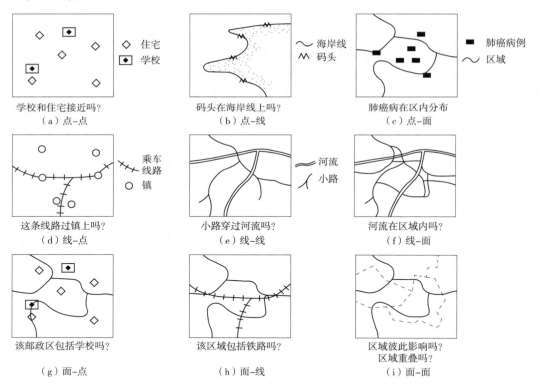

图 3-3 空间实体的组合类型

(2)属性特征(非空间属性)

空间实体的属性特征是与空间实体相联系的、具有地理意义的数据或变量。属性特征也称为非空间特征,通常有定性和定量两种。定性属性表示事物在性质上的差异,包括名称、种类、性质等,如城市名;定量属性是用可计数的值表示某一事物的特征,如城市人口、城市面积等。数据的表示方法也是可以进行相互转化。定量数据转为定性数据的方法众多,用户可根据相关标准、需要进行相应的转化。定性数据转为定量数据则主要采用两种方式:一是二值数据转换,即采用数值"1"和"0"代表"有""无";二是数据的有序转换,用不同的简单数字表示数据的等级和次序,如城市行政区中的"直辖市"用"1"表示,"省会城市"用"2"表示,"一般城市"用"3"表示。

(3) 时态特征(时间属性)

时态特征是指地理实体随着时间而变化的特征。用于描述空间实体发生或者采集的时间点、时间段及数据的循环周期等。时态特征是用于动态分析所必需的属性,根据地理实体时间属性的长短,可将地理实体的时间属性分为超短期、短期、中期、长期等。根据空间实体的时间属性是否与空间属性相关,又可以分成两类:一是实体的空间属性随着时间的变化而变化,如城市行政区、管辖区的兼并等,这类实体需要记录实体的空间特征、属性特征及其对应的时间节点;二是空间实体的空间特征不发生变化,只是属性特征改变,如城市行政区人口数量的变动,这类实体只需要记录该时间节点的属性信息即可。

3.2 空间关系

空间实体间的相互关系简称空间关系,空间实体间的空间关系主要包括3种:度量空间关系、方位(顺序)空间关系和拓扑空间关系,其中拓扑空间关系由于较稳定而成为描述实体空间属性较常用的方法。

3.2.1 度量空间关系

用于描述空间实体间的距离关系。根据衡量参考系的不同又可以分为空间量测距离、时间距离、词典距离等。空间量测距离指空间实体在地球表面的距离量算,通过欧式距离、马氏距离等测算,单位可以是米、千米等。时间距离指从一个实体到另一个实体的最短时间,常用两实体间的飞行时间衡量;词典距离指在一个固定地名册中不同空间实体的位置差值。度量主体、方式的设定可以根据研究对象的不同进行相应的扩展,如衡量实体社会差距的社会经济距离和衡量生态差异的生态距离等。

3.2.2 方位(顺序)空间关系

用于描述实体相对于其他某一特定实体的空间关系,常见的关系有3种:一是基于地球重力的上下顺序关系,用于描述垂直方向上的空间位置,常用高程信息进行表达;二是前后顺序关系,用于描述水平方向上的空间位置,超越为"前",延迟为"后";三是基于东南西北方位的顺序空间关系,这种表述方式常用于我国北方的位置描述。

3.2.3 拓扑空间关系

(1) 拓扑关系的定义及拓扑属性的描述

拓扑关系是一种对地理空间实体之间空间关系进行明确定义的数学方法,是指图形在保持连续状态下变形,但图形关系不变的性质。在地理信息系统中,拓扑关系不但用于空间数据的编辑和组织，而且在空间分析和应用中都具有非常重要的意义。

"拓扑"一词来源于希腊文，原意是"形状的研究"，主要研究在拓扑变换下（弯曲或者变形）能够保持不变的几何属性，即拓扑属性。为了更好地理解拓扑属性，可以假想一块高质量的橡皮，该橡皮可以伸展或者压缩到任意程度，它不会被撕破或者重叠。在橡皮的表面有一个多边形，在多边形内有一点，无论如何对橡皮进行拉伸和压缩，点都在多边形的内部，两者的空间相对位置关系不会发生变化，但诸如多边形的面积、点到多边形边界的距离则发生了改变，在变换中，像前者一样不会发生变化的属性称为拓扑属性，像后者一样会发生变化的属性称为非拓扑属性。表 3-1 示例了常见的一些拓扑属性和非拓扑属性。

表 3-1　拓扑属性和非拓扑属性示例

非拓扑属性（几何）	拓扑属性（没发生变化的属性）
1. 两点间距离 2. 一点指向另一点的方向 3. 弧段长度、区域周长、面积等	1. 一个点在一条弧段的端点 2. 一条弧是一简单弧段（自身不相交） 3. 一个点在一个区域的边界上 4. 一个点在一个区域的内部/外部 5. 一个点在一个环的内/外部 6. 一个面是一个简单面 7. 一个面的连通性，即面内任两点从一点可在面的内部走向另一点

（2）拓扑关系的类型

点、线、面实体中最基本的拓扑关系为拓扑关联、拓扑邻接和拓扑包含，其他的拓扑关系还包括连通性、方向性、区域定义和层次关系等。

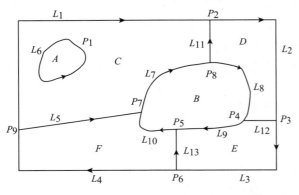

图 3-4　部分拓扑关系示意

① 拓扑关联。空间图形中不同类实体之间的拓扑关系。例如，图 3-4 中与点 P_8 关联的弧段为 L_7、L_8、L_1。

② 拓扑邻接。空间图形中同类元素之间的拓扑关系。例如图 3-4 中多边形之间的邻接关系如 E 和 F、C 和 F、C 和 D 等；点与点之间的邻接关系如 P_7 和 P_9、P_5 和 P_6、P_2 和 P_3 等。

③ 拓扑包含。面状实体对其他实体的包含关系。例如，图 3-4 中面 C 包含面 A。

④ 联通性。空间图形中弧段或链之间的拓扑关系，常用于网络分析中判断路径、街道是否相通。

⑤ 方向性。弧段的起点、终点确定了弧段的方向，用于表达地理现象中的有向弧段，如城市道路走向、河流流向等。

⑥ 区域定义。指多边形由一组封闭的线来定义。

⑦ 层次关系。指相同元素之间的等级关系。

(3)拓扑关系的表达

拓扑数据结构的关键是拓扑关系的表达,而几何数据的表达可参照矢量数据的简单数据结构。在目前的 GIS 中,主要表示基本的拓扑关系,而且表示方法不尽相同。下面列举一个表示矢量数据拓扑关系的例子(图3-4)。

在图 3-4 中,有面 A、B、C、D、E、F,有链 L_1、L_2、L_3、L_4、L_5、L_6、L_7、L_8、L_9、L_{10}、L_{11}、L_{12}、L_{13},有节点 P_1、P_2、P_3、P_4、P_5、P_6、P_7、P_8、P_9。表 3-2 列出了面-链关系,如面 A 由链 L_6 构成的。表 3-3 列出了链-节点关系,如链 L_1 由 P_9、P_2 两个节点连接而成。表 3-4 列出了节点-链的关系,如通过节点 P_1 的链号为 L_6。表 3-5 列出了链-面关系,如链 L_1 的左面没有面为 0,右面为面 C。

表 3-2 面-链关系

面号	构成面的链号
A	L_6
B	L_7, L_8, L_9, L_{10}
C	$L_1, -L_{11}, -L_7, -L_5$
D	L_{11}, L_2, L_{12}, L_8
E	$L_{13}, -L_9, -L_{12}, L_3$
F	$L_4, L_5, -L_{10}, -L_{13}$

表 3-3 链-节点关系

链号	链两端的节点号
L_1	P_9, P_2
L_2	P_2, P_3
L_3	P_3, P_6
…	…

表 3-4 节点-链关系

节点号	通过该节点的链号
P_1	L_6
P_2	L_1, L_{11}, L_2
P_3	L_2, L_{12}, L_3
…	…

表 3-5 链-面关系

链号	左面	右面
L_1	0	C
L_2	0	D
L_3	0	E
…	…	…

(4)拓扑关系建立的意义

空间数据的拓扑关系对 GIS 的数据处理和空间分析具有重要的意义,原因在于:

①根据拓扑关系,不需要利用坐标或计算距离就可以确定一种地理实体相对于另一种地理实体的空间位置关系。因为拓扑数据已经清楚地反映地理实体之间的逻辑结构关系,而且这种拓扑数据较几何数据有更大的稳定性,即它不随地图投影变换而变化。

②利用拓扑数据有利于空间要素的查询。例如,应答某些区域与哪些区域邻接;某条河流能为哪些政区的居民提供水源;与某一湖泊邻接的土地利用类型有哪些;确定一块与湖泊相邻的土地覆盖区,用于对生物栖息环境做出评价等问题,都需要利用拓扑数据。

③可以利用拓扑数据作为重建地理实体的工具。例如,建立封闭多边形、实现道路的选取、进行最佳路径的计算等。

3.3 空间参考

在 GIS 应用中,地理空间概念贯穿于整个工作对象、工作过程、工作结果等各个部分。对空间实体及其空间关系进行准确的描述通常需要将其放入一个定位框架中,从而使各种地理信息有公共的地理基础,这个框架即空间参考。空间参考通常解决地球的空间定位与数学描述问题。

3.3.1 地球形状与地球椭球

地球是一个有着高山低谷、深海浅滩的实体，在对这个实体进行天文测量、卫星大地测量、地球重力测量等精密测量后，发现它实际上是一个极半径略短、赤道半径略长、北极略突出、南极略扁平，近似于梨形的难以用简单数学模型描述的椭球体。为了深入研究地理空间，有必要建立地球表面的几何模型。

由于地球的自然表面是一个起伏不平，十分不规则的表面，难以用一个简洁的数学表达式描述，所以不适合于数字建模。为了对地球表面进行建模，引入了大地水准面的概念。即假设当海水处于完全静止的平衡状态时，从海平面延伸到所有大陆下部，而与地球重力方向处处正交的一个连续、闭合的水准面，这就是大地水准面。水准面是一个重力等位面。对于地球空间而言，存在无数个水准面，大地水准面是其中一个特殊的重力等位面，它在理论上与静止海平面重合。大地水准面包围的形体是一个水准椭球，称为大地体。尽管大地水准面比起实际的固体地球表面要平滑得多，但实际上由于地质条件等因素的影响，大地水准面存在局部的不规则起伏，并不是一个严格的数学曲面，在大地测量和 GIS 应用中仍然存在极大的困难。在大地测量以及 GIS 应用中，一般都选择一个旋转椭球作为地球理想的模型，称为地球椭球(图 3-5)。地球椭球简单的数学表达式为式(3-1)。在有关投影和坐标系统的叙述内容中，地球椭球有时也常被称为参考椭球。

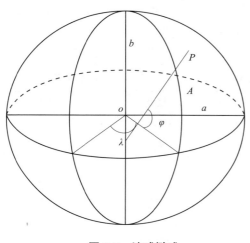

图 3-5　地球椭球

$$\frac{x^2}{a^2}+\frac{y^2}{a^2}+\frac{z^2}{b^2}=1 \tag{3-1}$$

式中　a——长半径，近似等于地球赤道半径；

b——极轴半径，近似等于南极(北极)到赤道面的距离。

地球椭球并不是一个任意的旋转椭球体，只有与水准椭球一致的旋转椭球才能用作地球椭球。地球椭球的确定涉及非常复杂的大地测量学内容。在经典大地测量学中，研究地球形状基本上采用几何方法，提供几何参数(长半径 a、短半径 b、扁率 α 等)。不同的限制条件，不同的研究方法，得到的地球椭球不尽相同。目前国际上使用的地球椭球种类繁多。表 3-6 列出了我国不同时期所采用的地球椭球及其几何参数。

有了参考椭球，在实际建立地理空间坐标系统时，还需指定一个大地基准面将这个椭球体与大地体联系起来，在大地测量中称为椭球定位。所谓定位，就是依据一定条件，将具有给定参数的椭球与大地体的相关位置确定下来。这里所指的一定条件，可以从两个方面理解：一是依据什么要求使大地水准面与椭球面符合；二是对轴向的规定。参考椭球的短轴与地球旋转轴平行是参考椭球定位的基本要求。强调局部地区大地水准面与椭球面较好的定位，通常称为参考定位，如 1980 西安坐标系；强调全球大地水准面与椭球面符合

表 3-6 我国不同时期所采用的地球椭球及其几何参数

椭球名称	创立年代	长半径 a(m)	短半径 b(m)	扁率 α
CGCS2000 椭球(2000 国家大地坐标系采用)	2008	6 378 137	6 356 752	1∶298.257
1975 年国际椭球(1980 西安坐标系采用)	1975	6 378 140	6 356 755	1∶298.257
海福特(Hayford)椭球(中国 1953 年以前采用)	1910	6 378 388	6 356 912	1∶297
克拉索夫斯基(Красовбкий)椭球(1954 北京坐标系采用)	1940	6 378 245	6 356 863	1∶298.3

较好的定位,通常称为绝对定位,如 WGS 84 坐标系。椭球定位是一项复杂的专业工作,定位精度直接影响国民经济建设。因此,一个国家或国际大地测量组织,随着空间技术的发展以及观测资料的积累,每经过一段时间会推出新的参考椭球参数,修正正在使用的地理空间坐标的具体定义。

3.3.2 坐标系统

(1) 坐标系统的分类及基本参数

地理空间坐标系统提供了确定空间位置的参照基准。一般情况,根据表达方式的不同,地理空间坐标系统通常分为球面坐标系统和平面坐标系统(图 3-6)。平面坐标系统也常称为投影坐标系统。

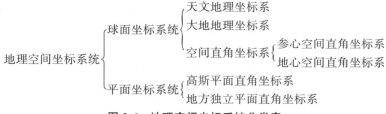

图 3-6 地理空间坐标系统分类表

地理空间坐标系的建立必须依托一定的地球表面几何模型,如果是平面坐标系,还必须指定地面点位的地理坐标(B,L)与地图上相对应的平面直角坐标(X,Y)之间的对应函数关系。换句话说,每一个地理空间坐标系都有一组与之对应的基本参数。对于球面坐标系,主要包括一个地球椭球和一个大地基准面。大地基准面规定了地球椭球与大地体的位置关系。平面坐标系是按照球面坐标与平面坐标之间的映射关系,把球面坐标转绘到平面。因此,一个平面坐标系,除了包含与之对应的球面坐标系的基本参数外,还必须指定一个投影规则,即球面坐标与平面坐标之间的映射关系。

不同国家和地区,不同时期,即便对于相同的地理空间坐标系(如大地地理坐标系),由于具体坐标系基本参数规定的不同,同一空间点的坐标值有所不同。此时,如果要对其进行一些空间分析,则需要进行坐标变换的处理。

我国早期使用的 1954 北京坐标系和 1980 西安坐标系就属于参心坐标系。例如,1980 西安坐标系系采用 RGS75 国际椭球参数,大地定位原点设在我国陕西省泾阳县永乐镇。坐标系原点设在椭球中心,与地球质心并不重合;Z 轴指向 1968.0 地极原点(JYD)方向;

大地起始子午面平行于格林尼治天文台子午面，X 轴在大地起始子午面内与 Z 轴垂直指向经度 0° 方向；Y 轴与 Z 轴和 X 垂直构成右手直角坐标系。

从 2008 年 7 月 1 日开始启用的 2000 国家大地坐标系（简称 CGCS2000），则属于地心坐标系统，起算原点和地球质心是重合的，参考椭球体的旋转轴与 Z 轴重合。大地 2000 坐标应用现代空间技术能够快速获取精确的三维地心坐标，有利于科学研究和国民经济建设的加速发展。在 CGCS2000 基准下，采用 GNSS 技术定位可直接获得高精度的三维空间定位成果，可避免测量成果在转换过程中的精度损失。

（2）球面坐标系

在经典的大地测量中，常用地理坐标和空间直角坐标的概念描述地面点的位置。根据建立坐标系统采用椭球的不同，地理坐标又分为天文地理坐标系和大地地理坐标系。前者是以大地体为依据，后者是以地球椭球为依据。空间直角坐标分为参心空间直角坐标系和地心空间直角坐标系，前者以参考椭球中心为坐标原点，后者以地球质心为坐标原点。

（3）平面坐标系

常用的平面坐标系包括高斯平面直角坐标系和地方独立平面直角坐标系。

高斯平面直角坐标系的具体构成是：规定以中央经线为 X 轴，赤道为 Y 轴，中央经线与赤道交点为坐标原点。同时规定，X 值在北半球为正，南半球为负；Y 值在中央经线以东为正，中央经线以西为负。由于我国疆域均在北半球，X 值皆为正值。为了在计算中方便，避免 Y 值出现负值，还规定各投影带的坐标纵轴均西移 500 km，中央经线上原横坐标值由 0 变为 500 km，在整个投影带内 Y 值就不会出现负值了。由于用高斯–克吕格投影（Gauss-Kruger projection）每个投影带都有一个独立的高斯平面直角坐标系，则位于两个不同投影带的地图点会出现具有相同的高斯平面直角坐标，而实际上描述的却不是一个地理空间。为了避免这一情况和区别不同点的地理位置，高斯平面直角坐标系规定在横坐标 Y 值前标以投影带的编号。

由于国家坐标中每个高斯投影带都是按一定间隔划分，其中央子午线不可能刚好落在城市和工程建设地区的中央，从而使高斯投影长度产生变形。因此，为了减小变形，将其控制在一个微小的范围内，使计算出来的长度与实际长度认为相等，常常需要建立适合本地区的地方独立坐标系。建立地方独立坐标系，实际上就是通过一些元素的确定来决定地方参考椭球与投影面。地方参考椭球一般选择与当地平均高程相对应的参考椭球，该椭球的中心、轴向和扁率与国家参考椭球相同，其椭球半径根据当地平均海拔高程和该地区的平均高程异常进行增大。在地方投影面的确定过程中，应当选取过测区中心的经线或某个起算点的经线作为独立中央子午线；以某个特定使用的点和方位为地方独立坐标系的起算原点和方位，并选取当地平均高程面为投影面。

3.3.3 高程基准

高程（elevation）是基本的地理信息之一，表示地球上一点至参考基准面的距离，它和水平量值共同表达点的位置。从测绘学的角度来看，高程是对某一具有特定性质的参考面而言，没有参考面，高程就失去意义，同一点其参考面不同，高程的意义和数值都不同。例如，正高是以大地水准面为参考面，正常高是以似大地水准面为参考面，而大地高则是以地球椭球面为参考面。这种相对于不同性质的参考面所定义的高程体系称为高程系统。

通常所说的高程是以平均海面为起算基准面，所以高程也被称为标高或海拔高，包括高程起算基准面和相对于这个基准面的水准原点(基点)高程，就构成了高程基准。高程基准是推算国家统一高程控制网中所有水准高程的起算依据，它包括一个水准基面和一个永久性水准原点。水准基面通常采用大地水准面，它是延伸到全球的静止海水面，也是地球重力等位面，实际上水准基面选取的是验潮站长期观测结果计算出来的平均海面。一个国家和地区的高程基准，一般一经确定不应轻易变更。近几十年的研究表明，平均海面并不是真正的重力等位面，它相对于大地水准面存在变化，并且由于受高程基准观测地点及观测时间的影响，且随着科学技术不断进步和时间的推移会提出新的问题，所以不能避免必要时建立新的基准。

我国主要高程基准包括1956年黄海高程基准和1985年国家高程基准。1956年黄海高程系是以青岛港验潮站的长期观测资料推算出的黄海平均海平面作为中国的水准基面，即零高程面。中国水准原点建立在青岛验潮站附近。1985年国家高程基准基准面为青岛大港验潮站1952—1979年验潮资料确定的黄海平均海面。与1956年黄海高程基准相比，其高程差29 mm。除此之外，我国曾经使用过多个高程基准，如大连高程基准、大沽高程基准、废黄河高程基准、坎门高程基准、罗星塔高程基准等。我国的一些地区目前还同时采用其他高程系统，如长江流域习惯采用吴淞高程基准、珠江地区习惯采用珠江高程基准等。

3.4 空间投影

空间投影主要解决把地球曲面信息展布到二维平面的问题，也称为地图投影。在数学中，投影(project)的含义是指建立两个点集之间的映射关系。同样，在地图学中，地图投影的实质就是按照一定的数学法则，将地球椭球面上的经纬网转换到平面上，建立地面点位的地理坐标(B，L)与地图上相对应的平面直角坐标(X，Y)之间的对应函数关系。

3.4.1 地图投影的分类

地图投影的种类繁多，通常采用以下两种方法进行分类：按地图投影的构成方法分类和按地图投影的变形性质分类。

(1) 按照地图投影的构成方法分类

按照构成方法可以把地图投影分为几何投影和非几何投影。

① 几何投影。是把椭球面上的经纬线网投影到几何面上，然后将几何面展为平面而得到。几何投影中，在地图投影分类时是根据辅助投影面的类型及其与地球椭球的关系又可进一步划分。按辅助投影面的类型划分为方位投影、圆柱投影和圆锥投影。以平面作为投影面称为方位投影；以圆柱面作为投影面称为圆柱投影；以圆锥面作为投影面称为圆锥投影。按投影面与地球自转轴间的方位关系划分为正轴投影、横轴投影和斜轴投影。正轴投

影的投影面的中心轴与地轴重合；横轴投影的投影面的中心轴与地轴相互垂直；斜轴投影的投影面的中心轴与地轴斜交。按投影面与地球的位置关系划分为割投影和切投影。割投影以平面、圆柱面或圆锥面作为投影面，使投影面与球面相割，将球面上的经纬线投影到平面上、圆柱面上或圆锥面上，然后将该投影面展为平面。切投影以平面、圆柱面或圆锥面作为投影面，使投影面与球面相切，将球面上的经纬线投影到平面上、圆柱面上或圆锥面上，然后将该投影面展为平面而成。图 3-7 展示了几种几何投影的类型。

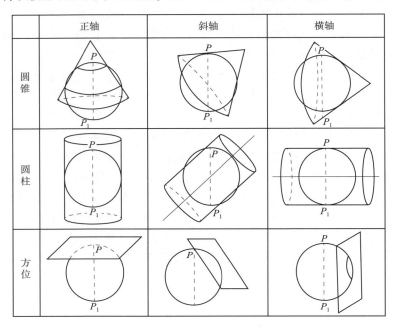

图 3-7　几何投影类型示例

②非几何投影。是不借助几何面，而是根据某些条件用数学解析法确定球面与平面之间点与点的函数关系。在这类投影中，一般按经纬线形状分为伪方位投影、伪圆柱投影、伪圆锥投影和多圆锥投影。伪方位投影的纬线为同心圆，中央经线为直线，其余的经线均为对称于中央经线的曲线，且相交于纬线的共同圆心；伪圆柱投影的纬线为平行直线，中央经线为直线，其余的经线均为对称于中央经线的曲线；伪圆锥投影的纬线为同心圆弧，中央经线为直线，其余经线均为对称于中央经线的曲线；多圆锥投影的纬线为同周圆弧，其圆心均位于中央经线上，中央经线为直线，其余的经线均为对称于中央经线的曲线。

(2) 按投影变形性质分类

按照投影变形性质可以分为等角投影、等面积投影、任意投影和等距投影。

①等角投影。任何点上二微分线段组成的角度投影前后保持不变，即投影前后对应的微分面积保持图形相似，因此也称为正形投影。

②等面积投影。是指无论微分单元还是区域面积投影前后保持相等，其面积比为 1，即在投影平面上任意一块面积与椭球面上相应的面积相等，面积变形等于零。

③任意投影。其长度、面积和角度都存在变形，它既不等角度又不等面积，可能还存

在长度变形。

④等距投影。其面积变形小于等角投影，角度变形小于等面积投影。

圆锥投影、方位投影、圆柱投影均可按其变形性质分为等角投影、等面积投影和任意投影。伪圆锥和伪圆柱投影中有等面积投影和任意投影，都以等面积投影居多。不同类型地球投影命名规则：投影面与地球自转轴间的方位关系+投影变形性质+投影面与地球相割（或相切）+投影构成方法，如正轴等角切圆柱投影，也可以用该投影发明者的名字命名，如横轴等角切圆柱投影也称为高斯-克吕格投影。

3.4.2 常用地图投影

(1) 高斯-克吕格投影

高斯-克吕格投影是由德国数学家、物理学家、天文学家高斯于19世纪20年代拟定，后经德国大地测量学家克吕格于1912年对投影公式加以补充，故称为高斯-克吕格投影（也称高斯投影）。在投影分类中，该投影是横轴等角切圆柱投影。

高斯投影的中央经线和赤道为互相垂直的直线，其他经线均为凹向，并对称于中央经线的曲线，其他纬线均是以赤道为对称轴向两极弯曲的曲线，经纬线成直角相交（图3-8）。高斯投影的变形特征：在同一条经线上，长度变形随纬度的降低而增大，在赤道处最大；在同一条纬线上，长度变形随经差的增加而增大，且增大速度较快。在6°带范围内，长度最大变形不超过0.14%。

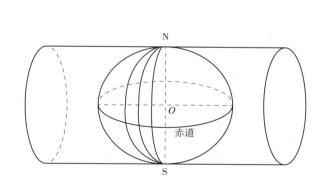
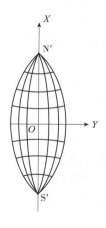

图 3-8 高斯投影示意

我国规定1:1万、1:2.5万、1:5万、1:10万、1:25万、1:50万比例尺地形图均采用高斯投影。1:2.5至1:50万比例尺地形图采用经差6°分带，1:1万比例尺地形图采用经差3°分带。6°带是从0°子午线起，自西向东每隔经差6°为一投影带，全球分为60带，各带的带号用自然序数1，2，3，…，60表示，即以东经0°~6°为第1带，其中央经线为3°E，东经6°~12°为第2带，其中央经线为9°E，其余类推（图3-9）。3°带是从东经1°30′的经线开始，每隔3°为一带，全球划分为120个投影带。图3-9展示了6°带和3°带的中央经线与带号的关系。

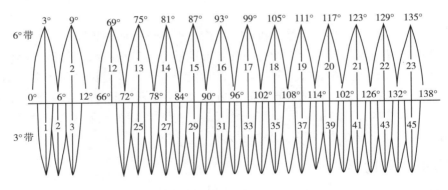

图 3-9　高斯 6°和 3°分带投影

(2) 通用横轴墨卡托投影

通用横轴墨卡托投影(universal transverse Mercator projection, UTM)是一种横割圆柱等角投影,圆柱面在 84°N 和 84°S 处与椭球体相割,它与高斯-克吕格投影十分相似,也采用在地球表面按经度每 6°分带。其带号是自西经 180°由西向东每隔 6°一个编号。美国编制世界各地军用地图和地球资源卫星相片所采用的通用横轴墨卡托投影是横轴墨卡托投影的一种变形。高斯-克吕格投影的中央经线长度比等于 1,通用横轴墨卡托投影规定中央经线长度比为 0.9996。在 6°带内最大长度变形不超过 0.04%。通用横轴墨卡托投影是国际比较通用的地图投影,主要用于全球 84°N~80°S 地区的制图。

3.5　空间尺度

人们在观察、认识自然现象、自然过程以及各种社会经济问题时,往往需要从宏观到微观,从不同高度、视角来观察、认识,不同尺度、角度、分辨率很可能得到不同的印象、认识或结果。例如,研究全球变化、气象变迁、海洋水汽作用时,要把整个地球作为一个动力系统来考虑,采用宏观尺度;研究土地利用变化、控矿构造矿产探测时则需要有用较小的尺度;研究股市行情、金融态势时,一般采用宏观的大尺度与区域的小尺度相结合。如何从不同视角、从宏观或中观或微观的尺度来观察、认识自然现象、自然过程或社会经济事件,获取有关数据、信息,进而分析评价它们,为规划决策、解决问题服务,已成为人们认识自然、认识社会、改造自然、促进社会经济进步、发展的重要论题。

所谓尺度(scale),在概念上是指研究者选择观察(测)世界的窗口。选择尺度时必须考虑观察现象或研究问题的具体情况,通常很难有一种确定的方法可以简便地选择一种理想的窗口(尺度),也不太可能仅以一种窗口(尺度)全面而充实地研究复杂的地理空间现象和过程或各种社会现象。在不同的学科、不同的研究领域会涉及不同的形式和类型的尺度问题,还会有不同的表述方式和含义。例如,在测绘学、地图制图学和地理学中通常把尺度表述为比例尺,在数学、机械学、电子学、光学、通信工程等学科中又往往把尺度表述为某种测量工具(measuring tool)或滤波器(filter),在航空摄影、遥感技术中尺度则往往相应于空间分辨率(spectral resolution)。又如在进行空间分析时,从获取信息到数据处理、分析往往会涉及 4 种尺度问题,即观测尺度、比例尺、分辨率、操作尺度,如图 3-10 所示，并且这些尺度之间是紧密相关的。

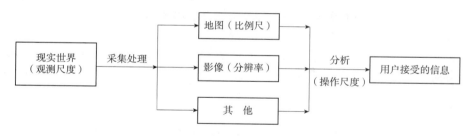

图 3-10　空间分析中的空间尺度

3.5.1　观测尺度

观测尺度是指研究的区域大小或空间范围。认识或观察地理空间观察及其变化时一般需要更大的范围，即大尺度(地理尺度)研究覆盖范围较大区域，如一个国家、亚太地区，而研究城市分布及其扩展可采用中尺度或小尺度。

3.5.2　比例尺

(1) 地图比例尺的含义

地图比例尺的含义具体指的是图上长度与地面长度之间的比例。值得注意的是，当制图区域相当大且制图时对景物的缩小比率也相当大时，所采用的地图投影比较复杂，地图上的长度也因地点和方向不同而有所变化。在这种的图上所注明的比例尺的含义，其实质是在进行地图投影时，对地球半径缩小的比率，通常称为地图主比例尺。地图经过投影后，体现在地图上只有个别的点或线才没有长度变形。换句话说，只有在这些没有变形的点或线上，才可以用地图上注明的主比例尺进行量算。

(2) 地图比例尺的表示

传统地图上的比例尺通常有以下几种表现形式：数字比例尺、文字比例尺、图解比例尺等。数字式即用阿拉伯数字表示，例如，1∶100 000(或简写为1∶10万)。文字式即用文字注解的方法表示，例如，"百万分之一"或"图上1 cm 相当于实地10 km"。图解式即用图形加注记的形式表示的比例尺，图解式主要包括直线比例尺、斜分比例尺和复式比例尺。

3.5.3　图像分辨率

简单说来，图像分辨率是对成像细节分辨能力的度量，也是评价图像中目标细微程度的指标，它表示景物信息的详细程度。对"图像细节"的不同诠释会对图像分辨率有不同的理解，对细节不同侧面的应用就可以得到图像不同侧面的度量。对图像光谱细节分辨能力的表达采用光谱分辨率(spectral resolution)；把对同一目标序列图像的成像时间间隔称为图像时间分辨率(temporal resolution)；而把图像目标的空间细节在图像中可分辨的最小尺寸称为图像空间分辨率(spatial resolution)。与图像空间分辨率有密切关系的是地面像元分辨率，地面像元分辨率是遥感仪器所能分辨的最小地面物体的大小。

通常用分辨率单元(resolution cell, 一个像元对应目标物的大小或最小面积)来表达数字图像的空间分辨率。但由于经离散和量化的数字图像对图像进行了采样, 原图像的分辨能力不一定能够保持, 一般只会下降。同时, 两个相邻离散像元对应在目标物空间可能不仅没有任何重叠, 而且对应的区域可能是分离的。因此, 数字图像的空间分辨率应该通过离散像元之间所能分辨的目标物细节的最小尺寸或对应目标物空间中两点之间的最小距离进行表达。

3.5.4 操作尺度

操作尺度是指对空间实体、现象的数据进行处理操作时应采用的最佳尺度。不同操作尺度影响处理结果的可靠程度或准确度。图 3-11 中展示了不同尺度下同一现象的差异。图 3-11(a)和图 3-11(c)为不同城市尺度下的建筑物及其街道附近的兴趣点, 图 3-11(b)和图 3-11(d)则为基于这些兴趣点分别在街道尺度、街区尺度、区县尺度和新城旧城尺度下生成的兴趣点三维密度图。采用不同的尺度参数, 分析得到的密度结果也各不相同。

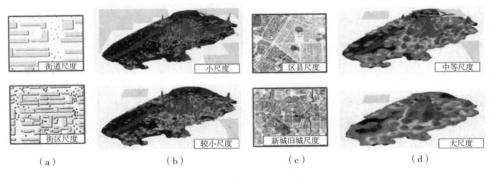

图 3-11 操作尺度差异示例

知识点

1. 空间实体：是实体在地理数据库中的表示, 是一种在现实世界中不能再划分为同类现象的现象。它是一个具体有概括性、复杂性、相对意义的概念。空间实体可以抽象为点实体、线实体、面实体(多边形实体)和体实体。

2. 拓扑空间关系：是实体之间空间关系的一种。其是一种对地理空间实体之间空间关系进行明确定义的数学方法, 是指图形在保持连续状态下变形, 但图形关系不变的性质。

3. 地理空间：是指物质、能量、信息的存在形式在形态、结构过程、功能关系上的分布方式和格局及其在时间上的延续。GIS 中的地理空间分为绝对空间和相对空间两种形式, 绝对空间是具有属性描述的空间位置的集合, 它由一系列不同位置的空间坐标值组成；相对空间是具有空间属性特征的实体的集合, 由不同实体之间的空间关系构成。

4. 高斯-克吕格投影：该投影的中央经线与赤道为互相垂直的直线, 其他经线均为凹向, 并对称于中央经线的曲线, 其他纬线均是以赤道为对称轴向两极弯曲的曲线, 经纬线成直角相交。该投影的变形特征是：在同一条经线上, 长度变形随纬度的降低而增大, 在赤道处为最大；在同一条纬线上，长度变形随经差的增加而增大，且增大速度较快。在6°带范围内，长度最大变形不超过 0.14%。

5. 地图比例尺：具体指的是图上长度与地面之间的长度比例。
6. 空间分辨率：通常用分辨率单元，即一个像元对应目标物的大小或最小面积，来表达数字图像的空间分辨率。

复习思考题

1. 简述空间实体的概念及其描述方式。
2. 拓扑空间关系包括哪些？请举例说明并解释拓扑关系建立的意义。
3. 举例说明空间参考建立的意义。
4. 简述高斯投影的变形特征。
5. 简述地图比例尺与空间分辨率之间的关系。

实践习作

习作 3-1　空间实体的创建

1. 知识点

空间实体。

2. 习作数据

无(需要新建数据)。

3. 结果与要求

新建不同实体类型图层，并添加对应坐标、属性信息。

4. 操作步骤

(1) 新建 Shapefile

打开 ArcMap，在目录树中链接数据文件夹 Ex3_1。右击新建 Shapefile。在【创建新 Shapefile】对话框中输入空间实体的名称及实体的要素类型，其类型有点、线、面3种可供选择，随后根据应用的需要确定实体的空间参考。空间参考的输入可以通过点击【编辑】按钮，在弹出的【空间参考属性】对话框中进行选择，或在【添加坐标系】图标下点击【新建】或【导入】。

(2) 新建字段

输入字段名和类型。在目录中选中新生成含有空间属性的数据，右击选择"属性"，在弹出的对话框选择【字段】选项卡中输入实体非属性信息的字段名和类型。

(3) 编辑数据

在内容列表中，右击图层，选择【编辑要素】中的"开始编辑"，即可对该空间实体数据进行相关的数据编辑。

习作 3-2　地理坐标系的定义

1. 知识点

地理坐标系。

2. 习作数据

continent.shp 数据。

3. 结果与要求

通过选择的方式选择【地理坐标系】下 World 的 WGS1984 坐标系。

4. 操作步骤

(1) 加载数据

打开 ArcCatalog 及 ArcToolbox 工具箱，在目录树中链接数据文件夹 Ex3_2。

(2) 打开数据管理对话框

点击【数据管理工具箱】，打开【投影与变换工具集】，双击【定义投影】工具，打开【定义投影】对话框。

(3) 确定地理坐标系

在【定义投影】对话框【输入数据集或要素类】选项中选择需要定义坐标的 continent.shp 数据，在【坐标系】对话框中确定定义的地理坐标系。

注：有 3 种定义地理坐标系的方式：①选择系统已有的坐标系统；②导入已有数据的坐标系统；③新建一个坐标系统。

第 4 章

空间数据结构

【内容提要】 空间数据结构是指对空间逻辑数据模型描述的数据组织关系和编排方式，对地理信息系统中数据存储、查询检索和应用分析等操作处理的效率有着至关重要的影响。空间数据结构是地理信息系统沟通信息的桥梁，只有充分理解地理信息系统所采用的特定数据结构，才能正确有效地使用系统。在地理信息系统中，较常用的有矢量数据结构和栅格数据结构，空间数据结构的选择取决于数据的类型、性质和使用的方式，在具体应用中，应根据不同的任务目标选择最有效和最合适的数据结构。本章介绍地理数据的概念和基本特征，空间数据库的基本知识，地理信息系统中传统的矢量数据结构、栅格数据结构及空间的编码方法。

4.1 地理数据

4.1.1 地理数据的概念

地球表层构成了地理空间，表征地理空间内事物的数量、质量、分布、内在联系和变化规律的图形、图像、符号、文字和数据等统称为地理数据。

地理数据是地理信息系统的核心，也有人称它是地理信息系统的"血液"，因为地理信息系统的操作对象是地理数据，因此设计和使用地理信息系统的第一步工作就是根据系统的功能获取所需要的地理数据，并创建地理空间数据库，图 4-1 描述了地理数据的组成及特征。

4.1.2 地理数据的基本特征

(1) 空间特征

空间特征又称定位特征或几何特征。数据的空间性是指这些数据反映现象的空间位置及空间位置关系。通常以坐标数据的形式来表示空间位置，以拓扑关系来表示空间位置关系。

(2) 属性特征

数据的属性是指描述实体的特征，如实体的名称、类别、质量和数量等。属性数据本身属于非空间数据，但它是空间数据中的重要数据成分。

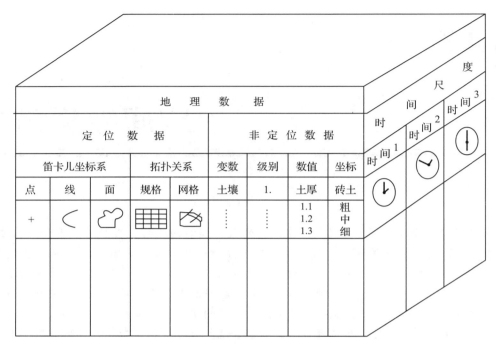

图 4-1 地理数据的基本特性

(3) 时间特征

地理数据的时间特征是指地理数据的空间特征和属性特征随时间而变化。它们可以同时随时间变化，也可以分别随时间变化。实体随时间的变化具有周期性，其变化的周期有超短期的、短期的、中期的和长期的。必须指出，随时间流逝而留下的过时数据是重要的历史资料。

空间特征是地理信息区别于其他信息的最重要的特征之一，地理信息的空间特征与时间过程相结合，大大提高了地理信息的应用价值。

4.2 空间数据库

4.2.1 数据库的基本知识

数据库技术产生于 20 世纪 60 年代末，是计算机领域中最重要的技术之一，也是一种较理想的数据管理技术，其主要目的是有效地管理和存取大量的数据资源。数据库技术主要研究如何存储、使用和管理数据。多年来，数据库技术和计算机网络技术的发展相互渗透、相互促进，已成为当今计算机领域发展迅速、应用广泛的两大领域，数据库技术不仅应用于事务处理，并且进一步应用到情报检索、人工智能、专家系统、计算机辅助设计等领域。

从 20 世纪 60 年代末期开始到如今，人们在数据库技术的理论研究和系统开发上都取得了辉煌的成就，而且已经开始对新一代数据库系统进行深入研究。数据库系统已经成为现代计算机系统的重要组成部分。

（1）数据管理

数据管理是指对数据的组织、存储、检索和维护。

用计算机进行数据管理的 3 个阶段：人工管理阶段、文件系统阶段和数据库阶段。

①人工管理阶段。在这一阶段，计算机除硬件外，没有管理数据的软件，数据处理方式是批处理。数据的组织和管理完全靠程序员手工完成，此阶段数据的管理效率很低，其特点为：数据不保存、应用程序管理数据、数据不共享和数据不具有独立性。

②文件系统阶段。这个阶段硬件方面已有了磁盘、磁鼓等存储设备；软件方面，操作系统中已经有了专门的数据管理软件，一般称为文件系统。这时的计算机不仅用于科学计算，也大量用于数据处理。此阶段数据管理的特点为：数据可以长期保存，文件系统管理数据，数据的共享性差、冗余度高、独立性不足，并发访问容易产生异常，数据的安全控制难以实现。

③数据库阶段。从 20 世纪 60 年代末期开始，计算机管理的数据对象规模越来越大，应用范围越来越广，数据量急剧增加，数据处理的速度和共享性的要求也越来越高。与此同时，磁盘技术也取得了重要发展，为数据库技术的发展提供了物质条件。随后，人们开发了一种新的、先进的数据管理方法：将数据存储在数据库中，由数据库管理软件对其进行统一管理，应用程序通过数据库管理软件来访问数据。

（2）数据库的构成

数据库可以看作与现实世界有一定相似性的模型，是认识世界的基础，是集中、统一存储和管理某个领域信息的系统，它根据数据间的自然联系而构成，数据较少冗余，且具有较高的数据独立性，能为多种应用服务。数据库的组成包括以下几种形式。

①数据集。一个结构化的相关数据的集合体，包括数据本身和数据间的联系。数据集独立于应用程序而存在，是数据库的核心和管理对象。

②物理存储介质。指计算机外存储器和内存储器。前者存储数据，后者存储操作系统和数据库管理系统，并有一定数量的缓冲区，用于数据处理，以减少内外存交换次数，提高数据存取效率。

③数据库软件。其核心是数据库管理系统（DBMS），主要任务是对数据库进行管理和维护，具有对数据进行定义、描述、操作和维护等功能，接受并完成用户程序和终端命令对数据库的请求，负责数据库的安全。

（3）数据库的系统结构

①外模式。是指定义外模型的模式，又称子模式。一个子模式可供多个用户共享。一个用户只能属于一个子模式，它包含了相应的数据文件结构描述及其与概念模型相应的文件变换的定义。

②概念模式。是指定义概念模型的模式，简称模式。模式包含了概念模型中所有文件及其联系的定义。

③内模式。是指定义内模型的模式，又称物理模式。它包含了物理文件及其储存结构等方面的定义。

4.2.2 传统数据库的基本模型

数据库是一个结构化的数据集合,这个结构是根据现实世界中事物间的联系来确定的。事物间的联系反映到数据库中就是实体间的联系,由于数据库是由数据来描述的,因此,数据间的联系是数据模型最重要的任务。数据模型是数据库系统中一个关键的概念,数据模型不同,相应的数据库管理系统(DBMS)差别也就很大,数据模型的作用就是能清晰地表示数据库的逻辑结构,以便用户更有效地存取数据。传统数据库包括以下几种模型。

(1) 层次数据模型

层次数据模型的特点是将数据组织成一对多关系的结构。层次结构采用关键字来访问其中每一层次的每一部分。层次数据模型的结构特别适用于文献目录、土壤分类、部门机构等分级数据的组织(图 4-2)。该模型的优点:存取方便且速度快,结构清晰,容易理解,数据修改和数据库扩展容易实现,检索关键属性十分方便。缺点:结构呆板,缺乏灵活性,同一属性数据要存储多次,数据冗余大(如公共边),不适合于拓扑空间数据的组织。

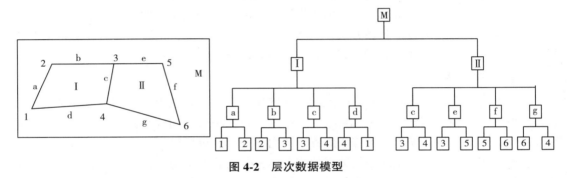

图 4-2 层次数据模型

层次数据模型反映了实体之间的层次关系,简单、直观、易于理解,并在一定程度上支持数据的重构。但层次数据模型用于 GIS 地理数据库也有其局限性,存在的主要问题:①很难描述复杂的地理实体之间的联系,描述多对多的关系时导致物理存储上的冗余;②对任何对象的查询都必须从层次结构的根节点开始,对低层次对象的查询效率很低,很难进行反向查询;③数据独立性较差,数据更新涉及许多指针,插入和删除操作比较复杂,父节点的删除意味着其下层所有子节点均被删除;④层次命令具有过程式性质,要求用户了解数据的物理结构,并在数据操纵命令中显式(explicit)给出数据的存取路径;⑤基本不具备演绎功能和操作代数基础。

(2) 网状数据模型

网状数据模型用链接指令或指针来确定数据间的显式链接关系,采用图数据结构,具有图数据结构的一系列特点(图 4-3)。该类模型表达的数据关系是多对多且数据之间具有显式的链接关系,但没有层次关系。该类模型的优点:能明确而方便地表示数据间的复杂关系,数据冗余小。缺点:网状结构的复杂,增加了用户查询和定位的困难,需要存储数据间联系的指针,使数据量增大,数据的修改不方便(指针必须修改)。

网状数据模型反映地理世界中常见的多对多关系,支持数据重构,具有一定的数据独

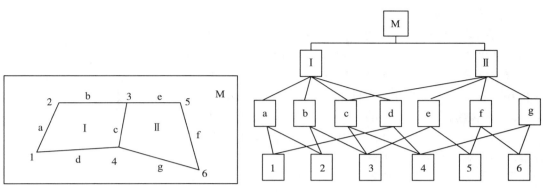

图 4-3 网状数据模型

立和数据共享特性,且运行效率较高。但网状数据模型用于 GIS 地理数据库也有其局限性,存在的主要问题:①由于网状结构的复杂性,增加了用户查询的定位困难,要求用户熟悉数据的逻辑结构,知道自己所处的位置;②网状数据操作命令具有过程式性质,存在与层次模型相同的问题;③不直接支持对于层次结构的表达;④基本不具备演绎功能和操作代数基础。

(3) 关系数据模型

关系数据模型是以记录组或数据表的形式组织数据,以便于利用各种地理实体与属性之间的关系进行存储和变换,不分层也无指针,是建立空间数据和属性数据之间关系的一种非常有效的数据组织方法(图 4-4)。该模型的优点:结构特别灵活,满足所有布尔逻辑运算和数学运算规则形成的查询要求,能搜索、组合和比较不同类型的数据,增加和删除数据非常方便。缺点:数据库大时,查找满足特定关系的数据费时,对空间关系无法满足。

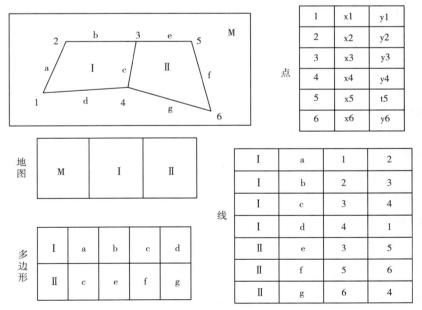

图 4-4 关系数据模型

关系数据模型用于 GIS 地理数据库的局限性表现为以下方面：①无法用递归和嵌套的方式来描述复杂关系的层次和网状结构，模拟和操作复杂地理对象的能力较弱；②用关系数据模型描述本身具有复杂结构和含义的地理对象时，需对地理实体进行不自然的分解，导致存储模式、查询途径及操作等方面均显得语义不很合理；③由于概念模式和存储模式的相互独立，以及实现关系之间的联系需要执行系统开销较大的联接操作，运行效率不高；④空间数据通常是变长的，而一般关系数据库管理系统（RDBMS）只允许记录的长度设定为固定长度，此外，通用 DBMS 难于存储和维护空间数据的拓扑关系；⑤一般 DBMS 都难以实现对空间数据的关联、连通、包含、叠加等基本操作；⑥一般 DBMS 不支持地理信息系统需要的一些复杂图形功能；⑦RDBMS 一般难以支持复杂的地理信息，因为单个地理实体的表达需要多个文件、多条记录，包括大地网、特征坐标、拓扑关系、属性数据和非空间专题属性等方面的信息。

4.2.3 空间数据库

4.2.3.1 空间数据库基本知识

空间数据库管理系统（spatial data base management system，SDBMS），是介于用户和系统间能够实现对各类空间数据的统一组织、存储、管理、控制和维护的软件系统，也是空间数据库系统的核心软件，可对空间数据和属性数据进行统一管理。为 GIS 应用开发提供的空间数据库管理系统除了必须具备普通数据库管理系统的功能外，还具有以下 3 种功能。

①空间数据存储管理。实现空间数据和属性数据的统一存储和管理，提高数据的存储性能和共享程度，设计实现空间数据的索引机制，为查询处理提供快速可靠的支撑环境。

②支持空间查询的结构化查询语言（SQL）。参照 SQL-92 和 OpenGIS 标准，对核心 SQL 进行扩充，使之支持标准的空间运算，具有最短路径、连通性等空间查询功能。

③查询。空间数据库定义为具有内部联系的空间数据的集合，可以管理和维护海量数据，并为不同的 GIS 应用所共享。

空间数据库应该满足以下要求：空间数据库系统具有商业数据库系统的一切功能和特点。空间数据库系统在它的数据模型中，提供空间数据类型及其空间查询语言。空间数据库应当具备两个核心特征（但对用户来讲又是不可见的）：一是持久性，即处理临时和永久数据的能力；二是事务，事务将数据库的某一一致状态映射到另一一致状态。同时，空间数据库更新也是当前空间数据库中的重要问题。

4.2.3.2 空间数据库数据模型

空间数据库数据模型分为以下几种。

(1) 混合结构模型

混合结构模型是指兼具有源数据库和参考数据库特点的一类数据库。多媒体数据库就是属于这一类。它能把文字、数值、声音、图像等性质不同的信息存储于同一载体上进行一体化处理和管理。这种数据库一般为超文本。混合数据库只是混合包含联机事务处理（OLTP）类型的并发性需求和数据库类型的吞吐量需求。在需求较低的环境中（或者在运行较少操作的公司中），较小的混合数据库通常是更为划算的选择。

混合结构模型的基本思想是用两个子系统分别存储和检索空间数据与属性数据,其中属性数据存储在常规的 RDBMS 中,几何空间数据存储在空间数据管理系统中,两个子系统之间使用一种标识符联系起来的(图 4-5)。

该模型的缺点:两个存储子系统具有各自的职责和规则,互相很难保证数据存储、操作的统一,查询操作难以优化;数据完整性的约束条件有可能遭破坏,如在几何空间数据存储子系统中目标实体仍然存在,但在 RDBMS 中却已被删除。

混合结构模型的 GIS 软件有 ARC/INFO,MGE,SICARD,GENEMAP 等。

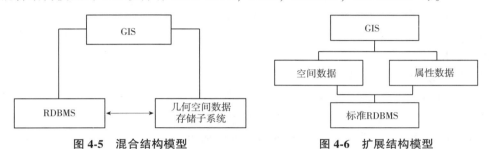

图 4-5　混合结构模型　　　　　图 4-6　扩展结构模型

(2)扩展结构模型

扩展结构模型采用同一的 DBMS 存储空间数据和属性数据。其做法是在标准的关系数据库上增加空间数据管理层,即利用该层将地理结构查询语言(GeoSQL)转化成标准的 SQL 查询,借助索引数据的辅助关系实施空间索引操作(图 4-6)。扩展结构模型省去了空间数据库和属性数据库之间的烦琐联结。该模型的缺点:由于是间接存取,在效率上总是低于 DBMS 中所用的直接操作过程且查询过程复杂。

扩展结构模型的代表性 GIS 软件有 SYSTEM 9,SMALL WORLD 等。

(3)统一数据模型

统一数据模型不是基于标准的 RDBMS,而是在开放型 DBMS 基础上扩充空间数据表达功能,空间扩展完全包含在 DBMS 中(图 4-7)。

图 4-7　统一数据模型

(4)面向对象模型

面向对象方法起源于面向对象的编程语言,其基本思想是对问题领域进行自然分割,以更接近人类通常思维的方式建立问题领域模型,以便对客观的信息实体进行结构模拟和行为模拟,从而使设计的系统尽可能直接地表现问题求解的过程。

为有效描述复杂的事物或现象,需要在更高层次上综合利用和管理多种数据结构和数据模型,并用面向对象的方法进行统一的抽象。这就是面向对象模型的含义,其具体实现就是面向对象的数据结构。

面向对象模型最适合于空间数据的表达和管理,它不仅支持变长记录,而且支持对象的嵌套,信息的继承和聚集,允许用户定义对象和对象的数据结构及它的操作,可以将空间对象根据 GIS 需要,定义合适的数据结构和操作。这种空间数据结构可以带拓扑和不带拓扑。当带拓扑时,涉及对象的嵌套、对象的链接和对象与信息的聚集。面向对象模型的核心是对复杂对象的模拟和操纵。

面向对象模型的特点是可充分利用现有数据模型的优点，并具有可扩充性。由于对象是相对独立的，因此可以很自然和容易地增加新的对象，并且对不同类型的对象具有统一的管理机制。可以模拟和操纵复杂对象。传统的数据模型是面向简单对象的，无法直接模拟和操纵复杂实体，而面向对象的数据模型具备对复杂对象进行模拟和操纵的能力。

在地理信息系统中建立面向对象的数据模型时，对象的确定还没有统一的标准，但是对象的建立应符合人们对客观世界的理解，并且要完整地表达各种地理对象，以及它们之间的相互关系。

面向对象数据库系统具有以下方面优势：①缩小了语义差距。②减轻了阻抗失配问题。传统数据库应用往往表现为把数据库语句嵌入某种具有计算完备性的程序设计语言中，由于数据库语言和程序设计语言的类型系统和计算模型往往不同，所以这种结合是不自然的，这个现象被称为阻抗失配。在面向对象的数据库（OODB）中，把需要程序设计语言编写的操作都封装在对象的内部，从本质上讲，OODB 的问题求解过程只需要表现为一个消息表达式的集合。③适应非传统应用的需要。这种适应性主要表现在能够定义和操纵复杂对象，具备引用共享和并发共享机制以及灵活的事务模型，支持大量对象的存储和获取等。

当前已推出了若干面向对象的数据库管理系统（OODBMS），如 O2 等，也出现一个基于 OODBMS 的 GIS，但由于 OODBMS 价格昂贵且技术还不成熟，目前在 GIS 领域不太通用。基于对象-关系的空间数据库管理系统将可能成为 GIS 空间数据库发展的主流。

（5）时空数据模型

时空数据模型是描述现实世界中的时空对象、时空对象联系及语义约束的模型。时空数据模型是时态地理信息系统（TGIS）的基础，通常由数据结构、数据操作和完整性约束 3 部分组成。时空数据模型不仅强调地学对象的空间和专题特征，而且强调这些特征随时间的变化，即时态特征。建立合理、完善、高效的时空数据模型是实现时态地理信息系统的基础和关键。

空间和时间是现实世界最基本、最重要的属性。许多空间应用系统，尤其是地理信息系统都需要表达地学对象的时空属性。例如，在地籍变更、环境监测、城市演化等领域都需要管理历史变化数据，以便重建历史、跟踪变化、预测未来。传统的地理信息系统数据模型强调地学对象的静态描述，通常采用矢量或栅格的方式来描述空间数据。这种机制限制了如位移、变迁等动态信息的表达。

TGIS 是一种采集、存储、管理、分析与显示地学对象随时间变化信息的计算机系统。TGIS 的核心问题之一是时空数据模型的建立。

时空数据模型的核心问题是研究如何有效地表达、记录和管理现实世界的实体及其相互关系随时间不断发生的变化。这种时空变化表现为 3 种可能的形式：一是属性变化，其空间坐标或位置不变；二是空间坐标或位置变化，而属性不变，这里空间的坐标或位置变化既可以是单一实体的位置、方向、尺寸、形状等发生变化，也可以是两个以上的空间实体之间的关系发生变化；三是空间实体或现象的坐标和属性都发生变化。当前 TGIS 研究的主要问题有：表达时空变化的数据模型、时空数据组织与存取方法、时空数据库的版本问题、时空数据库的质量控制、时空数据的可视化问题等。

4.2.3.3 空间数据库设计

空间数据库设计是指在现有数据库管理系统的基础上建立空间数据库的整个过程。主要包括需求分析和结构设计两部分。

需求分析是整个空间数据库设计与建立的基础,是一项技术性很强的工作,应该由有经验的专业技术人员完成,同时用户的积极参与也是十分重要的。在需求分析阶段需要完成数据源的选择和对各种数据集的评价。

①调查用户需求。了解用户特点和要求,取得设计者与用户对需求的一致看法。

②需求数据的收集和分析。包括信息需求(信息内容、特征、需要存储的数据)、信息加工处理要求(如响应时间)、完整性与安全性要求等。

③编制用户需求说明书。包括需求分析的目标、任务、具体需求说明、系统功能与性能、运行环境等,是需求分析的最终成果。

结构设计是指空间数据结构设计,结果是得到一个合理的空间数据模型,是空间数据库设计的关键。空间数据模型越能反映现实世界,在此基础上生成的应用系统就越能较好地满足用户对数据处理的要求。其实,空间数据库设计的实质就是将地理空间实体以一定的组织形式在数据库系统中加以表达的过程,即地理信息系统中空间实体的模型化问题。

(1) 概念设计

概念设计是通过对错综复杂的现实世界的认识与抽象,最终形成空间数据库系统及其应用系统所需的模型。具体是对需求分析阶段所收集的信息和数据进行分析、整理,确定地理实体、属性及它们之间的联系,将各用户的局部视图合并成一个总的全局视图,形成独立于计算机的、反映用户观点的概念模式。概念模式与具体的 DBMS 无关,结构稳定,能较好地反映用户的信息需求。

表示概念模型最有力的工具是 E-R 模型,即实体-联系模型,包括实体、联系和属性 3 个基本成分。用它来描述现实地理世界,不必考虑信息的存储结构、存取路径及存取效率等与计算机有关的问题,比一般的数据模型更接近于现实地理世界,具有直观、自然、语义较丰富等特点,在地理数据库设计中得到了广泛应用。

(2) 逻辑设计

在概念设计的基础上,按照不同的转换规则将概念模型转换为具体 DBMS 支持的数据模型的过程,即导出具体 DBMS 可处理的地理数据库的逻辑结构(或外模式),包括确定数据项、记录及记录间的联系、安全性、完整性和一致性约束等。导出的逻辑结构是否与概念模式一致,能否满足用户要求,还要对其功能和性能进行评价,并予以优化。

从 E-R 模型向关系模型转换的主要过程为:①确定各实体的主关键字;②确定并写出实体内部属性之间的数据关系表达式,即某一数据项决定另外的数据项;③把经过消冗处理的数据关系表达式中的实体作为相应的主关键字;④根据②③形成新的关系;⑤完成转换后,进行分析、评价和优化。

(3) 物理设计

物理设计是指有效地将空间数据库的逻辑结构在物理存储器上实现,确定数据在介质上的物理存储结构,其结果是导出地理数据库的存储模式(内模式)。主要内容包括确定记录存储格式，选择文件存储结构，决定存取路径，分配存储空间。

物理设计的好坏将对地理数据库的性能影响很大，一个好的物理存储结构必须满足 2 个条件：一是地理数据占有较小的存储空间；二是对数据库的操作具有尽可能高的处理速度。在完成物理设计后，要进行性能分析和测试。

数据的物理表示分两类：数值数据和字符数据。数值数据可用十进制或二进制形式表示。通常二进制形式所占用的存储空间较少。字符数据可以用字符串的方式表示，有时也可利用代码值的存储代替字符串的存储。为了节约存储空间，常常采用数据压缩技术。

物理设计在很大程度上与选用的数据库管理系统有关。设计中应根据需要，选用系统所提供的功能。

(4) 数据层设计

大多数地理信息系统都将数据按逻辑类型分成不同的数据层进行组织。数据层是地理信息系统的重要概念。GIS 数据可以按照空间数据的逻辑关系或专业属性分为各种逻辑数据层或专业数据层，原理上类似于图片的叠置。例如，地形图数据可分为地貌、水系、道路、植被、控制点、居民地等诸层分别存储。将各层叠加起来就合成了地形图的数据。在进行空间分析、数据处理、图形显示时，往往只需要若干相应图层的数据。

数据层设计一般是按照数据的专业内容和类型进行的。数据的专业内容的类型通常是数据分层的主要依据，同时也要考虑数据之间的关系。如需考虑两类物体共享边界（道路与行政边界重合、河流与地块边界的重合）等，这些数据间的关系在数据分层设计时应体现出来。

不同类型的数据由于其应用功能相同，在分析和应用时往往会同时用到，因此在设计时应反映出这样的需求，即可将这些数据作为一层。例如，多边形的湖泊、水库，线状的河流、沟渠，点状的井、泉等，在 GIS 应用中往往同时使用，因此，可作为一个数据层。

(5) 数据字典设计

数据字典用于描述数据库的整体结构、数据内容和定义等。数据字典设计的内容包括：数据库的总体组织结构、数据库总体设计的框架；各数据层详细内容的定义及结构、数据命名的定义；元数据（有关数据的数据，是对一个数据集的内容、质量条件及操作过程等的描述）。

4.2.3.4 空间数据库的实施

空间数据库的实施的过程，应当以实施计划为指南，尽量按照计划实施。但是再好的计划也是不可能完全准确的，在实施过程中常常需要对实施计划做或多或少的改动。任何方面的改动都应当以书面形式备案，做到有案可查（吴信才等，2002）。空间数据库的实施一般过程如下。

① 数据录入。数据录入的数据源应包括系统设计的各类源数据，以检测各输出软件的可行性和数据转换格式的正确性。

② 数据编辑。对录入的数据在进入数据库以前的编辑和预处理要尽可能测试各种编辑功能和操作，检测其安全性和可操作性。

③ 数据库建立。应保证所选择的试验小区的数据足以建立一个完整的空间数据库和属性数据库，以检测其结构的合理性和拓扑关系的正确性，以及数据链接的正确性等，同时对数据库管理系统的功能也应进行全面测试。

④ 数据分析与处理。利用所建立数据库的数据对应用型 GIS 的基本分析功能，特别是

对应用模型进行测试，检查模型的正确性和可靠性。

⑤数据输出。输出结果能否满足所设计的要求和用户的需要。

4.2.3.5 空间数据库系统维护

(1) 维护内容

①程序的维护。在系统维护阶段，会有一部分程序需要改动。根据运行记录，发现程序的错误，这时需要改正；或者随着用户对系统的熟悉，用户有更高的要求，部分程序需要改进；或者环境发生变化，部分程序需要修改。

②数据文件的维护。业务发生了变化，从而需要建立新文件，或者对现有文件的结构进行修改。

③代码的维护。随着环境的变化，旧的代码不能适应新的要求，必须进行改造，制定新的代码或修改旧的代码体系。代码维护的困难主要是新代码的贯彻，因此各个部门要有专人负责代码管理。

④机器、设备的维护。该类维护包括机器、设备的日常维护与管理。一旦发生小故障，要有专人进行修理，保证系统的正常运行。

(2) 维护类型

①更正性维护。是指由于发现系统中的错误而引起的维护。工作内容包括诊断问题与修正错误。

②适应性维护。是指为了适应外界环境的变化而增加或修改系统部分功能的维护工作。例如，新的硬件系统问世，操作系统版本更新，应用范围扩大。为适应这些变化，地理信息系统需要进行维护。

③完善性维护。是指为了改善系统功能或应用户的需要而增加新的功能的维护工作。系统经过一个时期的运行之后，某些地方效率需要提高，或者使用的方便性还可以提高，或者需要增加某些安全措施等。这类维护工作占维护工作的绝大部分。

④预防性维护。是主动性的预防措施。对一些使用寿命较长，目前尚能正常运行，但可能要发生变化的部分进行维护，以适应将来的修改或调整。例如，将专用报表功能改成通用报表生成功能，以适应将来报表格式的变化。

4.3 GIS 数据结构

空间数据结构是指空间数据的组织和编排形式，是适合于计算机系统存储、管理和处理的地学图形的逻辑结构，也是地理实体的空间排列方式和相互关系的抽象描述。它是对数据的一种理解和解释，不说明数据结构的数据是毫无用处的，不仅用户无法理解，计算机程序也不能正确的处理。对同样的一组数据，按不同的数据结构去处理，得到的可能是截然不同的内容。空间数据结构是地理信息系统沟通信息的桥梁，只有充分理解地理信息系统所采用的特定数据结构，才能正确地使用系统(也可以称为矢量模型和栅格模型)(图4-8)。空间数据结构基本上可分为两大类：矢量数据结构和栅格数据结构。两类结构都可用来描述地理实体的点、线、面3种基本类型。

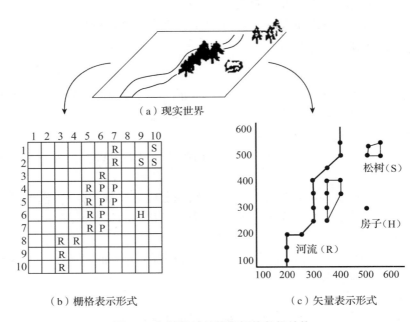

图 4-8 矢量数据结构和栅格数据结构

4.3.1 矢量数据结构

4.3.1.1 矢量数据结构概述

地理信息系统中最常见的一种图形数据结构为矢量结构,即通过记录坐标的方式尽可能精确地表示点、线、多边形等地理实体,坐标空间设为连续,允许任意位置、长度和面积的精确定义,事实上,其精度仅受数字化设备的精度和数值记录字长的限制。

对于点实体,矢量数据结构中只记录其在特定坐标系下的坐标和属性代码;对于线实体,在数字化时即进行量化,就是用一系列足够短的直线首尾相接表示一条曲线,当曲线被分割成多而短的线段后,这些小直线段可以近似地看成直线段,而这条曲线也可以足够精确地由这些小直线段序列表示,矢量结构中只记录这些小直线段的端点坐标,将曲线表示为一个坐标序列,坐标之间认为是以直线段相连,在一定精度范围内可以逼真地表示各种形状的线状地物;"多边形"在地理信息系统中是指一个任意形状、边界完全闭合的空间区域。其边界将整个空间划分为两部分:包含无穷远点的部分称为外部,另一部分称为多边形内部。把这样的闭合区域称为多边形是由于区域的边界线同前面介绍的线实体一样,可以被看作由一系列多而短的直线段组成,每个小线段作为这个区域的一条边,因此这种区域就可以看作由这些边组成的多边形。

跟踪式数字化仪对地图数字化产生矢量结构的数字地图,适合于矢量绘图仪绘出。矢量结构允许最复杂的数据以最小的数据冗余进行存储,相对栅格结构来说,数据精度高,所占空间小,是高效的空间数据结构。

矢量结构的特点:定位明显、属性隐含,其定位是根据坐标直接存储的,而属性则一般存于文件头或数据结构中某些特定的位置上,这种特点使其图形运算的算法总体上比栅格数据结构复杂得多,有些甚至难以实现,当然有些地方也有便利和独到之处,在计算长度、面积、形状和图形编辑、几何变换操作中,矢量结构有很高的效率和精度,而在叠加运算、邻域搜索等操作时则比较困难。

4.3.1.2 矢量数据结构的表示方法

(1) 简单矢量数据结构

矢量数据的简单数据结构没有拓扑关系,主要用于矢量数据的显示、输出以及一般的查询和检索,可分别按点、线、面3种基本形式来描述。

①点的矢量数据结构。标识码通常按一定的原则编码,简单情况下可顺序编号,标识码具有唯一性,是联系矢量数据和与其对应的属性数据的关键字。属性数据单独存放在数据库中,在点的矢量数据结构中也可包含属性码,这时其数据结构为:

标识码	(x,y)坐标

标识码	属性码	(x,y)坐标

属性码通常把与实体有关的基本属性(如等级、类型、大小等)作为属性码。属性码可以有一个或多个。(x,y)坐标是点实体的定位点,如果是有向点,则可以有两个坐标对,其中一对表示方向。

②线(链)的矢量数据结构。线(链)的矢量数据结构可表示为:

标识码	坐标对数 n	(x,y)坐标

标识码的含义与点的矢量数据结构相同。同样,在线的矢量数据结构中也可含有属性码,如表示线的类型、等级、是否要加密、光滑等。坐标对数 n 指构成该线(链)的坐标对的个数。(x,y)坐标串是指构成线(链)的矢量坐标,共有 n 对。也可把所有线(链)的(x,y)坐标串单独存放,这时只要给出指向该链坐标串的首地址指针即可。

③面(多边形)的数据结构。面的矢量数据结构可以像线的数据结构一样表示,只是坐标串的首尾坐标相同。这里介绍链索引编码的面(多边形)的矢量数据结构,可表示为:

标识码	链数 n	链标识码集

标识码的含义同点和线的矢量数据结构,在面的矢量数据结构中也可含有属性码。

链数 n 指构成该面(多边形)的链的数量。链标识码集指所有构成该面(多边形)的链的标识码的集合,共有 n 个。这样,一个面(多边形)就可由多条链构成,每条链的坐标可由线(链)的矢量数据结构获取。这种方法可保证多边形公共边的唯一性,但多边形的分解和合并不易进行;邻域处理比较复杂,需追踪出公共边;在处理"洞"或"岛"之类的多边形嵌套问题时较麻烦,需计算多边形的包含等。

(2) 拓扑矢量数据结构

建立拓扑关系是一种对空间结构关系进行明确定义的数学方法。具有某些拓扑关系的矢量数据结构就是拓扑数据结构,拓扑数据结构是 GIS 的分析和应用功能所必需的。拓扑数据结构的表示方式没有固定的格式,也还没有形成标准,但基本原理是相同的。

4.3.1.3 矢量数据结构的编码方式

对于点实体和线实体的矢量编码比较直接,只要能将空间信息和属性信息记录完全就可以了。点是空间上不能再分的地理实体,可以是具体的或抽象的,如地物点、文本位置点或线段网络的节点等,由一对 (x,y) 坐标表示。图 4-9(a) 表示了点的矢量数据结构编码的基本方式。线实体主要用来表示线状地物(如公路、水系、山脊线等)符号线和多边形边界,有时也称为"弧""链""串"等,图 4-9(b) 为线实体矢量数据结构编码的基本方式。其中唯一标识码是系统排列序号;线标识码可以标识线的类型;起始点和终止点可直接用坐标表示;显示信息是显示时的文本或符号等;与线相联系的非几何属性可以直接存储于线文件中,也可单独存储,而由标识码链接查找。

多边形数据是描述地理信息的最重要的一类数据。在区域实体中,具有名称属性和分类属性的,多用多边形表示,如行政区、土地类型、植被分布等;具有标量属性的,有时也用等值线描述(如地形、降水量等)。

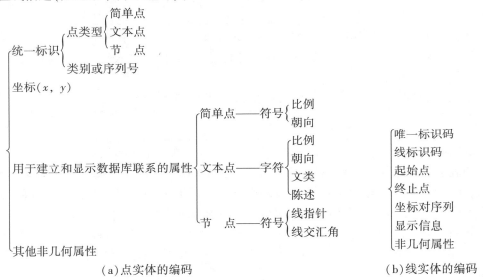

图 4-9 矢量数据结构编码方式

多边形矢量数据结构编码不但要表示位置和属性,更为重要的是要能表达区域的拓扑性质,如形状、邻域和层次等,以便使这些基本的空间单元可以作为专题图资料进行显示和操作,由于要表达的信息十分丰富,基于多边形的运算多而复杂,因此多边形矢量数据结构编码比点和线实体的矢量数据结构编码要复杂得多,也更为重要。多边形矢量数据结构编码除有存储效率的要求外,一般还要求所表示的各多边形有各自独立的形状,可以计算各自的周长和面积等几何指标;各多边形拓扑关系的记录方式要一致,以便进行空间分析;要明确表示区域的层次,如岛-湖-岛的关系等。因此,它与机助制图系统仅为显示和制图目的而设计的编码有很大不同。

（1）坐标序列法（Spaghetti 方式）

由多边形边界的 (x,y) 坐标对集合及说明信息组成，是最简单的一种多边形矢量数据结构编码，如图 4-10 记为以下坐标文件：

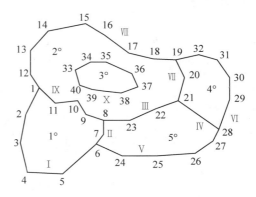

$1°$：$x_1,y_1;x_2,y_2;x_3,y_3;x_4,y_4;x_5,y_5;x_6,y_6;x_7,y_7;x_8,y_8;x_9,y_9;x_{10},y_{10};x_{11},y_{11};x_1,y_1$。

$2°$：$x_1,y_1;x_{12},y_{12};x_{13},y_{13};x_{14},y_{14};x_{15},y_{15};x_{16},y_{16};x_{17},y_{17};x_{18},y_{18};x_{19},y_{19};x_{20},y_{20};x_{21},y_{21};x_{22},y_{22};x_{23},y_{23};x_8,y_8;x_9,y_9;x_{10},y_{10};x_{11},y_{11};x_1,y_1$。

图 4-10 坐标序列法表示的多边形

$3°$：$x_{33},y_{33};x_{34},y_{34};x_{35},y_{35};x_{36},y_{36};x_{37},y_{37};x_{38},y_{38};x_{39},y_{39};x_{40},y_{40};x_{33},y_{33}$。

$4°$：$x_{19},y_{19};x_{20},y_{20};x_{21},y_{21};x_{28},y_{28};x_{29},y_{29};x_{30},y_{30};x_{31},y_{31};x_{32},y_{32};x_{19},y_{19}$。

$5°$：$x_{21},y_{21};x_{22},y_{22};x_{23},y_{23};x_8,y_8;x_7,y_7;x_6,y_6;x_{24},y_{24};x_{25},y_{25};x_{26},y_{26};x_{27},y_{27};x_{28},y_{28};x_{21},y_{21}$。

坐标序列法文件结构简单，易于实现以多边形为单位的运算和显示。这种方法的缺点：①多边形之间的公共边界被数字化和存储两次，由此产生冗余和碎屑多边形；②每个多边形自成体系而缺少邻域信息，难以进行邻域处理，如消除某两个多边形之间的共同边界；③岛只作为一个单个的图形建造，没有与外包多边形的联系；④不易检查拓扑错误。这种方法可用于简单的粗精度制图系统中。

（2）树状索引编码法

该法采用树状索引以减少数据冗余并间接增加邻域信息，方法是对所有边界点进行数字化，将坐标对以顺序方式存储，由点索引与边界线号相联系，以线索引与各多边形相联系，形成树状索引结构。

图 4-11 和图 4-12 分别为图 4-10 的多边形文件和线文件树状索引。其文件结构采用树状结构，图 4-10 的多边形数据记录如下：

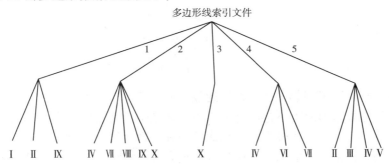

图 4-11 线与多边形之间的树状索引

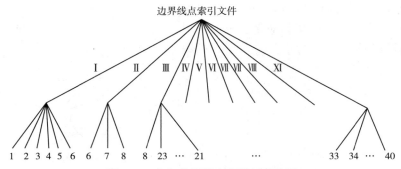

图 4-12　点与边界线之间的树状索引

①点文件：

点号	坐标
1	x_1, y_1
2	x_2, y_2
⋮	⋮
40	x_{40}, y_{40}

②线文件：

线号	起点	终点	点号
Ⅰ	1	6	1, 2, 3, 4, 5, 6
Ⅱ	6	8	6, 7, 8
⋮	⋮	⋮	⋮
Ⅹ	33	33	33, 34, 35, 36, 37, 38, 39, 40, 33

③多边形文件：

多边形编号	多边形边界
1°	Ⅰ, Ⅱ, Ⅸ
2°	Ⅲ, Ⅶ, Ⅷ, Ⅸ, Ⅹ
3°	Ⅹ
4°	Ⅳ, Ⅵ, Ⅶ
5°	Ⅱ, Ⅲ, Ⅳ, Ⅴ

树状索引编码消除了相邻多边形边界的数据冗余和不一致的问题，在简化过于复杂的边界线或合并相邻多边形时可不必改造索引表，邻域信息和岛状信息可以通过对多边形文件的线索引处理得到，但是比较烦琐，因而给相邻函数运算，消除无用边，处理岛状信息以及检查拓扑关系带来一定的困难，而且两个编码表都需要以人工方式建立，工作量大且容易出错。

(3) 拓扑结构编码法

要彻底解决邻域和岛状信息处理问题必须建立一个完整的拓扑关系结构，这种结构应包括：唯一标识、多边形标识、外包多边形指针、邻接多边形指针、边界链接、范围（最大和最小的坐标值）。采用拓扑结构编码可以较好地解决空间关系查询等问题，但增加了算法的复杂性和数据库的大小。

矢量数据结构编码最重要的是信息的完整性和运算的灵活性，这是由矢量数据结构自身的特点所决定的，目前并无统一的最佳的矢量数据结构编码方法，在具体工作中应根据数据的特点和任务的要求而灵活设计。

4.3.2 栅格数据结构

4.3.2.1 栅格数据结构概述

栅格数据结构是最简单最直接的空间数据结构，是指将地球表面划分为大小均匀紧密相邻的网格阵列，每个网格作为一个像元或像素由行、列定义，并包含一个代码表示该像素的属性类型或量值，或仅仅包括指向其属性记录的指针。因此，栅格数据结构是以规则的阵列来表示空间地物或现象分布的数据组织，组织中的每个数据表示地物或现象的非几何属性特征。如图 4-13 所示，在栅格数据结构中，点用一个栅格单元表示；线状地物由沿线走向的一组相邻栅格单元表示，每个栅格单元最多只有两个相邻单元在线上；面或区域用记有面属性的相邻栅格单元的集合表示，每个栅格单元可有多于两个的相邻单元同属一个面。遥感影像属于典型的栅格数据结构，每个像元的数字表示影像的灰度等级。

图 4-13 点、线、区域的格网

栅格数据结构的显著特点是属性明显、定位隐含，即数据直接记录属性的指针或属性本身，而所在位置则根据行列号转换为相应的坐标，也就是说定位是根据数据在数据集中的位置得到的。如图 4-13(a)所示，数据 2 表示属性或编码为 2 的一个点，其位置由其所在的第 3 行、第 4 列交叉得到。由于栅格数据结构是按一定的规则排列的，所表示的实体的位置很容易隐含在格网文件的存储结构中，在后面讲述栅格数据结构编码时可以看到，每个存储单元的行列位置可以方便地根据其在文件中的记录位置得到，且行列坐标可以很容易地转为其他坐标系下的坐标。在格网文件中每个代码本身明确地代表了实体的属性或属性的编码，如果为属性的编码，则该编码可作为指向实体属性表的指针。图 4-13(a)表示了代码为 2 的点实体，图 4-13(b)表示了一条代码为 6 的线实体，而图 4-13(c)则表示了 3 个面实体或称为区域实体，代码分别为 4、7 和 8。由于栅格行列阵列容易被计算机存储、操作和显示，因此这种结构容易实现，算法简单，且易于扩充、修改，也很直观，特别是易于同遥感影像的结合处理，给地理空间数据处理带来了极大的方便。

4.3.2.2 栅格数据结构的表示方法

栅格数据结构表示的地表是不连续的，是量化和近似离散的数据。在栅格数据结构中，地表被分成相互邻接、规则排列的矩形方块（特殊的情况下也可以是三角形或菱形、六边形等），每个地块与一个栅格单元相对应。栅格数据的比例尺就是栅格大小与地表相应单元大小之比。在许多栅格数据处理时，常假设栅格所表示的量化表面是连续的，以便使用某些连续函数。由于栅格数据结构对地表的量化，在计算面积、长度、距离、形状等空间指标时，若栅格尺寸较大，则造成较大的误差，由于在一个栅格的地表范围内，可能存在多于一种的地物，而表示在相应的栅格数据结构中常常是一个代码。也类似于遥感影像的混合像元问题，如 Landsat 的 MSS 卫星影像单个像元对应地表 79 m×79 m 的矩形区域，影像上记录的光谱数据是每个像元所对应的地表区域内所有地物类型的光谱辐射的总和效果。因而，这种误差不仅有形态上的畸形，还可能包括属性方面的偏差。

假定基于笛卡儿坐标系上的一系列叠置层的栅格地图文件已建立起来，那么如何在计算机内组织这些数据才能达到最优数据存取、最少存储空间、最短处理过程呢？如果每层中每个像元在数据库中都是独立单元，即数据值、像元和位置之间存在着对应的关系，则按上述要求组织数据的方式可能有以下 3 种：

①以像元为记录的序列，不同层中同一像元位置上的各属性值表示为一个列数组。

②以层为基础，每层又以像元为序记录它的坐标和属性值，一层记录完后再记录第二层。这种方法较为简单，但需要的存储空间最大。

③以层为基础，但每层中以多边形为序记录多边形的属性值和充满多边形的各像元的坐标。

4.3.2.3 栅格数据结构的编码方式

(1) 直接栅格结构编码

这是最简单直观而又非常重要的一种栅格结构编码方法，通常称这种编码的图像文件为网格文件或栅格文件。栅格结构不论采用何种压缩编码方法，其逻辑原型都是直接编码网格文件。直接栅格结构编码就是将栅格数据看作一个数据矩阵，逐行（或逐列）逐个记录代码，可以每行都从左到右逐个像元记录，也可以奇数行地从左到右而偶数行地从右向左记录，为了特定目的还可采用其他特殊的顺序（图 4-14）。

(2) 压缩编码方法

目前有一系列栅格数据压缩编码方法，如链码、游程长度编码、块码和四叉树编码等。其目的是用尽可能少的数据量记录尽可能多的信息，其类型又有信息无损编码和信息有损编码之分。信息无损编码是指编码过程中没有任何信息损失，通过解码操作可以完全恢复原来的信息，信息有损编码是指为了提高编码效率，最大限度地压缩数据，在压缩过程中损失一部分相对不太重要的信息，解码时这部分难以恢复。在地理信息系统中多采用信息无损编码，而对原始遥感影像进行压缩编码时，有时也采取有损压缩编码方法。

①链码（chain codes）。又称为弗里曼链码或边界链码，可以有效压缩栅格数据，而且

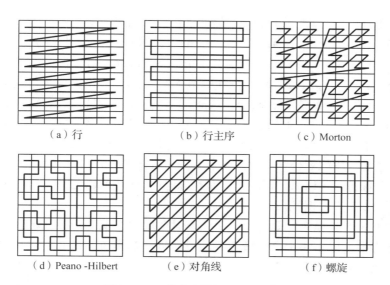

图 4-14 一些常用的栅格排列顺序

对于估算面积、长度、转折方向的凹凸度等运算十分方便，比较适合于存储图形数据。缺点是对边界进行合并和插入等修改编辑工作比较困难，对局部的修改将改变整体结构，效率较低，而且由于链码以每个区域为单位存储边界，相邻区域的边界将被重复存储而产生冗余。

② 游程长度编码（run-length codes）。是栅格数据压缩的重要编码方法，它的基本思路是：对于一幅栅格图像，常常有行（或列）方向上相邻的若干点具有相同的属性代码，因而可采取某种方法压缩那些重复的记录内容。其方法有两种方案：一种编码方案是，只在各行（或列）数据的代码发生变化时依次记录该代码以及相同的代码重复的个数，从而实现数据的压缩。例如，对图 4-13（c）所示栅格数据，可沿行方向进行如下游程长度编码：（0，1），（4，2），（7，5）；（4，5），（7，3）；（4，4），（8，2），（7，2）；（0，2），（4，1），（8，3），（7，2）；（0，2），（8，4），（7，1），（8，1）；（0，3），（8，5）；（0，4），（8，4）；（0，5），（8，3）。只用了 44 个整数就可以表示，而在前述的直接编码中却需要 64 个整数表示，可见游程长度编码压缩数据是十分有效又简便的。事实上，压缩比的大小是与图的复杂程度成反比的，在变化多的部分，游程数就多，变化少的部分游程数就少，图件越简单，压缩效率就越高。另一种游程长度编码方案就是逐个记录各行（列）代码发生变化的位置和相应代码，如对图 4-13（c）所示栅格数据的另一种游程长度编码如下（沿列方向）：（1，0），（2，4），（4，0），（1，4），（4，0）；（1，4），（5，8），（6，0）；（1，7），（2，4），（4，8），（7，0）；（1，7），（2，4），（3，8），（8，0）；（1，7），（3，8），（1，7），（6，8）；（1，7），（5，8）。

游程长度编码在栅格压缩时，数据量没有明显增加，压缩效率较高，且易于检索，叠加合并等操作，运算简单，适用于机器存储容量小，数据需大量压缩，而又要避免复杂的编码解码运算增加处理和操作时间的情况。

③ 块码。是游程长度编码扩展到二维的情况，采用方形区域作为记录单元，每个记录单元包括相邻的若干栅格，数据结构由初始位置（行、列号）和半径，再加上记录单位的代

码组成。对图 4-13(c)所示图像的块码编码如下：(1, 1, 1, 0)，(1, 2, 2, 4)，(1, 4, 1, 7)，(1, 5, 1, 7)，(1, 6, 2, 7)，(1, 8, 1, 7)；(2, 1, 1, 4)，(2, 4, 1, 4)，(2, 5, 1, 4)，(2, 8, 1, 7)；(3, 1, 1, 4)，(3, 2, 1, 4)，(3, 3, 1, 4)，(3, 4, 1, 4)，(3, 5, 2, 8)，(3, 7, 2, 7)；(4, 1, 2, 0)，(4, 3, 1, 4)，(4, 4, 1, 8)；(5, 3, 1, 8)，(5, 4, 2, 8)，(5, 6, 1, 8)，(5, 7, 1, 7)，(5, 8, 1, 8)；(6, 1, 3, 0)，(6, 6, 3, 8)；(7, 4, 1, 0)，(7, 5, 1, 8)；(8, 4, 1, 0)，(8, 5, 1, 0)。该例中块码用了 120 个整数，比直接编码还多，这是因为例中为描述方便，栅格划分很粗糙，在实际应用中，栅格划分细，数据冗余多，才能显出压缩编码的效果，而且还可以做一些技术处理，如行号可以通过行间标记而省去记录，行号和半径等也不必用双字节整数来记录，可进一步减少数据冗余。

　　块码具有可变的分辨率，即当代码变化小时图块大，就是说在区域图斑内部分辨率低；反之，分辨率高以小块记录区域边界地段，以此达到压缩的目的。因此，块码与游程长度编码相似，随着图形复杂程度的提高而降低效率，就是说图斑越大，压缩比越大；图斑越碎，压缩比越小。块码在合并、插入、检查延伸性、计算面积等操作时有明显的优越性。然而在某些操作时，则必须把游程长度编码和块码解码，转换为基本栅格结构进行。

　　④四叉树编码。又称四元树或四分树编码，是最有效的栅格数据压缩编码方法之一，绝大部分图形操作和运算都可以直接在四叉树结构上实现，因此四叉树编码既压缩了数据量，又可大大提高图形操作的效率。四叉树将整个图像区逐步分解为一系列被单一类型区域内含的方形区域，最小的方形区域为一个栅格像元，分割的原则是将图像区域划分为 4 个大小相同的象限，而每个象限又可根据一定规则判断是否继续等分为次一层的 4 个象限，其终止判据是，不管是哪一层上的象限，只要划分到仅代表一种地物或符合既定要求的少数几种地物时，则不再继续划分，否则一直划分到单个栅格像元为止。四叉树通过树状结构记录这种划分，并通过这种四叉树状结构实现查询、修改、量算等操作。图 4-15(b)为图 4-15(c)图形的四叉树分解，各子象限尺度大小不完全一样，但都是同代码栅格单元，其四叉树如图 4-15(c)所示。

　　其中最上面的那个节点叫作根节点，它对应整个图形。总共有 4 层节点，每个节点对应一个象限，如 2 层 4 个节点分别对应于整个图形的 4 个象限，排列次序依次为南西(SW)、南东(SE)、北西(NW)和北东(NE)，不能再分的节点称为终止节点(又称叶子节点)，可能落在不同的层上，该节点代表的子象限具有单一的代码，所有终止节点所代表的方形区域覆盖了整个图形。从上到下，从左到右为叶子节点编号如图 4-15(c)所示，共有 40 个叶子节点，也就是原图被划分为 40 个大小不等的方形子区，图 4-15(c)最下面一排数字表示各子区的代码。

　　由上面图形的四叉树分解可见，四叉树中象限的尺寸是大小不一的，位于较高层次的象限较大，深度小即分解次数少，而低层次上的象限较小，深度大即分解次数多，这反映了图上某些位置单一地物分布较广而另一些位置上的地物比较复杂，变化较大。正是由于四叉树编码能够自动地依照图形变化而调整象限尺寸，因此它具有极高的压缩效率。采用四叉树编码时，为了保证四叉树分解能不断地进行下去，要求图像必须为 $2n \times 2n$ 的栅格阵

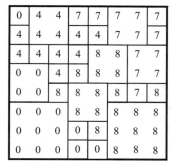
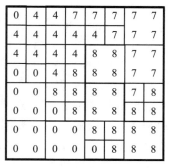

（a）块码分割　　　　　　　　（b）四叉树分割

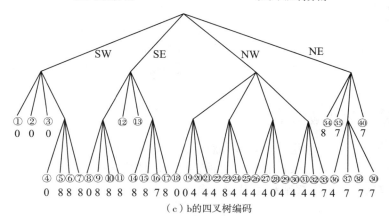

（c）b的四叉树编码

图 4-15　四叉树编码

列，n 为极限分割数，$n+1$ 为四叉树的最大高度或最大层数，对于非标准尺寸的图像需首先通过增加背景的方法将图像扩充为 $2n×2n$ 的图像。

为了使计算机既能以最小的冗余存储图像对应的四叉树，又能方便地完成各种图形图像操作，专家们已提出了多种编码方式，本节介绍美国马里兰大学地理信息系统中采用的编码方式，该方法记录了终止节点(叶子节点)的地址和值，值就是子区的代码，其中地址包括两个部分，共 32 位(二进制)，最右边 4 位记录该叶子节点的深度，即处于四叉树的第几层上，有了深度可以推知子区的大小；地址由从根节点到该叶子节点的路径表示，0，1，2，3 分别表示 SW、SE、NW、NE，从右边第 5 位开始 $2n$ 字节记录这些方向。如图 4-15(c)表示的第 6 个节点深度为 3，第 1 层处于 SW 象限，记为 0；第 2 层处于 NE 象限，记为 3，第 3 层处于 NW 象限，记为 2，表示为二进制为：

0000…000(22 位)；001110(6 位)；0011(4 位)

每层象限位置由两位二进制数表示，共 6 位，十进制整数为 227。这样，记录了各个叶子的地址，再记上相应代码值，就记录了这个图像，并可在此编码基础上进行多种图像操作。事实上，叶节点的地址可以直接由子区左下角的行列坐标，按二进制按位交错得到。如对于 6 号叶子节点，在以图像左下角为原点的行列坐标系中，其左下角行、列坐标为(3，2)，表示为二进制分别为 011 和 010，按位交错就是 001110，正是 6 号地块。

对于只有点状地物或只有线状地物的图件，为了提高效率，设计了略有不同的划分终止条件和记录方法，称为点四叉树和线四叉树。点四叉树对子象限的划分直到每个子象限不含有点或只含有一个点为止，叶子的值则记录是否有点和点在子象限的位置；线四叉树划分子象限直到子象限不含线段或只含有单个线段，对线的节点则划分到单个像素，其叶子值记录更为复杂。四叉树编码具有可变的分辨率，并且有区域性质，压缩数据灵活，许多运算可以在编码数据上直接实现，大大地提高了运算效率，是优秀的栅格压缩编码之一。一般说来，对数据的压缩是以增加运算时间为代价的。在这里时间与空间是一对矛盾，为了更有效地利用空间资源，减少数据冗余，不得不花费更多的运算时间进行编码，好的压缩编码方法就是要在尽可能减少运算时间的基础上达到最大的数据压缩效率，并且是算法适应性强，易于实现。链码的压缩效率较高，矢量结构对边界的运算比较方便，但不具有区域的性质，区域运算困难；游程长度编码既可以在很大程度上压缩数据，又最大限度地保留了原始栅格结构，编码解码十分容易；块码和四叉树码具有区域性质，又具有可变的分辨率，有较高的压缩效率，四叉树编码可以直接进行大量图形图像运算，效率较高，是很有前途的方法。在此基础上已经开始发展了用于三维数据的八叉树编码等（李德仁等，2006）。

4.3.3 矢栅一体化数据结构

矢栅一体化数据结构理论上是较为理想的，但这需要增加存储空间和处理时间。一种更好的方法是建立同时具有矢量和栅格两种特性的一体化数据结构。

4.3.3.1 矢量与栅格数据结构的比较

矢量数据结构可具体分为点、线、面，可以构成现实世界中各种复杂的实体，当问题可描述成线或边界时特别有效。矢量数据的结构紧凑，冗余度低，并具有空间实体的拓扑信息，容易定义和操作单个空间实体，便于网络分析。矢量数据的输出质量好、精度高。

矢量数据结构的复杂性，导致了操作和算法的复杂化。作为一种基于线和边界的编码方法，矢量数据结构不能有效地支持影像代数运算，如不能有效地进行点集的集合运算（如叠加），运算效率低而复杂。由于矢量数据结构的存储比较复杂，导致空间实体的查询十分费时，需要逐点、逐线、逐面地查询。矢量数据和栅格表示的影像数据不能直接运算（如联合查询和空间分析），交互时必须进行矢量和栅格转换。矢量数据结构与DEM的交互是通过等高线来实现的，不能与DEM直接进行运算。栅格数据结构是通过空间点的密集而规则的排列表示整体空间现象的。其数据结构简单，定位存取性能好，可以与影像和DEM数据进行联合空间分析，数据共享容易实现，对栅格数据的操作比较容易。

栅格数据结构的数据量与格网间距的平方成反比，较高的几何精度的代价是数据量的极大增加。因为只使用行和列来作为空间实体的位置标识，故难以获取空间实体的拓扑信息，难以进行网络分析等操作。栅格数据结构不是面向实体的，各种实体往往是叠加在一起反映出来的，因而难以识别和分离。对点实体的识别需采用匹配技术，对线实体的识别需采用边缘检测技术，对面实体的识别则需采用影像分类技术，这些技术不仅费时，而且不能保证完全正确。

通过以上分析可以看出，矢量数据结构和栅格数据结构的优缺点是互补的，为了有效实现 GIS 中的各项功能(如与遥感数据的结合,有效的空间分析等),需要同时使用两种数据结构,并在 GIS 中实现两种数据结构的高效转换。

4.3.3.2 矢量栅格一体化数据结构的概念

对于面状地物,矢量数据用边界表达的方法将其定义为多边形的边界和一内部点,多边形的中间区域是空洞。而在基于栅格的 GIS 中,一般用元子空间充填表达的方法将多边形内任一点都直接与某一个或某一类地物联系。显然,后者是一种数据直接表达目标的理想方式。对线状目标,以往人们仅用矢量方法表示。事实上,如果将矢量方法表示的线状地物也用元子空间充填表达,就能将矢量和栅格的概念辩证统一起来,进而发展矢量栅格一体化的数据结构。假设在对一个线状目标数字化采集时,恰好在路径所经过的栅格内部获得了取样点,这样的取样数据就具有矢量和栅格双重性质。一方面,它保留了矢量的全部性质,以目标为单元直接聚集所有的位置信息,并能建立拓扑关系;另一方面,它建立了栅格与地物的关系,即路径上的任一点都直接与目标建立了联系。因此,可采用填满线状目标路径和充填面状目标空间的表达方法作为一体化数据结构的基础,每个线状目标除记录原始取样点外,还记录路径所通过的栅格;每个面状地物除记录它的多边形周边以外,还包括中间的面域栅格,无论是点状地物、线状地物还是面状。地物均采用面向目标的描述方法,因而它可以完全保持矢量的特性,而元子空间充填表达建立了位置与地物的联系,使之具有栅格的性质,这就是一体化数据结构的基本概念。从原理上说,这是一种以矢量的方式来组织栅格数据的数据结构。为了设计点、线、面状地物具体的一体化数据结构,首先做如下约定。

①地面上的点状地物是地球表面上的点,它仅有空间位置,没有形状和面积,在计算机内部仅有一个位置数据。

②地面上的线状地物是地球表面的空间曲线,它有形状但没有面积,它在平面上的投影是一连续不间断的直线或曲线,在计算机内部需要用一组元子填满整个路径。

③地面上的面状地物是地球表面的空间曲面,并具有形状和面积,它在平面上的投影是由边界包围的空间和一组填满路径的元子表达的边界组成。由于一体化数据结构是基于栅格的,表达目标的精度必然受栅格尺寸的限制。可利用细分格网法提高点、线(包括面状地物边界)数据的表达精度,使一体化数据结构的精度达到或接近矢量表达精度。

如图 4-16 所示,在有点、线通过的基本格网内再细分成 256×256 个细格网(精度要求低时,可细分为 16×16 细格网),为了与整体空间数据库的数据格式一致,基本格网和细格网均采用十进制线性四叉树编码,将采样点和线性目标与基本格网的交点用两个 Morton 码表示(简称 M 码)。前者 M_1 表示该点(采样点或附加的交叉点)所在基本格网的地址码,后者 M_2 表示该点对应的细分格网的 Morton,亦即将一对坐标用(X,Y)用两个

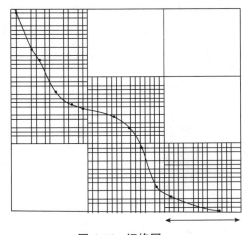

图 4-16 细格网

Morton 码代替。这种方法可将栅格数据的表达精度提高 256 倍，而存储量仅在有点、线通过的格网上增加两个字节。

4.3.3.3 矢栅一体化数据结构的设计

线性四叉树编码、3 个约定和多级格网法为建立矢栅一体化的数据结构奠定了基础。线性四叉树是基本数据格式，3 个约定是设计点、线、面数据结构的基本依据，细分格网法保证足够精度。

(1) 点状地物和节点的数据结构

根据对点状地物的基本约定，点仅有位置、没有形状和面积，不必将点状地物作为一个覆盖层分解为四叉树，只要将点的坐标转化为地址码 M_1 和 M_2，而不管整个构形是否为四叉树。这种结构简单灵活，便于点的插入和删除，还能处理一个栅格内包含多个点状目标的情况。所有的点状地物以及弧段之间的节点数据用一个文件表示，其结构见表 4-1。

表 4-1 点状地物和节点的数据结构

点标识号	M_1	M_2	高程 Z
…	…	…	…
10025	43	4084	432
10026	105	7725	463
…	…	…	…

可见，这种结构几乎与矢量结构完全一致。

(2) 线状地物的数据结构

一般认为用四叉树表达线状地物是困难的，但采用栅格填满整条路径的方法，它的数据结构将变得十分简单(图 4-17)，根据约定，线状地物有形状但没有面积，没有面积意味线状地物和点状地物一样不必用一个完全的覆盖层分解四叉树，而只用一串数据表达每个线状地物的路径即可，表达一条路径就是要将该线状地物经过的所有栅格的地址全部记录下来。一个线状地物可能由几条弧段组成，所以应先建立一个弧段数据文件，见表 4-2。

表 4-2 弧段的数据结构

弧标识号	起节点号	终节点号	中间点串(M_1, M_2, Z)
…	…	…	…
20078	10025	10026	58.7749, 435.92, 4377.439, …
20079	10026	10032	90.432, 502.112, 4412.496, …
…	…	…	…

表 4-2 中的起节点号和终节点号是该弧段的两个端点，它们与表 4-1 链接可建立弧段与节点间的拓扑关系。表中的中间点串不仅包含了原始采样点(已转换成用 M_1、M_2 表示)，而且包含了该弧段路径通过的所有格网边的交点，它所包含的码填满了整条路径。为了充分表达线性地物在地表的空间特性，增加了高程 Z 分量。一条线性地物是在崎岖的

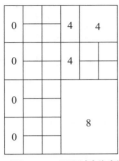

图 4-17 四叉树分割

表 4-3 线状地物的数据结构

线标识号	弧段标识号
…	…
30031	20078，20079
30032	20092，20098，20099
…	…

地面上通过的,只有记录该曲线通过的 DEM 格网边上的交点的坐标和高程值才能较好地表达它的空间形状和长度。

虽然这种数据结构比单纯的矢量结构增加了一定的存储量,但它解决了线状地物的四叉树表达问题,使它与点状、面状地物一起建立统一的基于线性四叉树编码的数据结构体系。这对于点状地物与线状地物相交、线状地物之间的相交以及线状地物与面状地物相交的查询问题变得相当简便和快速。有了弧段数据文件,线状地物的数据结构仅是它的集合表示,见表 4-3。

(3) 面状地物的数据结构

根据对面状地物的约定,一个面状地物应记录边界和边界所包围的整个面域。其中边界由弧段组成,它同样引用表中的弧段信息,面域信息则由线性四叉树或二维行程编码表示。

同一区域的各类不同地物可形成多个覆盖层,例如,建筑物、耕地、湖泊等可形成一个覆盖层,土地利用类型、土壤类型又可形成另外两个覆盖层。这里规定每个覆盖层都是单值的,即每个栅格内仅有一个面状地物的属性值。每个覆盖层可用一个四叉树或一个二维行程编码来表示。为了建立面向地物的数据结构,做这样的修改:二维行程编码中的属性值可以是叶节点的属性值,也可以是指向该地物的下一个子块的循环指针,即用循环指针将同属于一个目标的叶节点链接起来,形成面向地物的结构。

图 4-18 是链接情况,表 4-4 和表 4-5 是对应的二维行程编码、带指针的二维行程编码,表 4-5 中的循环指针指向该地物下一个子块的地址码,并在最后指向该地物本身。这样,只要进入第一块就可以顺着指针直接提取该地物的所有子块,从而避免像栅格数据那样为查询某一个目标需遍历整个矩阵,大大提高了查询速度。

对于面状地物的边界栅格,采用面积占优法确定公共格网值,如果要求更精确地进行面积计算或叠置运算,可进一步引用弧段的边界信息。

面状地物的数据结构包括弧段文件(表 4-2)、带指针二维行程编码(表 4-5)和面文件(表 4-6)。

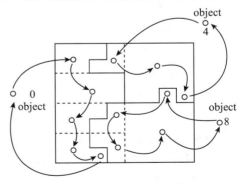

图 4-18 循环指针链接情况

这种数据结构是面向地物的，具有矢量的特点。通过面状地物的标识号可以找到它的边界弧段并顺着指针提取所有的中间面块。同时，它又具有栅格的全部特性，二维行程本身就是面向位置的结构，表 4-5 的 M 码表达了位置的相互关系，前后 M 码之差隐含了该子块的大小。给出任意一点的位置都可在表 4-5 中顺着指针找到面状地物的标识号，从而确定地物。

表 4-4　二维行程编码

二维行程 M 码	属性值	二维行程 M 码	属性值
0	0	32	0
5	4	37	8
8	0	40	0
16	4	44	8
30	8	46	0
31	4	47	8

表 4-5　带指针的二维行程编码

二维行程 M 码	循环指针属性值	二维行程 M 码	循环指针属性值
0	8	32	40
5	16	37	44
8	32	40	46
16	31	44	47
30	37	46	0（属性值）
31	4（属性值）	47	8（属性值）

表 4-6　面状地物的数据结构

面标识号	弧标识号	面块头指针
10001（属性值为 0）	20001，20002，20003	0
10002（属性值为 4）	20002，20004	16
10003（属性值为 8）	2000	37
…	…	…

（4）复杂地物的数据结构

由几个或几种点、线、面状简单地物组成的地物称为复杂地物。例如，将一条公路上的中心线、交通灯、立交桥等组合为一个复杂地物，用一个标识号表示。复杂地物的数据结构见表 4-7。

表 4-7　复杂地物的数据结构

复杂地物标识号	简单地物标识号
…	…
50008	10025，30005，30025
50009	30006，30007，40032
…	…

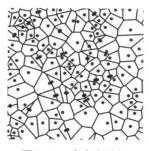

图 4-19　泰森多边形

4.3.4　镶嵌数据结构

针对以正方形和矩形单元进行地理空间划分的规则镶嵌数据模型，完全可以采用栅格数据结构进行数据组织。

4.3.4.1　泰森多边形

荷兰气象学家 A. H. Thiessen 提出了一种根据离散分布的气象站的降水量来计算平均降水量的方法，即将所有相邻气象站连成三角形，作这些三角形各边的垂直平分线，于是每个气象站周围的若干垂直平分线便围成一个多边形。用这个多边形内所包含的一个唯一气象站的降水强度来表示这个多边形区域内的降水强度，并称这个多边形为泰森多边形（图 4-19）。泰森多边形的每个顶点是每个三角形的外接圆的圆心。泰森多边形也称为 Voronoi 图或 Dirichlet 图。

（1）泰森多边形的特性

泰森多边形可用于定性分析、统计分析、邻近分析等。例如，可以用离散点的性质来描述泰森多边形区域的性质；可用离散点的数据来计算泰森多边形区域的数据；判断一个离散点与其他哪些离散点相邻时，可根据泰森多边形直接得出，且若泰森多边形是 n 边形，则就与 n 个离散点相邻；当某一数据点落入某一泰森多边形中时，它与相应的离散点最邻近，无须计算距离。泰森多边形的特性包括：①每个泰森多边形内仅含有一个离散点数据；②泰森多边形内的点到相应离散点的距离最近；③位于泰森多边形边上的点到其两边的离散点的距离相等。

（2）泰森多边形的建立步骤

①离散点自动构建三角网，即构建 Delaunay 三角网。对离散点和形成的三角形编号，记录每个三角形是由哪 3 个离散点构成的。

②找出与每个离散点相邻的所有三角形的编号，并记录下来。这只要在已构建的三角网中找出具有一个相同顶点的所有三角形即可。

③对与每个离散点相邻的三角形按顺时针或逆时针方向排序，以便下一步连接生成泰森多边形。

④计算每个三角形的外接圆圆心，并记录。

⑤根据每个离散点的相邻三角形，连接这些相邻三角形的外接圆圆心，即得到泰森多边形。对于三角网边缘的泰森多边形，可作垂直平分线与图廓相交，与图廓一起构成泰森

多边形。

4.3.4.2 不规则三角网

不规则三角网(triangulated irregular network，TIN)又称曲面数据结构，是由 Peuker 和他的同事于 1978 年设计的一个系统，它是根据区域的有限个点集将区域划分为相等的三角面网络，数字高程由连续的三角面组成，三角面的形状和大小取决于不规则分布的测点的密度和位置，能够避免地形平坦时的数据冗余，又能按地形特征点表示数字高程特征（图 4-20）。不规则三角网常用来拟合连续分布现象的覆盖表面。不规则三角网设计中需要考虑的因素：占用的内存空间；是否包含三角网中的各三角形、边及节点间的拓扑关系；数据结构使用的效率。

图 4-20　不规则三角网

(1) 不规则三角网算法分类

根据构建三角网的步骤，可将三角网生成算法分为以下 3 类。

① 分而治之算法。由 Shmaos 和 Hoey 提出，其基本思路是使问题简化，把点集划分到足够小，使其易于生成三角网，然后把子集中的三角网合并生成最终的三角网，用局部优化(local optimization procedure，LOP)算法保证其成为 Delaunay 三角网，它的优点是时间效率高，但需要大量递归运算，因此占用内存空间较多，如果计算机没有足够的内存，这一方法就无法使用。

② 数据点渐次插入算法。由 Lawson 提出，其思路很简单，先在包含所有数据点的一个多边形中建立初始三角网，然后将余下的点逐一插入，用 LOP 算法保证其成为 Delaunay 三角网。此算法虽然容易实现，但效率极低。

③ 三角网生长算法。在 20 世纪 80 年代以后的文献中已很少见，三角网生长算法目前研究较少。该算法是由 M. J. McCullagh 和 C. G. Ross 提出的，本文对原有的三角网生长算法做了进一步优化（图 4-21）。

三角网生长算法步骤：在所采集的离散点中任意找一点，然后查找距此点最近的点，连接后作为初始基线；在初始基线右侧运用 Delaunay 法则搜寻第三点，具体的做法是：在初始基线右侧的离散点中查找距此基线距离最短的点，作为第三点；生成 Delaunay 三角形，再以三角形的两条新边（从基线起始点到第三点以及第三点到基线终止点）作为新的基线；重复步骤以上两步操作直至所有的基线处理完毕。

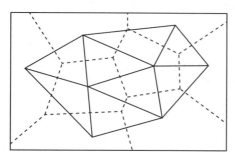
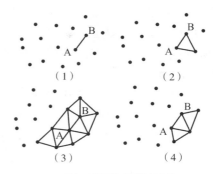

（a）Delaunay 三角形与 Voronoi 多边形　　　　（b）三角网生长算法过程

图 4-21　不规则三角网的算法设计与实现

（2）不规则三角网与栅格数据模型的差别

与栅格数据模型比较，不规则三角网有如下特点：

①地理空间的划分。不规则三角网为不规则三角形，而栅格数据模型为规则格网。

②空间对象的表示。栅格数据模型既可以描述连续变化的地理现象，又可以表示离散的地理现象（点、线、面），而不规则三角网只能表示连续变化的地理现象；但不规则三角网能精确地表示曲面类型地理现象的形状以及特殊的地形要素，如山脊、山峰等，而栅格数据模型不能精确表示。

③表面模型的精度。栅格使用统一的像元来表示，在地形平坦的地方，存在大量的数据冗余，而不规则三角网具有随坡度变化而不同的点密度，在坡度变化大的地区点密度较高。

④适用范围。栅格数据模型适合进行空间一致性分析、近邻分析、离散度分析及表面最低成本分析；不规则三角网适合进行坡度、坡向、体积计算和视线分析等。

4.3.5　三维数据结构

4.3.5.1　三维空间的目标分类

在三维空间中，可将空间地物按维数分成零维（点）、一维（线）、二维（面）和三维（体）四大类。

①零维空间。包括点状地物和用来表示与弧段关联关系的节点两类目标。

②一维空间。包括拓扑弧段、无拓扑弧段和线状地物，其中拓扑弧段可以是构成多边形的边界线，也可是构成各类网线（如水系网、交通网、城市地下管网）的网线段。

③二维空间。主要包括 3 类目标：一是构成面状地物的拓扑面片；二是像素，用它可以组成面状要素；三是根据有限的离散数据建立数字表面模型。

④三维空间。由若干个面片或由数字立体模型表示的体状地物，以及根据有限的三维空间离散数据建成的数字立体模型。

4.3.5.2　八叉树

八叉树数据结构是三维栅格数据的压缩形式，是二维栅格数据中的四叉树在三维空间的推广，该数据结构是将所要表示的三维空间 V 按 X，Y，Z 3 个方向从中间进行分割，把 V 分割成 8 个立方体，然后根据每个立方体中所含的目标来决定是否对各立方体继续进行

8 等分的划分,直划分到每个立方体被一个目标所充满,或没有目标,或其大小已成为预先定义的不可再分的体素为止(图 4-22)。

用八叉树来表示三维形体,并研究在这种表示下的各种操作及应用是在进入 20 世纪 80 年代后才比较全面地开展起来的。这种方法既可以看作四叉树方法在三维空间的推广,也可以认为是用三维体素阵列表示形体方法的一种改进。

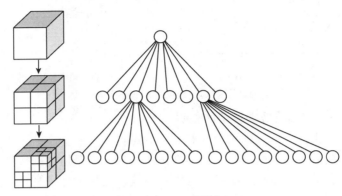

图 4-22　八叉树

八叉树的逻辑结构:假设要表示的形体 V 可以放在一个充分大的正方体 C 内,C 的边长为 $2n$,形体 V=C,它的八叉树可以用递归方法来定义。八叉树的每个节点与 C 的一个子立方体对应,树根与 C 本身相对应,如果 V=C,那么 V 的八叉树仅有树根,如果 V≠C,则将 C 等分为 8 个子立方体,每个子立方体与树根的一个子节点相对应。只要某个子立方体不是完全空白或完全为 V 所占据,就要被 8 等分,从而对应的节点也就有了 8 个子节点。这样的递归判断、分割一直要进行到节点所对应的立方体或是完全空白,或是完全为 V 占据,或是其大小已是预先定义的体素大小,并且对它与 V 之交作一定的"舍入",使体素或认为是空白的,或认为是 V 占据的。如此所生成的八叉树上的节点可分为 3 类:

①灰节点。它所对应的立方体部分为 V 所占据。

②白节点。它所对应的立方体中无 V 的内容。

③黑节点。它所对应的立方体全为 V 所占据。

后两类又称为叶节点。形体 V 关于 C 的八叉树的逻辑结构是这样的:它是一棵树,其上的节点要么是叶节点,要么就是有 8 个子节点的灰节点。根节点与 C 相对应,其他节点与 C 的某个子立方体相对应。

由于八叉树的结构与四叉树的结构是如此的相似,所以八叉树的存储结构方式可以完全沿用四叉树的相关方法。因而,根据不同的存储方式,八叉树也可以分别称为常规的、线性的、一对八的八叉树等。

另外,由于这种方法充分利用了形体在空上的相关性,因此,一般来说,它所占用的存储空间要比三维体素阵列的少。但是实际上它还是使用了相当多的存储,这并不是八叉树的主要优点。这一方法的主要优点在于可以非常方便地实现有广泛用途的集合运算,例如,可以求两个物体的并、交、差等运算,而这些恰是其他表示方法比较难以处理或者需要耗费许多计算资源的地方。不仅如此,由于这种方法的有序性及分层性,因而对显示精度和速度的平衡、隐线和隐面的消除等，带来了很大的方便。

4.3.5.3 四面体格网

四面体格网是将目标空间用紧密排列但不重叠的不规则四面体形成的格网来表示，其实质是2DTIN结构在 3D 空间上的扩展。在概念上首先将 2D Voronoi 格网扩展到3D，形成 3D Voronoi 多面体，然后将 TIN 结构扩展到3D形成四面体格网（图4-23）。

四面体格网由点、线、面和体 4 类基本元素组合而成。整个格网的几何变换可以变为每个四面体变换后的组合，这一特性便于许多复杂的空间数据分析。同时，四面体格网既具有体结构的优点（如快速几何变换、快速显示），又可以看作一种特殊的边界表示，具有一些边界表示的优点（如关系的快速处理）。

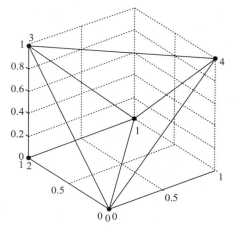

图 4-23 四面体格网

知识点

1. 地理数据：地球表层构成了地理空间，表征地理空间内事物的数量、质量、分布、内在联系和变化规律的图形、图像、符号、文字和数据等。

2. 空间数据库管理系统（spatial data base management system，SDBMS）：是空间数据库的核心软件，将对空间数据和属性数据进行统一管理。

3. 矢量结构：地理信息系统中一种最常见的图形数据结构，即通过记录坐标的方式尽可能精确地表示点、线、多边形等地理实体，坐标空间设为连续，允许任意位置、长度和面积的精确定义，事实上，其精度仅受数字化设备的精度和数值记录字长的限制。

4. 栅格结构：是最简单最直接的空间数据结构，是指将地球表面划分为大小均匀紧密相邻的网格阵列，每个网格作为一个像元或像素由行、列定义，并包含一个代码表示该像素的属性类型或量值，或仅仅包括指向其属性记录的指针。

5. 矢量栅格一体化数据结构：地物均采用面向目标的描述方法，因而它可以完全保持矢量的特性，而元子空间充填表达建立了位置与地物的联系，使之具有栅格的性质，这就是一体化数据结构的基本概念。从原理上说，这是一种以矢量的方式来组织栅格数据的数据结构。

6. 泰森多边形：荷兰气候学家 A. H. Thiessen 提出的一种根据离散分布的气象站的降水量来计算平均降水量的方法，即将所有相邻气象站连成三角形，作这些三角形各边的垂直平分线，于是每个气象站周围的若干垂直平分线便围成一个多边形。用这个多边形内所包含的一个唯一气象站的降雨强度来表示这个多边形区域内的降水强度。

7. 不规则三角网（triangulated irregular network，TIN）：又称曲面数据结构，根据区域的有限个点集将区域划分为相等的三角面网络，数字高程由连续的三角面组成，三角面的形状和大小取决于不规则分布的测点的密度和位置，能够避免地形平坦时的数据冗余，又能按地形特征点表示数字高程特征。

复习思考题

1. 简述地理信息的特点。
2. 举例说明什么是空间数据，什么是非空间数据。
3. 用传统数据库管理空间数据有什么缺点？
4. 地理实体如何存储在数据库当中？
5. 栅格数据结构的精度取决于哪些因素？
6. 简述矢量数据结构和栅格数据结构的优缺点。
7. 简述四叉树表示数据的原理。

实践习作

习作4-1 Voronoi多边形的创建

1. 知识点

Voronoi多边形。

2. 习作数据

Rainfall.shp(某地区气象站降雨数据)。

3. 结果与要求

根据已有数据建立Voronoi多边形。

4. 操作步骤

(1) 链接数据

打开ArcMap，在目录树中链接数据文件夹Ex4_1，将Rainfall.shp添加到内容列表中。

(2) 创建多边形

在ArcToolbox中点击【分析工具】，选择【邻域分析】下拉菜单下的"创建泰森多边形"，在【创建泰森多边形】对话框的【输入要素】选项卡中选择需要创建的Rainfall.shp数据，在【输出要素类】对话框中存储为Rainfall_Thiessen.shp。

(3) 符号化

加载生成的文件Rainfall_Thiessen.shp，右击图层，在弹出的快捷菜单中选择"属性"，在【符号系统】选项卡中可以选择合适的符号。

习作4-2 TIN表面的创建

1. 知识点

TIN三角网。

2. 习作数据

contour.shp(某地区等高线)。

3. 结果与要求

根据等高线数据建立TIN三角网。

4. 操作步骤

(1) 加载等高线

打开 ArcMap，在目录树中链接数据文件夹 Ex4_2，将 contour.shp 添加到内容列表中。

(2) 创建 TIN 表面

在 ArcToolbox 中点击【3D Analyst 工具】，选择【数据管理】菜单下的"创建 TIN"。坐标系选择图层中的 Xian_1980_GK_Zone_21 坐标系。

(3) 参数设置

在弹出的对话框中选择创建 TIN 所要使用的要素图层，设置输出路径和名称，【高度字段】下拉选择"ID"。

(4) 编辑 TIN 数据

点击【3D Analyst 工具】，选择【TIN】下拉菜单下的"编辑 TIN"，可以对 TIN 进行编辑。

(5) 转化 TIN 为其他格式数据

点击【3D Analyst 工具】，选择【转换】下拉菜单下的"由 TIN 转出"，可以将 TIN 转换为其他格式，如 TIN 转栅格等。

第 5 章

空间数据采集与质量控制

【内容提要】空间数据是地理信息科学的主要研究对象，空间数据来源不同、类型不同、格式不同、时间尺度不同、空间尺度不同、参考系统精度等也不同。空间数据采集和输入是一项十分重要的基础工作，是建立地理信息系统不可缺少的一部分。没有数据的采集和输入，就不可能建立一个数据实体，更不可能进行数据的管理、分析和成果输出。数据质量直接影响数据的正确使用，对数据质量的评价和控制，可以提高 GIS 系统相关产品的精度和准确性。本章主要介绍空间数据的来源、分类和编码、数据采集和数据质量等。

5.1 GIS 数据源与数据获取方式

5.1.1 数据源

数据源(data source)顾名思义，数据的来源，是提供某种所需要数据的器件或原始媒体，在数据源中存储了所有建立数据库链接的信息。GIS 的数据源，就是指建立 GIS 的地理数据库所需的各种数据的来源，其来源非常广泛。GIS 数据源是 GIS 用于制图、分析和建模的基础。GIS 数据源的获取首先可以考虑从现有数据源获取，即现有的 GIS 数据源；如果所需的数据不存在，可考虑创建新的数据，即通过对纸质地图的跟踪数字化和扫描数字化获取。常用的 GIS 数据源主要包括地图数据、影像数据、文本资料、统计资料、实测数据、多媒体数据和已有系统数据等。

(1) 地图数据

地图是根据一定的数学法则，将地球或其他星体上的自然和人文现象，使用地图语言，通过制图综合，缩小反映在平面上，反映各种现象的空间分布、组合、联系、数量和质量特征及其在时间中的发展变化。地图数据是地理信息系统的主要数据来源，它来源于各种类型的普通地图和专题地图(图 5-1)。这些地图的内容丰富，地图上实体间的空间关系直观，实体的类别或属性清晰，实测地形图还具有很高的精度。普通地图是以相对平衡的详细程度表示地球表面上的自然地理和社会经济要素，主要表达居民地、交通网、水系、地貌、境界、土质、植被等。实测地形图可真实反映区域地理要素的特征。专题地图重点反映某一种或几种专门的要素，对于各种不同比例尺的专题地图，常常提供如地质、地貌、土壤、植被和土地利用等原始资料。

（2）影像数据

GIS 中的影像数据主要来源于航天遥感和航空遥感，包括多平台、多种传感器、多时相、多光谱、多角度和多种分辨率的遥感影像数据（图 5-2）。这些数据宏观综合概括性强，含有丰富的资源与环境信息，且可以动态观测，可以应用于各行各业。随着各国卫星技术的发展，影像数据构成了多源海量数据，在 GIS 的支持下，更能发挥其优势。

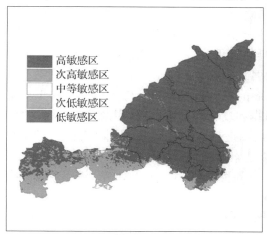

图 5-1　某地干旱灾害风险区划图

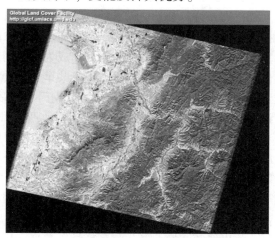

图 5-2　Landsat 影像

（3）文本资料

文本资料是指各行业、各部门的有关法律文档、行业规范、技术标准、条文条例等，如边界条约等，这些也属于 GIS 的数据源。

（4）统计资料

国家和军队的许多部门和机构都拥有不同领域（如人口、基础设施建设、兵要地志等）的大量统计资料，这些也是 GIS 的数据源，尤其是 GIS 属性数据的重要来源。

（5）实测数据

实测数据是指野外试验、实地测量等获取的数据。实测的测量数据和 GPS（全球定位系统）数据必须有确定的地理坐标系统，可以是非数字化的数据，也可以是数字化的数据。非数字化的数据，需要进行数字化，数字化的数据可以通过相应的转换输入到 GIS 系统中。在数据转换中，我们需要关注元数据和数据转换的方法，从而得到合适的数据。图 5-3 中左边包括 56 个地面调查的 GPS 点，右边显示了 16 个地面调查

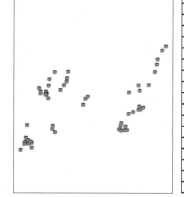

序号	MAPX	MAPY
1	394007.53622	5644791.75300
2	394163.90051	5644801.22631
3	394463.69824	5644396.18966
4	395282.10909	5644363.36660
5	395079.72312	5644395.50158
6	395256.29632	5644501.31640
7	395125.70308	5644152.08228
8	394334.61172	5644578.50501
9	393263.59848	5644646.03080
10	393037.86047	5644536.58472
11	394001.56144	5640419.56866
12	394226.95748	5640018.28708
13	393713.58225	5640386.59924
14	393308.39652	5640554.51374
15	393158.08725	5641163.25295
16	393468.25852	5641182.36750
...		

图 5-3　野外调查数据及其数字化

点的 GPS 地理坐标作为示例。

（6）多媒体数据

多媒体数据主要包括音频和视频数据，通常可通过通信口传入 GIS 的地理数据库中，一般以数字化形式提供，通过数据转化或解释等方法获得，如电话录音、运动中的汽车产生的噪声、交通路口的违章摄影等。

（7）已有系统数据

已有系统的数据，即其他已建成的信息系统和数据库中的数据。由于规范化、标准化的推广，不同系统间的数据共享和可交换性越来越强，这样就拓展了数据的可用性，增加了数据的潜在价值。已有系统数据目前成为 GIS 用户数据获取的主要方式之一。自 20 世纪 90 年代以来。各个国家分别建立了用于共享的公共数据，并为用于指向所需信息来源的网站。

美国 2009 年建立了政府地理数据门户网站（http://www.data.gov/），截至 2014 年 4 月，该网站列出了 91 724 个数据集，包括地理空间数据和政府统计与报告，以及政府机构、大学和研究中心等 229 个组织。欧洲主要的地理门户网站是 INSPIRE（欧洲共同体空间信息基础设施建设，http://inspire.jrc.ec.europa.eu），提供搜索空间数据集和服务的方式，并可查看欧盟成员国的空间数据集，包括公路、居住区、土地覆盖/利用、行政边界、高程数据和海底。地球观测组织（GEO）维护的"全球对地观测系统"（GEOSS）门户网站（http://www.geoportal.org/）提供地球观测数据。该门户网站涵盖灾害、卫生、能源、气候、水、天气、生态系统、农业和生物多样性等数据。用户可通过国家或地理位置获取数据。

表 5-1 列出了一些在全球范围内可下载的数据，在线 GIS 数据存储，如 GIS 数据仓库（http://data.geocomm.com/）、Map-Mart（http://www.mapmart.com/）、和 Land Info International（http://www.landinfo.com/），携有各种各样的数字地图数据、数字高程模型和图像来源。

表 5-1 全球范围可下载的 GIS 数据

产品	说明	网址
ASTER 全球数字高程模型（ASTER GDEM）	ASTER DEM 的空间分辨率为 30 m，覆盖 83°N~83°S 的陆地地区	http://www.jspacesystems.or.jp/ersdac/GDEM/E/2.html
SRTM 全球数字高程模型	包括 SRTM1 和 SRTM3，分辨率为 30 m 和 90 m，覆盖 60°N~56°S 地区	http://srtm.csi.cgiar.org/
Landsat 8 卫星数据	光学数据影像，分辨率包括 15 m、30 m 和 100 m，11 个波段	http://ids.ceode.ac.cn/query.html
Modis 卫星数据	中分辨率对地卫星观测数据，最大分辨率为 250 m，光谱范围从 0.1 μm 到 14.4 μm	https://modis.gsfc.nasa.gov/
SoilGrids	SoilGrids 的空间分辨率为 1 km	http://www.isric.org/content/soilgrids
OpenStreetMap	数据包括街道地图、兴趣地点和土地利用	http://www.openstreetmap.org
DIVA-GIS	数据包括各县的边界、公路、铁路、海拔、土地覆盖和人口密度；全球气候；物种发生和作物收集	http://www.diva-gis.org
Global Climate	数据包括各地区每月的最低气温、平均气温、最高气温；每年的平均气温、降水、生态因子等	http://www.worldclim.rog

5.1.2 数据获取方式

(1) 矢量数据的获取方式

①外业测量。可利用测量仪器自动记录测量成果(常称为电子手簿),然后转到地理数据库中。

②栅格数据转换。利用栅格数据矢量化技术,把栅格数据转换为矢量数据。

③跟踪数字化。用跟踪数字化的方法,把地图变成离散的矢量数据。

(2) 栅格数据的获取方式

①遥感数据。通过遥感手段获得的数字图像就是一种栅格数据。它是遥感传感器在某个特定的时间、对一个区域地面景象的辐射和反射能量的扫描抽样,并按不同的光谱段分光并量化后,以数字形式记录下来的像素值序列。

②图片扫描。通过扫描仪对地图或其他图件的扫描,可把资料转换为栅格形式的数据。

③矢量数据转换。通过运用矢量数据栅格化技术,把矢量数据转换成栅格数据。这种情况通常是为了有利于 GIS 中的某些操作,如叠加分析等,也或者是为了有利于输出。

④手工方法。在专题图上均匀划分网格,逐个网格地确定其属性代码的值,最后形成栅格数据文件。

5.2 元数据与 GIS 数据共享

元数据提供了诸如数据的基准和坐标系统之类的信息。数据转换方法允许数据从一种数据格式转为另一种数据格式。在进行公用数据的使用和数据转换时,我们必须还原出元数据和相应的数据转化方法,从而得到正确和合适的数据。

5.2.1 空间元数据

5.2.1.1 空间元数据的定义

"Meta"是一希腊语词根,意思是"改变","Metadata"一词的原意是关于数据变化的描述。一般都认为元数据就是"关于数据的数据"。是描述数据的数据。在地理空间数据中,元数据是说明数据内容、质量、状况和其他有关特征的背景信息。如传统的图书馆卡片、图书的版权说明、磁盘的标签等都是元数据。纸质地图的元数据主要表现为地图类型、地图图例,包括图名、空间参照系和图廓坐标、地图内容说明、比例尺和精度、编制出版单位和日期或更新日期、销售信息等。

空间元数据(geospatial metadata)是地理的数据和信息资源的描述性信息。它通过对地理空间数据的内容、质量、条件和其他特征进行描述与说明,以便人们有效地定位、评价、比较、获取和使用与地理相关的数据。空间元数据是一个由若干复杂或简单的元数据项组成的集合。如果说地理空间数据是对地理空间实体的一个抽象映射,那么可以认为,空间元数据是对地理空间数据的一个抽象映射。空间元数据和地理空间数据是对地理空间实体不同层次的描述，是对地理信息的不同深度的表达。

5.2.1.2 空间元数据的作用

综合起来，空间元数据主要有以下几个方面的作用：帮助数据生产单位有效地管理和维护空间数据，建立数据文档；提供有关数据生产单位数据存储、数据分类、数据内容、数据质量、数据交换网络(clearing house)及数据销售等方面的信息，便于用户查询检索地理空间数据；提供通过网络对数据进行查询检索的方法或途径，以及与数据交换和传输有关的辅助信息；帮助用户了解数据，以便就数据是否能满足其需求作出正确的判断；提供有关信息，以便用户处理和转换有用的数据。

5.2.1.3 空间元数据的内容

空间元数据的内容包含以下几项内容：对数据集中各数据项、数据来源、数据所有者及数据生产历史等的说明；对数据质量的描述，如数据精度、数据的逻辑一致性、数据完整性、分辨率、源数据的比例尺等；对数据处理信息的说明，如量纲的转换等；对数据转换方法的描述；对数据库的更新、集成方法等的说明。

5.2.1.4 空间元数据的分类

空间元数据按照不同的分类方法可以分为不同的种类。

(1) 根据元数据的内容分类

造成元数据内容差异的主要原因有两个：其一，不同性质、不同领域的数据所需要的元数据内容有差异；其二，为不同应用目的而建设的数据库，其元数据内容会有很大的差异。根据这两个原因，可将元数据划分为3种类型：

①科研型元数据。其主要目标是帮助用户获取各种来源的数据及其相关信息，它不仅包括诸如数据源名称、作者、主体内容等传统的、图书管理式的元数据，还包括数据拓扑关系等。这类元数据的任务是帮助科研工作者高效获取所需数据。

②评估型元数据。主要服务于数据利用的评价，内容包括数据最初收集情况、收集数据所用的仪器、数据获取的方法和依据、数据处理过程和算法、数据质量控制、采样方法、数据精度、数据的可信度、数据潜在应用领域等。

③模型元数据。用于描述数据模型的元数据与描述数据的元数据在结构上大致相同，其内容包括：模型名称、模型类型、建模过程、模型参数、边界条件、作者、引用模型描述、建模使用软件、模型输出等。

(2) 根据元数据描述对象分类

根据元数据描述对象分类，可将元数据划分为3种类型：

①数据层元数据。指描述数据集中每个数据的元数据，内容包括：日期邮戳(指最近更新日期)、位置戳(指示实体的物理地址)、量纲、注释(如关于某项的说明见附录)、误差标识(可通过计算机消除)、缩略标识、存在问题标识(如数据缺失原因)、数据处理过程等。

②属性元数据。是关于属性数据的元数据，内容包括为表达数据及其含义所建的数据字典、数据处理规则(协议)，如采样说明、数据传输线路及代数编码等。

③实体元数据。是描述整个数据集的元数据，内容包括：数据集区域采样原则、数据

库的有效期、数据时间跨度等。

(3) 根据元数据在系统中的作用分类

根据元数据在系统中所起的作用，可以将元数据分为两种：

①系统级别元数据。指用于实现文件系统特征或管理文件系统中数据的信息，例如，访问数据的时间、数据的大小、在存储级别中的当前位置、如何存储数据块以保证服务控制质量等。

②应用层元数据。指有助于用户查找、评估、访问和管理数据等与数据用户有关的信息，例如，文本文件内容的摘要信息、图形快照、描述与其他数据文件相关关系的信息。它往往用于高层次的数据管理，用户通过它可以快速获取合适的数据。

(4) 根据元数据的作用分类

根据元数据的作用可以把元数据分为两种类型：

①说明元数据。是专为用户使用数据服务的元数据，它一般用自然语言表达，如源数据覆盖的空间范围、源数据图的投影方式及比例尺的大小、数据集说明文件等，这类元数据多为描述性信息，侧重于数据库的说明。

②控制元数据。是用于计算机操作流程控制的元数据，这类元数据由一定的关键词和特定的句法来实现。其内容包括：数据存储和检索文件、检索中与目标匹配方法、目标的检索和显示、分析查询及查询结果排列显示、根据用户要求修改数据库中原有的内部顺序、数据转换方法、空间数据和属性数据的集成、根据索引项把数据绘制成图、数据模型的建设和利用等。这类元数据主要是与数据库操作有关的方法描述。

5.2.1.5 空间元数据的获取

由元数据形成的时间不同，获取的方法也不同。元数据形成在 3 个阶段：

①数据收集前。得到的是根据要建设的数据库的内容而设计的元数据，包括普通元数据、专题性元数据。该阶段的获取方法一般为键盘输入及关联法。

②数据收集中。随数据的形成同步产生的元数据，例如在测量海洋要素数据时，测点的水平和垂直位置、深度、温度等是同时得到的。该阶段的获取方法为测量法。

③数据收集后。是根据需要产生的元数据，包括数据处理过程描述、数据的利用情况、数据质量评估、数据集大小、数据存放路径等。该阶段的获取方法为计算法与推理法。

5.2.1.6 空间元数据的意义与应用

元数据提供关于空间数据的信息。因此，它们是 GIS 数据不可或缺的一部分，它们通常是在数据生产过程中制备和输入的。元数据对任何需要把公共数据用于自己项目的 GIS 用户都很重要。元数据具体的应用包括：使 GIS 用户了解公共数据在覆盖范围、数据性质、数据时效等方面对用户要求的满足性；向用户说明数据传递、数据处理和解释空间数据的方法和方式；获取更多信息的联络方式。

FGDC1998 年在其网站（http://www.fgdc.gov/metadata/geospatial-metadata-standards/）发布了数字化地理空间元数据的内容标准。这些标准包括：标识信息、数据质量、空间数据组织、空间参照、实体和属性、出版信息、元数据参考、引文、时段和联系方式。

2014年，国际标准化组织(ISO)定义描述了地理信息和服务标准的元数据标准。为协助输入元数据，针对不同的操作系统开发了很多元数据工具。有些工具是免费的，有些则是为特定GIS软件包而设计。例如，ArcGIS提供了一个元数据创建和更新工具，包括CSDGM和ISO元数据。

5.2.2 GIS数据共享

5.2.2.1 空间数据标准

从技术的角度看，空间数据标准是指空间数据的名称、代码、分类编码、数据类型、精度、单位、格式等的标准形式。每个地理信息系统都必须具有相应的空间数据标准。空间数据标准涉及复杂的科学理论和技术方法问题。如果只针对某一地理信息系统设计空间数据标准，并不困难；如果所建立的空间数据标准能为大家所承认，为大多数系统所接受和使用，就比较复杂和困难。空间数据标准的制定对于地理信息系统的发展具有重要意义，但目前空间数据标准的研究仍然落后于地理信息系统的发展。

目前我国已有一些与GIS有关的国家标准，内容涉及数据编码、数据格式、地理格网、数据采集技术规范、数据记录格式等。

(1) 空间数据分类标准

在地理信息系统中，空间数据必须按统一的标准进行分类。通常应遵循以下原则：遵循已有的国家标准，以利于全国范围内的数据共享；遵循国务院有关部委以及军队正在使用的数据标准；遵循各领域中普遍使用和认同的数据标准；当各种数据标准相互矛盾时，应遵循由上而下的原则进行处理；制定新的数据标准时，应尽可能参考同类标准。

目前，我国已有的与GIS有关的关于空间数据分类的国家标准如《中华人民共和国行政区划代码》(GB/T 2260—2007)、《基础地理信息要素分类与代码》(GB/T 13923—2006)、《公路桥梁命名和编码规则》(GB 11708—1989)。

空间数据的分类体系是设计数据标准的前提，而分类体系应考虑专业领域专家的意见，并根据地理信息系统的要求来制定，尽可能反映分类的合理性。

(2) 空间数据交换标准

随着地理信息系统的发展，数据共享已越来越重要。由于空间数据模型的不同，空间数据的定义、表达和存储方式也不同，因而数据交换就不那么简单。空间数据交换的主要方式有：

①外部数据交换标准。这类标准通常是ASCII码文件，用户可以通过阅读说明书来直接读写这种外部数据格式。GIS的外部数据交换格式通常包括矢量数据交换格式、栅格数据交换格式和数字高程模型交换格式。

②空间数据互操作协议。制定一套各方都能接受的标准空间数据操纵函数，通过调用这些函数以互相操作对方的数据。

(3) 空间数据共享平台

采用客户机/服务体系结构，各种GIS通过一个公共的平台在服务器存取所有数据，以避免数据的不一致性。

(4) 统一数据库接口

在对空间数据模型有共同理解的基础上，各系统开发专门的双向转换程序，将本系统的内部数据结构转换成统一数据库的接口。随着软硬件的发展，人们逐渐感受到了外部数据交换格式的不足，如自动化程度不高、速度较慢等，但它毕竟解决了不同 GIS 之间的数据转换问题。虽然空间数据互操作协议比外部数据交换标准方便，但由于各种软件存储和处理空间数据的方式不同，空间数据的互操作函数又不可能很庞大，因此往往不能解决所有问题。空间数据共享平台虽然是一个较好的思路，但现有的 GIS 软件各有自己的底层，因此目前难以实现。统一数据库接口，首先要求对现实世界进行统一的面向对象的数据理解，这也是不易实现的。因此，目前外部数据交换标准仍然是实现数据共享的主流方式。

5.2.2.2 数据共享概述

(1) 目前影响数据共享的因素

①体制因素。行业数据保密政策。

②技术因素。不同系统对空间数据采用的数据结构和数据格式不同。

③网络化程度因素。资源共享是网络主要功能之一，用户可共享网络分散在不同地点的各种软硬件。

(2) 空间数据标准的概念

空间数据标准的概念是指空间数据的名称、代码、分类编码、数据类型、精度、单位、格式等的标准形式。每个地理信息系统都必须具有相应的空间数据标准。

(3) 空间数据标准的现状

如果只针对某一地理信息系统设计空间数据标准，并不困难；如果所建立的空间数据标准能为大家所承认，为大多数系统所接受和使用，就比较复杂和困难。

5.3 地理数据的分类与编码

广义上讲，地理数据包括通过测量、遥感、地理、地址、地球物理、地球化学等多学科手段获得的关于地球表层及其内部的各种数据。这些数据荷载的信息是进行地球科学与区域性研究的基本素材。这些信息种类繁多、内容丰富，展开相应的研究需要对这些大量的地理数据进行合理的组织。具体包括地理数据的分层、地理数据的分类、地理数据的编码等。

地理数据多源于地图数据。地图数据由空间数据和属性数据两部分组成。以 GIS 数据集中的点要素数据集为例，每个点都要有唯一的标识坐标(x,y)或(x,y,z)，即其空间数据。点的指代信息即其属性数据。地理数据的分层是指空间数据的分层；地理数据的分类编码包括空间数据的地址编码和属性数据的编码。

5.3.1 地理数据分层

空间数据可按某种属性特征形成一个数据层，通常称为图层(coverage)。空间数据通常有 3 种分层方法：专题分层、时间序列分层和地面垂直高度分层（图 5-4）。

①专题分层。每个图层对应一个专题，包含某一种或某一类数据，如地貌层、水系层、道路层、居民地层等。

②时间序列分层。即把不同时间或不同时期的数据作为一个数据层。

③地面垂直高度分层。按照地物或现象分布的不同高度，按照距离地面的垂直高度划分为不同的图层。如动植物在生态系统中不同垂直高度上的分布现象。

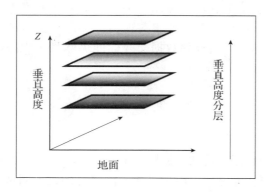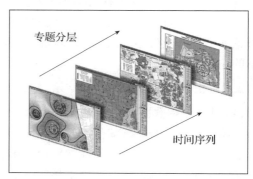

图 5-4 空间数据分层方法

空间数据分层的意义在于便于空间数据的管理、查询、显示、分析等。空间数据分为若干数据层后，对所有空间数据的管理就简化为对各数据层的管理，而一个数据层的数据结构往往比较单一，数据量也相对较小，管理起来相对简单。对分层的空间数据进行查询时，不需要对所有空间数据进行查询，只需要对某一层空间数据进行查询即可，因而可加快查询速度。分层后的空间数据，由于便于任意选择需要显示的图层，因而增加了图形显示的灵活性。对不同数据层进行叠加，可进行各种目的的空间分析。

5.3.2　地理数据分类编码的原则与标准

地理信息种类繁多、内容丰富，只有将它们按一定的规律进行分类和编码，使其有序地存储、检索，才能满足各种应用分析需求。地理数据分类和编码包括两项主要内容，即属性数据的分类与编码和空间数据的地址编码。

5.3.2.1　地理数据分类编码的原则

地理数据编码的一般原则是科学性、系统性和实用性。

（1）科学性原则

科学性原则主要指分类编码依据的合理性、分类体系的完备性和学科的综合性。首先，要选择事物或概念（分类对象）最稳定的本质属性或特征作为分类的基础和依据。例如，地学各个分支学科经过长期发展均形成了各自的相对稳定的研究对象、研究方法和信息获取手段，因而可以将地学信息的"信息来源"属性视为一种稳定属性进行考虑。其次，分类体系应能全面、完整地反映地理数据的客观状况。即对于明确定量的数据（如地面坡度 15°）、非明确定量或模糊的信息（如约 15°，近水平）、定性描述的信息（如厚层、直立）

等描述，在进行属性分类时均能找到它们对应的位置。最后，随着学科交叉与融合，多源地学信息的融合是地理数据的一个不可逆转的趋势。在建立相应的地理数据编码体系时，应对研究目标所设计的各有关学科的信息从整体上进行综合考虑，纳入同一系统，以便现在和将来的综合应用。

（2）系统性原则

系统性原则主要指体系内各部分之间的有机联系与和谐统一的关系，强调系统的整体性、共性的归纳和结构的简明性。对代码所定义的同一专业名词、术语必须是唯一的；结构应尽量简单，长度尽量短，在满足国家标准的前提下，每一种编码应该是以最小的数据量负载最大的信息量。编码时有国家或行业标准的要按标准进行，没有标准的必须考虑在有可能的条件下实现标准化。编码的设置应留有扩展的余地，避免新对象的出现而使原编码系统失效、造成编码错乱现象。

（3）实用性原则

实用性原则所涉及的分离编码体系不仅要方便地理数据库的简述，还要有利于数据库的规范化管理。

5.3.2.2　分类编码标准

在地理数据的分类编码方面，世界各国均制定了相应的标准，以此来规范数据建设和促进数据共享。

以美国地质调查局（USGS）于20世纪80年代末90年代初制定的《数字线划图形标准》为例，该标准采用7位数字的代码结构，其中前3位为主码，后4位为子码。主码的前两位数字用以唯一的定义要素类别（如02表示地形要素；05表示水文要素；09表示边界要素等）；主码的第三位是子码的解释位：若为零，表示子码是要素的分类码；若非零，表示子码是要素的参数值或称为参数属性代码，如地形高程、路段长度等。子码的第一位通常为零，其余3位数字用以表示要素的图形类型（点状、线状或面状）、分级分类（计曲线、间曲线或助曲线等）和其他特征（洼地、冰川、水源或河流的左右岸等）。该编码标准逻辑性较强、信息量丰富，便于进行要素之间关系的推理判别。

我国颁布的《中华人民共和国行政区划代码》（GB/T 2260—2007）对国内行政区的编码作如下规定：码长最多10位；省（自治区、直辖市）占前3位，其余由用户自行定义。除此以外，测绘、国土、地矿等行业均根据国家要求和行业特点，制定了相应的分类编码标准。一般规定整形数4~8位，由高位到低位分别表示实体的类别、等级或某一特征。此外，某些行业随着信息化过程的推进，已经将GIS作为其重要的技术手段和信息平台。人们在进行不同行业GIS开发和建设的同时，也加强了信息分类与编码技术的研究，有效地促进了行业GIS的发展。代表性的工作有中国煤矿信息分类与编码、全球地学断面信息分类编码、内河电子江图信息分类编码和城市等下管网分类编码。近年来，国内有关行业针对自身行业特色和信息需求，在参考有关国际标准、国内规范的基础上，研究制定了自己的地学信息分类编码标准或体系，读者可查看有关资料。

5.3.3 属性数据分类编码的方法

5.3.3.1 属性数据的分类、分级

分类是将具有共同的属性或特征的事物或现象归并在一起，或把不同属性或特征的事物或现象分开的过程。分类的方法包括线分类法和面分类法。

①线分类法。又称层级分类法，它是将初始的分类对象按所选定的若干个属性或特征依次分成若干个层级目录，并编排成一个有层次的、逐级展开的分类体系。其中同层级类目之间存在并列关系，不同层级类目之间存在隶属关系，同层类目互不重复、互不交叉。

②面分类法。它是将给定的分类对象按选定的若干个属性或特征分成彼此互不依赖、互不相干的若干方面(简称面)，每个面中又可分成许多彼此独立的若干个类目。使用时，可根据需要将这些面中的类目组合在一起，形成复合类目。

分级是对事物或现象的数量或特征进行等级的划分，主要包括确定分级数和分级界限。在分级时大多采用数学方法，如数列分级、最优分割分级等。对于有统一的标准的分级方法时，应采用标准的分级方法，如按人口数把城市分为特大城市、大城市、中等城市、小城市等，也可以定性地分级，如国家、省、市、县、镇等。

5.3.3.2 属性数据的编码

(1)属性数据编码

属性数据的编码是指确定数据代码的方法和过程。编码的直接产物就是代码，而分类分级则是编码的基础。代码是一个或一组有序的易于被计算机或人识别与处理的符号，是计算机鉴别和查找信息的主要依据和手段。属性数据编码中的代码包括分类码和标识码。

①分类码。是根据地理信息分类体系设计出的各专业信息的分类代码，是直接利用信息分类的结果制定的分类代码，用以标识不同类别的数据，根据它可以从数据中查询出所需类别的全部数据。分类码一般由数字、或字符、或数字字符混合构成(图5-5)。

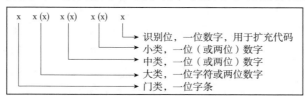

图 5-5 分类码

例如，《中华人民共和国行政区划代码》(GB/T 2260—2007)。用6位数字代码按层次分别表示省(自治区、直辖市)、地区(市、州、盟)、县(市、区、旗)的名称：第一、二位表示省(自治区、直辖市)；第三、四位表示省直辖市(地区、州、盟)，其中，01~20和51~70表示省直辖市，21~50表示地区、州、盟；第五、六位表示县(市辖市、地辖市、县级市、旗)，其中，01~18表示市辖区或地辖市，21~80表示县、旗，81~99表示县级市。例如，云南省的代码为530000 YN。

②识别码。也称识别码,是在分类码的基础上间接利用信息分类的结果,在分类的基础上,对某一类数据中各个实体进行标识,以便能按实体进行存储和逐个进行查询检索。标识码通常由定位分区和各要素实体代码两个码段构成(图 5-6)。

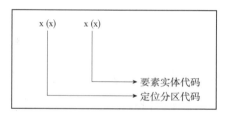

图 5-6 标识码

例如,上海市地理信息系统识别码。其中,编码的第一、第二位表示道路所属的一级区域,一级区域的第一位为字母,以 E、W、S、N、C 分别代表道路在上海的东西南北中的区域方位,一级区域代码的第二位为数字,表示方位内的区域编号。编码的第三、四、五为表示两级区域内道路的顺序码,其中第三位的数字为奇数时,表示道路为南北走向,偶数时表示道路为东西走向。

(2) 编码内容

属性编码一般包括 3 个方面的内容(表 5-2):

①登记部分。用来标识属性数据的序号,可以是简单的连续编号,也可划分不同层次进行顺序编码;

②分类部分。用来标识属性的地理特征,可采用多位代码反映多种特征;

③控制部分。通过一定的查错算法,检查在编码、录入和传输中的错误,在属性数据量较大情况下具有重要意义。

表 5-2 道路编码示例

道路名	道路编码
金田路	C1492
金同路	S1242
金扬路	E1004
金珠路	W1162

(3) 编码方法

编码的一般步骤方法为:列出全部制图对象清单;制定对象分类、分级原则和指标,将制图对象进行分类、分级;拟定分类代码系统;设定代码及其格式,包括使用的字符和数字、码位长度、码位分配等;建立代码和编码对象的对照表。这是编码最终成果档案,是数据输入计算机进行编码的依据。

属性的科学分类体系是 GIS 中属性编码的基础。目前,较为常用的编码方法有层次分类编码法和多源分类编码法两种基本类型。

①层次分类编码法。是按照分类对象的从属和层次关系为排列顺序的一种代码,它的优点是能明确表示出分类对象的类别,代码结构有严格的隶属关系。图 5-7 以土地利用类型的编码为例,列出了层次分类编码法所构成的编码体系。

②多源分类编码法。又称独立分类编码法,是指对于一个特定的分类目标,根据诸多不同的分类依据分别进行编码,各位数字代码之间并没有隶属关系。表 5-3 以河流为例说明了属性数据多源分类编码法的编码方法。

例如,表 5-3 中 111114322 表示:平原常年河,通航,河床形状为树形,主流长 7 km,宽 25 m,河流弯曲,2.5 km 的弯曲平均数为 40,弯曲的平均深度为 50 m,弯曲的平均宽度>75 m。由此可见,该种编码方法一般具有较大的信息载量。有利于对于空间信息的综合分析。在实际工作中,也往往将以上两种编码方法结合使用,以达到更理想的效果。

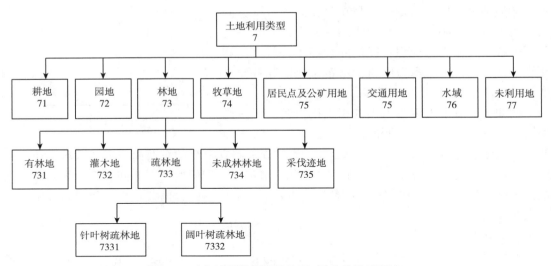

图 5-7 以土地利用类型的编码(层次分类编码法)

表 5-3 河流编码的标准分类方案和数码系统表

标志编号									分 类
Ⅰ	Ⅱ	Ⅲ	Ⅳ	Ⅴ	Ⅵ	Ⅶ	Ⅷ	Ⅸ	
1 2 3									平原河 过渡河 山地河
	1 2 3								常年河 时令河 消失河
		1 2							通航河 不通航河
			1 2 3 4 5 6						树状河 平行河 筛状河 辐射河 扇形河 迷宫河
				1 2 3 4 5 6 7					主要河流：一级 支流：二级 三级 四级 五级 六级 七级

(续)

标志编号									分类
I	II	III	IV	V	VI	VII	VIII	IX	
					1 2 3 4 5				河长(km)： 　一组：<1 　二组：<2 　三组：<5 　四组：<10 　五组：>10
						1 2 3 4 5 6 7 8			河宽(m)： 　一组：5~10 　二组：10~20 　三组：20~30 　四组：30~60 　五组：60~120 　六组：120~300 　七组：300~500 　八组：500
							1 2 3 4 5 6 7		河流间的最短距离(m)： <50 50~100 100~200 200~400 400~500 500~1000 1000~2000
							1 2 3 4 5		2.5 km 平均弯曲数(m)、平均深度(m)、平均宽度(m) >40　>50　>50 >40　>50　>75 >25　>50　>75 >25　>50　>100 <25　>75　>150

5.3.4 空间数据的地址编码

5.3.4.1 地址地理编码的方法

空间数据的地址编码是将地理对象的空间位置和空间分布结合起来进行描述和定位，进而依类依位进行地理编码。地址编码又称为地址匹配。它将街道地址用点要素表示在地图上。地址编码需要两个数据集。第一个数据集是街道地址的表格数据，一条记录对应一个地址(参见习作5-6)。第二个数据集是参照数据库，由街道地图及每个街道的属性组成，如街道名称、地址范围和邮政编码。地址地理编码通过比较地址与参照数据库中的数据来确定街道地址的位置。参照数据库必须有一个相匹配的属性表进行地理编码。参照数据库的地址精度直接影响地理对象空间位置的精度。地理编码的参数数据库可以从商业公司购得，如 TomTom（http：//www.tomtom.com）和 NAVTEQ（http：//www.navteq.com）。这些公司会及时更新数据保证参照数据库地址信息的实时性和准确性。

地址地理编码的过程包括 3 个阶段：预处理、匹配和标绘。

①预处理。包括解析和地址标准化。解析是把一个地址分解为许多组成分。以美国的一个例子为例，地址"630 S. Main Street，Moscow，Idaho83843-3040"的组成部分如下：街道编码（630）；朝向前缀（Sor South）；街道名称（Main）；街道类型（Street）；城市（Moscow）；州（Idaho）；邮政编码（83845-3040）。地址标准化是将地址组成成分的各种形式标准化为统一的格式。地址标准化通过对地址的各项进行鉴别并按顺序排列每一个地址组成成分。例如，Ave 代表 Avenue，N 代表 North，3rd 代表 Third 等。

②匹配。是在参照数据库下将地理编码引擎和地址相匹配。在匹配过程中，可能发生各种各样的不匹配。例如，Harries 的研究中，在地址记录（如犯罪制图）中常见的错误，包括街道名称拼写错误、地址号码错误、前缀或后缀方向错误、街道类型错误、地理编码引擎无法识别的缩写等。参照数据库自身也存在问题，参照数据库有可能过时，数据未及时更新，如新街道、街道改名、道路关闭、邮政编码改变等。参照数据库有时会出现地址范围遗失、地址范围不连贯或邮政编码错误等。

③标绘。是在地址匹配的基础上，把它作为点要素标注在图上。以源于 TIGER/Line 参照数据库文件为例，地理编码引擎首先在包含该地址的输入表参照数据库中确定街段位置，然后在该地址所在的范围内进行插值。例如，如果地址是 620，数据库中的地址范围是 600~700，那么该地址将被定位到全街段 600 的 1/5 处（参见习作 5-6）该过程为线性插值。

线性内插的另一种方法是使用"地址位置"数据库，一些国家已开发了该数据库，在这些数据库中，地址的位置由一对（x, y）坐标值表示，与建筑物基底或覆盖区的质心一致，例如，美国 Sanborn 提供的 CitySets（http：//www.sanborn.com/）和爱尔兰 GeoDirectory（http：//www.geodirectory.ie/）。

5.3.4.2 地址地理编码的应用

（1）定位服务

定位服务是指通过互联网或无线网络将空间信息处理扩展到终端用户的各种服务或应用。早期的定位服务的例子依赖计算机接入互联网。为寻找一条街道的地址和方位，您可以访问 MapQuest，并获得结果（http：//www.mapquest.com）。MapQuest 仅是提供地址匹配服务的网站之一，其他的包括 Google、Yahoo 和 Microsoft。许多美国政府机构（如美国人口普查局），也在他们的网站上将地理匹配和在线互动制图结合起来。当前定位服务的盛行与全球定位系统和各种移动设备的使用紧密相关。移动设备几乎可以使用户在任何地方访问互联网并提供定位服务。一个移动电话用户可以被定位，反过来也可以接收定位信息，如附近的自动取款机或者餐馆。

（2）商业应用

作为商业应用，地理编码在客户的邮政编码匹配和人口普查数据的展望方面非常有用。人口普查数据，诸如收入、不同年龄段组的人口百分数和教育水平，可以帮助企业准备促销邮件。由 Esri 开发的 Tapestry Segmenlation 数据库，基于社会经济和人口统计特征将邮政编码与美国 65 种社区类型相联系。该数据库是为邮件房、名录经纪人、信用卡公司和那些定期发送大量促销邮件的公司所设计的。

地块级地理编码将地块 ID 与边界链接，允许财产和保险公司使用多种应用信息，如基于地块到洪灾、火灾和地震易发区的距离来确定保险率。

其他商业应用包括选址分析和市场区域分析。例如，不动产价格的空间格局分析是根据住户交易的点要素地理编码进行的。电信供应商也可用地理编码数据确定适当的基础设施位置（如移动通信信号塔），以扩大客户基数。

（3）无线应急服务

无线应急服务使用内置 GIS 接收器定位需要紧急调度服务的移动手机用户，如警察、救援人员等。该应用是由美国联邦通信委员会（FCC）于 2001 年授权强化的，通常称为自动定位识别，它要求所有在美国的无线运营商为拨打 911 的手机用户提供一定准确度的定位。美国联邦通信委员会还要求，基于手持设备的系统能够定位 50 m 范围内的 67% 及 150 m 范围内的 95% 的电话拨打。

（4）犯罪制图和分析

犯罪制图和分析也始于地理编码。犯罪记录几乎总是含有街道地址或其他的位置属性。经过地理编码的犯罪地点数据可以输入数据用于"热点"分析和时空分析。

（5）公共卫生

卫生专业人员利用地址地理编码来定位和识别人类疾病模式的变化。例如，可以对肺结核（TB）病例进行地理编码，从而研究肺结核病从疫区中心到周边地区的时空蔓延。地理编码也可以用来获取邻近社区的社会经济数据，用于公共卫生监测数据的横向分析，并根据医疗机构和服务对象之间的通行时间和距离，为健康服务的地理可达性量测提供输入数据（Fortner et al.，2000）。

5.4 地理数据采集

5.4.1 地理数据的采集

地理信息系统的操作对象是地理数据，它具体描述地理实体的空间特征、属性特征和时间特征。空间特征是指地理实体的空间位置及其相互关系，描述空间特征的地理数据称为空间数据；属性特征表示地理实体的名称、类型和数量等，描述属性特征的地理数据为属性数据；时间特征指实体随时间而发生的相关变化，描述实体时间特征的数据称为时态数据。

数据输入是对数据进行必要编码和写入数据库的操作过程。任何 GIS 都必须考虑空间数据和属性数据（非空间数据）两方面数据的输入。

5.4.1.1 空间数据的采集

空间数据又称为图形数据或空间数据，其主要数据源为各种纸质地图、影像地图等。常用的空间数据的采集方式包括：地图数字化、解析测图法和已有数据转入。

（1）地图数字化

地图数字化是把传统的纸质或其他材料上的地图（模拟信号）转换为计算机可识别的图

形数据(数字信号)的过程,以便进一步在计算机中进行存储、分析和输出。

地图数字化的过程分为3步:

第1步,确定数字化路线。确定数字化路线包括:选择底图,底图的选择主要考虑底图的精度和要素的繁简;确定地图的分层与分幅,即确定需要数字化的要素,并对需要数字化的要素及逆行分层、确定图名;对于图幅较大的,还涉及对数字化地图的分幅和拼接。

第2步,进行地图预处理,即对底图进行适当处理。包括:减少图纸变形的影响;线划要素的分段;控制点的选取。

第3步,数字化。地图数字化包括手工数字化、数字化仪数字化和扫描矢量化3种方式。

①手工数字化。指不借用任何数字化设备对堆土机型数字化,即手工读取并录入地图的地理坐标数据。手工数字化按照空间数据的存储格式不同分为手工矢量数字化、手工栅格数字化。

a. 手工矢量数字化。指直接读取地理实体坐标数据并按一定格式记录下来,具体步骤为:对地理实体编码,量取地理实体坐标,录入坐标数据(图 5-8)。

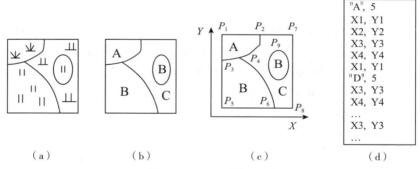

图 5-8　手工矢量数字化

b. 手工栅格数字化。指将图面划分成栅格单元矩阵,按地理实体的类别对栅格单元进行编码,然后依次读取每个栅格单元代码值的数字化方法(图 5-9)。具体步骤为:确定栅格单元大小,准备栅格网,对栅格单元进行编码,读取栅格单元值,数据录入。

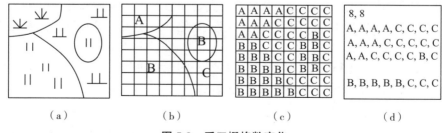

图 5-9　手工栅格数字化

②数字化仪数字化。使用数字化仪(图 5-10)。数字化仪由电磁感应板(操作平台)和坐标输入控制器(游标)组成。普通地图可用胶带纸固定在操作平台上,当游标放到操作平台上时,由于电磁感应,游标在图上的相对位置就会转变成电信号。依靠预先设计的软

件，传输给计算机的电信号可以光标的形式显示在图形显示器上，操作者按动游标上的按钮，坐标数据就记录在计算机中。目前，市场上数字化仪的规格按其可处理的图幅面积来划分，有 A_0、A_1、A_3 等幅面。典型的用于制图的数字化仪是 A_0 规格，其幅面为 $1.0\ m×1.5\ m$。对于一般应用而言，A_1 幅面的数字化仪也可以满足对 $0.5\ m×0.5\ m$ 常规地图数字化工作，较小的数字化设备称为数字化板。游标上有一个固定在窗口内的十字丝做精确定位，需要数字化点的坐标时，把十字丝精确放在点上，按相应的按钮即可。一般游标上都设有 4 个，也有 12 个或 16 个或更多的附加按钮，这些按钮可用于附加的程度控制，以便操作员选择数字化命令和数字化内容，而不必离开数字化桌去采用键盘输入。这些按钮可用来对所进行数字化的对象加入标号以便以后与有关的非空间属性数据相链接。

图 5-10　数字化仪

根据 GIS 软件所提供的数字化仪设备驱动程序和数字化仪的类型，做好数字化仪安装工作，给数字化仪加电，将准备好的数字化原图固定于数字化桌上，输入原图的比例尺，定义用户坐标系（原点和坐标轴），确定地图投影方式，选择数字化方式，确定数字化范围，即用游标将 (X, Y) 最小值的点和最大值的点数字化。数字化时必须按照不同的专题内容分文件、分图层有顺序地数字化，幅面较大的图件，可分块数字化。

数字化仪数字化有两种基本方式：点方式和流方式。

a. 点方式。点方式数字化时，只要将游标十字丝交点对准数字化原图上要数字化的点，按下游标上相应的按键，记录该点坐标 (X, Y)。每记录一次坐标，操作员需要按键一次。点方式主要用于采集单个点和控制曲线形态的特征点（端点、极值点、拐点），如控制点、三角点、水准点、独立地物中心点等，折线的始点、终点、转折点，居民地街区拐角点等。

b. 流方式。流方式数字化时，将游标十字丝交点沿曲线从起点移动到终点，让它以等时间间隔或等距离间隔方式记录曲线上一系列密集的离散点坐标，操作员无需对每个点都按键一次，仅在曲线的始点和终点各按一次相应的按键即可，对于不规则的曲线图形，如河流、等高线、海岸线等，常使用流方式数字化。

③扫描矢量化。是目前较流行的地图数字化方式。其基本思想是：首先通过扫描将地图转换为栅格数据，然后采用栅格数据矢量化的技术追踪出线和面，采用模式识别技术识别出点和注记，并根据地图内容和地图符号的关系自动给矢量数据赋以属性值。扫描矢量化的流程如图 5-11 所示。

图 5-11　扫描矢量化流程

扫描矢量化的主要步骤包括图纸扫描、矢量化准备和矢量化。

a. 图纸扫描。配置好扫描仪器和计算机的连接之后就可以扫描图纸了，扫描的结果文件可以保存为 tiff、jpeg 或 bmp 等常用图像格式、分辨率一般不低于 300 dpi，并且图像底边尽量保持水平。

b. 矢量化准备。图形矢量化以前，首先要认真读图，对底图资料有了充分的认识之后，就可以拟定一个矢量化工作方案，它包括矢量化工具的选择、矢量方式的确定、图形分层方案与命名、数据格式、工作的先后顺序、工作进程等；然后分别按照分层方案，建立相应的矢量数据文件，用以保存矢量化的结果。

c. 矢量化。常用的矢量化方法有以下几种：

屏幕直接矢量化：这是一种纯手工方式的矢量化。首先，在计算机上显示扫描图像，利用图像的放大、缩小、漫游等工具，显示待数字化的要素；其次，加载该要素的图层，并将其设置为可编辑状态；最后，以底图为背景。对要素直接进行矢量化。对点要素，使用鼠标直接对点进行逐个采集；对线要素，使用鼠标沿线划的位置和特征逐一取点，生成该线划的矢量坐标串。该矢量化方法与手扶跟踪数字化类似，只不过是将图形从手扶跟踪数字化仪上搬到了计算机屏幕上。该方法操作简单，不需要依靠专用的矢量化工具或软件，但矢量化速度慢，效率低，工作强度大。

全自动矢量化：全自动矢量化具有无须细化处理、处理速度快、不会出现细化过程中常见的毛刺现象、矢量化的精度高等特点。全自动矢量化对于那些图面比较清洁，线条比较分明，干扰因素比较少的图，跟踪出来的效果比较好，但是对于那些干扰因素比较大的图件（如注释、标记等特别多的图件）效果很差。全自动矢量化一般用于以下两种情况：一是精度要求不高，比例尺相对较小，所需要数据仅作为背景数据；二是数据已经分层清绘，图面整洁。一般来说，分层清绘后采用全自动矢量化往往是效率最高的矢量化方式。

交互式矢量化：该方法也称为人工导向自动识别跟踪矢量化。矢量化跟踪的基本思想就是沿着栅格数据线的中央进行追踪，将其转化为矢量线数据，屏幕上即显示出追踪的踪迹。每跟踪一段遇到交叉地方就会停下来，让用户选择下一步跟踪的方向和路径。当一条线跟踪完毕后，即可以终止矢量化，此时可以开始下一条线的跟踪。

（2）解析测图法

解析测量法一般通过摄影测量技术来完成。摄影测量技术曾经在我国基本比例尺地形图生产过程中扮演了重要角色，我国绝大部分 1∶1 万和 1∶5 万基本比例尺地形图的生产过程中使用了摄影测量方法。

①摄影测量原理。摄影测量包括地面摄影测量和航空摄影测量。地面摄影测量一般采用倾斜摄影或交向摄影，航空摄影一般采用垂直摄影。摄影机镜头中心垂直于聚焦平面（胶片平面）的连线称为相机的主轴线。航测规定，当主轴线与铅垂线方向的夹角小于 3°时为垂直摄影。摄影测量通常采用立体摄影测量方法采集某一地区的空间数据，对同一地区同时摄取两张或多张重叠的相片，在室内的光学仪器上或计算机内恢复它们的摄影方位，重构地形表面，即把野外的地形表面搬到室内进行观测。航测上对立体覆盖的要求是当飞机沿一条航线飞行时相机拍摄的任意相邻两张相片的重叠度（航向重叠）不少于 55%，在相邻航线上的两张相邻相片的旁向重叠应保持在 30%。

②数字摄影测量的数据处理流程。数字摄影测量一般指全数字摄影测量，它是基于数

字影像与摄影测量的基本原理，应用计算机技术、数字影像处理、影像匹配、模式识别等多学科的理论与方法，提取所摄对象用数字方式表达的集合与物理信息的摄影测量方法。

数字摄影测量是摄影测量发展的全新阶段，与传统摄影测量不同的是，数字摄影测量所处理的原始影像是数字影像。数字摄影测量继承立体摄影测量和解析摄影测量的原理，同样需要内定向、相对定向和绝对定向。不同的是数字摄影测量直接在计算机内建立立体模型。由于数字摄影测量的影像已经完全实现了数字化，数据处理在计算机内进行，所以可以加入许多人工智能的算法，使它进行自动内定向、自动相对定向、半自动绝对定向。不仅如此，还可以进行自动相关、识别左右相片的同名点、自动获取数字高程模型，进而生产数字正射影像。还可以加入某些模式识别的功能，自动识别和提取数字影像上的地物目标。

（3）已有数据转入

GIS 中输入的空间数据除了通过地图数字化和解析测图法获得外，还可以将野外测量的数据、GPS 空间定位测量获得的数据，以及已有系统的电子形式数据通过格式转换工具直接输入到 GIS 中。

5.4.1.2 属性数据的采集

属性数据的录入主要采用键盘输入的方法，有时也可以辅助于字符识别软件当属性数据的数据量较小时，可以在输入空间数据的同时用键盘输入；当数据量较大时，一般与空间数据分别输入，并检查无误后转入到数据库中。为了把空间实体的空间数据与属性数据联系起来，必须在空间数据与属性数据之间有一公共标识符。标识符可以在输入空间数据或属性数据时手工输入，也可以由系统自动生成（如用顺序号代表标识符）。只有当空间数据与属性数据有一共同的数据项时，才能将空间数据与属性数据自动地链接起来；当空间数据或属性数据没有公共标识码时，只有通过人机交互的方法，如选取一个空间实体，再指定其对应的属性数据表来确定两者之间的关系，同时自动生成公共标识码。当空间实体的空间数据与属性数据链接起来之后，就可进行 GIS 的各种操作与运算了。当然，不论是在空间数据与属性数据链接之前或之后，GIS 都应提供灵活而方便的手段以对属性数据进行增加、删除、修改等操作。

5.4.2 数据采集过程中可能出现的错误及纠正方法

（1）数据输入的误差

空间数据输入的误差通常可归结为以下几类：空间数据的不完整或重复；空间数据的位置不正确；比例尺不正确；变形；空间数据与属性数据的链接有误；属性数据错误。

（2）入库前错误检查

无论是地图跟踪数字化还是地图扫描数字化，都不可能完全正确，因此必须进行空间数据的检查。常用的空间数据检查方法为：①通过图形实体与其属性的联合显示，发现数字化中的遗漏、重复、不匹配等错误；②在屏幕上用地图要素对应的符号显示数字化的结果，对照原图检查错误；③把数字化的结果绘图输出在透明材料上，然后与原图叠加以便发现错漏；④对等高线，通过确定最低和最高等高线的高程及等高距，编制软件来检查高程的赋值是否正确；⑤对于面状要素，可在建立拓扑关系时，根据多边形是否闭合来检查，或根据多边形与多边形内点的匹配来检查等；⑥对于属性数据，通常是在屏幕上逐表、逐行检查，也可打印出来检查；⑦对于属性数据还可编写检核程序，如有无字符代替了数字，数字是否超出了范围等；⑧对于图纸变形引起的误差，应使用几何纠正进行处理。

5.5 数据质量评价与控制

数据质量的好坏，关系到 GIS 分析过程的效率高低，乃至影响着系统应用分析结果的可靠程度和系统应用目标的真正实现。因此，对数据质量的评价与控制就显得尤为重要。

5.5.1 数据质量相关的几个概念

(1) 误差

简而言之，误差(error)表示数据与其真值之间的差异。误差的概念是完全基于数据而言的，没有包含统计模型在内，从某种程度上讲，它只取决于量测值，因为真值是确定的。如测量地面某点高程为 1002.4 m，而其真值为 1001.3 m，则该数据误差为 1.1 m。

误差与不确定性有着不同的含义。在上例中，认为测量值(1002.4 m)与误差(1.1 m)都是确定的。也就是说，存在误差，但不存在不确定性。不确定性指的是"未知或未完全知"，因此，不确定性是基于统计的推理、预测。这样的预测既针对未知的真值，也针对未知的误差。

(2) 精确度

精确度(accuracy)是测量值与真值之间的接近程度。它可以用误差来衡量。仍以前问所述某点的高程为例，如果以更先进测量方式测得其值为 1002.1 m，则此量测方式比前一种方式更为精确，其精确度更高。

(3) 偏差

与误差不同，偏差(bias)基于一个面向全体量测值的统计模型，通常以平均误差来描述。

(4) 精密度

精密度(precision)指在对某个量的多次量测中，各量测值之间的离散程度。精密度的实质在于它对数据准确度的影响，同时在很多情况下，它可以通过准确度而得到体现，故常把二者结合在一起称为精准度，简称精度。精度通常表示或一个统计值，它基于一组重复的监测值，如样本平均值的标准差。

(5) 不确定性

不确定性(uncertainty)是指对真值的认知或肯定的程度，是更广泛意义上的误差，包含系统误差、偶然误差、粗差、可制度和不可度量误差、数据的不完整性、概念的模糊性等。在 GIS 中，用于进行空间分析的空间数据，其真值一般无从测量，空间分析模型往往是在对自然现象认识的基础上建立的，因而空间数据和空间分析中倾向于采用不确定性来描述数据和分析结果的质量。

5.5.2 GIS 数据质量

GIS 的数据质量指 GIS 中地理数据(空间数据和属性数据)的可靠性,通常用地理数据的误差来度量。研究 GIS 数据质量对于评定 GIS 的算法、减少 GIS 设计与开发的盲目性都具有重要意义。精度越高,代价越大。GIS 数据质量对保证 GIS 产品的可靠性有重要意义。

GIS 数据质量研究的目的是建立一套空间数据的分析和处理的体系,包括误差源的确定、误差的鉴别和度量方法、误差传播的模型、控制和削弱误差的方法等,使未来的 GIS 在提供产品的同时,提供产品的质量指标,即建立 GIS 的合格证制度。

从应用的角度,可把 GIS 数据质量的研究分为两大问题。当 GIS 录入数据的误差和各种操作中引入的误差已知时,计算 GIS 最终生成产品的误差大小的过程称为正演问题。而根据用户对 GIS 产品所提出的误差限值要求,确定 GIS 录入数据的质量称为反演问题。数据质量包含以下 6 个方面:

(1) 定位精度

GIS 的空间坐标数据与其真实的地面位置之间的误差。这种误差主要有两种:第一种是偏差。偏差是描述真实位置与表达位置偏移的距离。可在地图上抽取某些要素,用这些要素在数据库中的坐标值和对应物体的实测坐标进行比较,据此来判断偏差是否过大。理想的偏差应为零,表明图上位置与实际位置没有系统偏差。第二种是偏移的分布。如果上述抽样点的偏移量在某些地方很小,另一些地方很大,则说明偏移的分布不均匀,数据质量不稳定。如果各个点的偏移量都差不多,虽然总量并不很小,但分布比较均匀,这说明数据的质量还比较稳定。位置精度常采用标准差和均方差来度量。

(2) 属性精度

属性精度是指属于地理数据库中点、线、面的属性数据正确与否。属性定义往往也会有误差,除人为因素外,还有技术因素,属性误差度量取决于数据的类型。对于分类数据(如土地利用等级、植被类型、陆地覆盖层、土壤类型或行政管理分区等)的精度估算,主要取决于分类精度估计。分类精度的估计是一个复杂和持有争论的问题,其难点主要是对精度具有有效影响的因素(如分类数量、独立区域的形状和大小、测试点的选择方式以及分类的彼此混淆现象等)不易确定。分类精度估计常采用纯量精度指标或分类误差矩阵。分类误差矩阵 C 是采样点属性的真值和估值所组成的表格,其元素 C_{ij} 代表被认为是 i 类但实际上是 j 类的点的数量,它是一种总体精度指标。根据误差矩阵 C 可计算能描述属性误差的一系列纯量指标。对于数字数据,一般不用由分类矩阵求出的误差指标,而用标准差和方差等。

(3) 逻辑一致性

逻辑一致性是指数据之间要维持良好的逻辑关系。例如,森林的边界与道路的边界应当是不一样的,但制图时往往只给出道路边界;行政境界与管理区域境界应严格一致;对于水库的制图表达,不同时期的 GIS 数据层所表达的水库边界可能位置不同,虽然边界精度都很高,但数据层之间具有逻辑不一致性。在这种情况下,解决问题的办法是提供一个标准的水库的外围轮廓线,每层数据水库水涯线的表达与标准水库边界线配准。

重要的是,不但要认识到两个数据集合要使它们的位置精度水平要一致,而且逻辑关系上也应当是一致的。这是因为，如果同一边界在两个数据集合中位置上存在微小不同，也许仍能满足位置精度水平的要求，但当两个数据进行叠合时，这种微小差别会在缝隙处产生一个非常小的区域，称之为裂片。有些 GIS 软件能够处理这种情况，在其中一种特征周围附加一个不确定的带区，当两种特征叠加时，能够处理带区的叠加问题，就像不存在裂片一样（处理成不定带区的边界通常称为模糊边界）。

逻辑一致性没有量测标准。虽然同一特征在位置上的不一致性是可以量测的，然而它们或许是具有逻辑一致关系的几种特征的组合体，量测所有可能的叠加组合体的不一致性可能是不现实的。逻辑一致性的检查最好是在数据输入 GIS 前就去做，在地图数字化的准备阶段和单幅图的数字化检查阶段进行，必要时，可重绘该幅图进行逻辑一致性检查。

(4) 分辨率

对于数字遥感图像、栅格型空间数据库，分辨率越高，像素就越小，这就意味着每个度量单元具有较多的信息和潜在的细节，分辨率越低，就意味着像素越大，每个度量单元的细节就越小，因而看起来有些粗糙。如果能正确地处理分辨率，就可以通过提供合适的信息量和信息密度去模仿连续色调，从而大大地改善对细节的显示，正确地选择分辨率还有助于确保数字化图像中的色调能忠实于原图像。但在矢量数字化地图方面，人们往往会忽视分辨率的问题。因为地图要素都以坐标方式储存起来后，可以任何比例输出。但实际上还是有比例的，例如，原始地图按 1∶10 000 要求输入时，比 1 m 还短的线一般要忽略，但是把数字化地图放大到 1∶500 输出时，用户肯定认为太粗糙。因此，矢量空间数据库的比例主要由分辨率和位置精度决定，必须在数据库设计阶段就定义好最小制图单位，在数据输入时，小于最小制图单位的元素（主要是线段长度太短）不存入数据库，大于最小制图单位的元素则必须存入。在实践中，采用手工数字化输入地图时，图纸的比例尺稍大一些容易保证输入的精度和分辨率。

对于专题图来说，例如土壤图、土地利用图以及其他类型分类图，分解力是指所表达的最小物体的大小，称之为最小制图元。如何确定图中表达的最小物体单元，取决于地图的编辑过程、使用目的、可读性、原始数据精度、制图成本、信息的表达和存储要求等。

在 GIS 中，信息的存储和表达是矛盾的。在 GIS 数据库中，地理数据可以以任意比例存储，为满足输出的比例要求，可以增加标识和其他的地图细节描述。在这种意义上，GIS 地理数据库中的数据不能以特定的比例存储，因此，最小制图单元应当设置得非常小。甚至对于一个很大的分层区域也是如此。对于输出的地图上的内容细节应该是根据输出的比例大小而选择。

(5) 完备性

数据的完备性指数据中存储的图形及属性信息的完整性。具体指要素、要素属性和要素关系的存在和缺失。完备性包括两个方面的具体指标：一是数据中多余的数据；二是遗漏，即数据集中缺少的数据。根据要素或数据不同，可以分为数据分类的完备性、实体类型的完备性、属性数据的完备性和注记的完备性等。

(6) 现势性

地理数据的现势性，即要素在计算机中记录的与位置有关的信息，与现实空间的一致性。由于系统中采集的地物信息远远赶不上地物目标的实地变化速度，因此要保持地理数据，特别是与城市地理空间信息相关数据的现势性具有极大的挑战。据统计，全球地形图的更新率不超过3%，我国前几年有些城市建成的较大比例尺数据库或城市地理信息系统，在应用上也已经开始受到数据现势性的困扰，感受到数据更新的紧迫要求。对于数据现势性的保证，需要即时的进行数据的更新。

5.5.3 误差来源及存在的问题

5.5.3.1 误差产生的主要原因

①空间现象自身存在的不稳定性。即空间现象在空间位置上分布的不确定性变化，在发生时间段上的游移性，属性类型划分的多样性，非数值型属性值表达的不精确性。

②空间现象的表达，投影变换误差。仪器误差与操作误差。

③空间数据处理中的误差。地图数字化处理和扫描的矢量化处理中产生的误差，数据格式转换中产生的误差，数据抽象过程中产生的误差；建立拓扑关系中产生的误差；与主控数据层匹配过程中产生的误差；数据叠加操作和更新中产生的误差；数据集成处理产生的误差；数据的可视化表达中产生的误差。

④空间数据使用中的误差。对数据的解释过程中产生的误差，缺乏对空间数据的说明的情况下，对数据的随意使用而产生的误差。

5.5.3.2 误差的具体来源

所有空间信息都存在着误差。空间信息的产生和使用每一步都有误差产生。除了GIS原始数据本身带有误差外，在空间数据库中进行各种操作、转换和处理也将引入误差。由一组测量结果通过转换处理产生另一种产品时，通常转换次数越多，则产品中引入新误差和不确定性也越多。GIS产品的有效性和GIS本身的生命力与空间数据质量的研究的成效是密切相关的。因此，要保证产品的质量，在GIS系统建立过程中，必须深刻了解每一个阶段，每一环节的误差来源，并进行严格的质量监控，最大限度地减少误差。在使用GIS过程中，数据误差来源可按数据所处的不同阶段划分。

①数据采集过程中的实测误差。地图制图误差(制作地图的每一过程都有误差)，航测遥感数据分析误差(获取、判读、转换、人工判读误差)。

②数据输入过程中产生的误差。数字化过程中操作员和设备造成的误差，某些地理属性没有明显边界引起的误差(地界类)。

③数据存储过程中产生的误差。即由数字存储有效位不能满足(由计算机字长引起，单精度、双精度类型)及空间精度不能满足引起的。

④数据操作过程中产生的误差。类别间的不明确、边界误差(不规则数据分类方法引起)、多层数据叠加误差、多边形叠加产生的裂缝(无意义多边形)、各种内插引起的误差。

⑤数据输出过程中产生的误差。比例尺误差、输出设备误差、媒质不稳定(如图纸伸缩)。

⑥成果使用过程中产生的误差。用户错误理解信息、不正确使用信息而引起的。

5.5.3.3 常见数据源的质量问题

地图数据是现有地图经过数字化或扫描处理后生成的数据。在地图数据质量问题中，不仅含有地图固有的误差,还包括图纸变形、图形数字化等误差。

(1)数字化过程中的质量问题

①数字化预处理工作。包括对原始地图、表格等的整理、清绘。

②数字化设备的选用。根据手扶数字化仪、扫描仪等设备的分辨率和精度等有关参数的进行挑选,这些参数不应低于设计的数据精度要求。

③数字化对点精度(准确性)。数字化时数据采集点与原始点的重合程度,一般要求对点误差小于0.1 mm。

④数字化限差。包括采点密度(0.2 mm)、接边误差(0.02 mm)、接合距离(0.02 mm)、悬挂距离(0.007 mm)等。

⑤数据的精度检查。输出图与原始图之间的点位误差,一般要求对直线地物和独立地物,误差小于0.2 mm,对曲线地物和水系,误差小于0.3 mm,对边界模糊的要素应小于0.5 mm。

(2)遥感数据的质量问题

遥感数据的质量问题,一部分来自遥感仪器的观测过程,一部分来自遥感图像处理和解译过程。遥感观测过程本身存在着精确度和准确度的限制,这一过程产生的误差主要表现为空间分辨率、几何畸变和辐射误差,这些误差将影响遥感数据的位置和属性精度。遥感图像处理和解译过程,主要产生空间位置和属性方面的误差。这是由图像处理中的影像或图像校正和匹配以及遥感解译判读和分类引入的,其中包括混合像元的解译判读所带来的属性误差。

(3)测量数据的质量问题

测量数据主要指使用大地测量、GPS、城市测量、摄影测量和其他一些测量方法直接量测所得到的测量对象的空间位置信息。这部分数据质量问题,主要是空间数据的位置误差。测量方面的误差通常考虑的是系统误差、操作误差和偶然误差。

①系统误差。其发生与一个确定的系统有关,它受环境因素(如温度、湿度和气压等)、仪器结构与性能以及操作人员技能等方面的因素综合影响而产生。系统误差不能通过重复观测加以检查或消除,只能用数字模型模拟和估计。

②操作误差。是操作人员在使用设备、读书或记录观测值时,因粗心或操作不当而产生的。应采用各种方法检查和消除操作误差。一般地,操作误差可通过简单的几何关系或代数检查验证其一致性,或通过重复观测检查并消除操作误差。

③偶然误差。是一种随机性的误差,由一些不可测和不可控的因素引入。这种误差具有一定的特征,如正负误差出现频率相同、大误差少、小误差多等。偶然误差可采用随机模型进行估计和处理。

5.5.4 数据质量控制的方法

5.5.4.1 GIS数据质量的评价方法

(1)直接评价法

①用计算机程序自动检测。某些类型的错误可以用计算机软件自动发现,数据中不符

合要求的数据项的百分率或平均质量等级也可由计算机软件算出。例如，可以检测文件格式是否符合规范、编码是否正确、数据是否超出范围等。

②随机抽样检测。在确定抽样方案时应考虑数据的空间相关性。

(2) 间接评价法

所谓间接评价法是指通过外部知识或信息进行推理以确定空间数据的质量的方法用于推理的外部知识或信息是指用途、数据历史记录、数据源的质量、数据生产的方法、误差传递模型等。

(3) 非定量描述法

非定量描述法是指通过对数据质量各组成部分的评价结果进行综合分析以确定数据总体质量的方法。

5.5.4.2 GIS 数据质量的控制方法

(1) 传统手工方法

质量控制的人工方法主要是将数字化数据与数据源进行比较，图形部分的检查包括目视方法、绘制到透明图上与原图叠加比较，属性部分的检查采用与原属性逐个对比的比较方法。

(2) 元数据方法

数据集的元数据中包含了大量的有关数据质量的信息，通过它可以检查数据质量，同时元数据也记录了数据处理过程中质量的变化，通过跟踪元数据可以了解数据质量的状况和变化。

(3) 地理相关法

用空间数据的地理特征要素自身的相关性来分析数据的质量。如从地表自然特征的空间分布着手分析，山区河流应位于微地形的最低点，因此，叠加河流和等高线两层数据时，如河流的位置不在等高线的外凸连线上，则说明两层数据中必有一层数据有质量问题。

知识点

1. GIS 的数据源：就是指建立 GIS 的地理数据库所需的各种数据的来源，其来源非常广泛。GIS 数据源是 GIS 用于制图、分析和建模的基础。现有常用的 GIS 数据源主要包括地图数据、影像数据、文本资料、统计资料、实测数据、多媒体数据和已有系统数据等。

2. 元数据：是描述数据的数据。在地理空间数据中，元数据是说明数据内容、质量、状况和其他有关特征的背景信息。

3. 分类码：分类码是根据地理信息分类体系设计出的各专业信息的分类代码，是直接利用信息分类的结果制定的分类代码，用以标识不同类别的数据，根据它可以从数据中查询出所需类别的全部数据。分类码一般由数字、或字符、或数字字符混合构成。

4. 标识码：标识码(亦称识别码)是在分类码的基础上，间接利用信息分类的结果，在分类的基础上,对某一类数据中各个实体进行标识,以便能按实体进行存储和逐个进行查询检索。标识码通常由定位分区和各要素实体代码两个码段构成。

5. 地图数字化:地图数字化是把传统的纸质或其他材料上的地图(模拟信号)转换为计算机可识别的图形数据(数字信号)的过程,以便进一步在计算机中进行存储、分析和输出。

6. 扫描矢量化:是目前较流行的地图数字化方式。其基本思想是:首先通过扫描将地图转换为栅格数据,然后采用栅格数据矢量化的技术追踪出线和面,采用模式识别技术识别出点和注记,并根据地图内容和地图符号的关系自动给矢量数据赋以属性值。

7. GIS 的数据质量:指 GIS 中地理数据(空间数据和属性数据)的可靠性,通常用地理数据的误差来度量。

复习思考题

1. 举例说明 GIS 的数据源的类型和特点。
2. 什么是元数据?它在数据管理中有什么作用?
3. 简述数据共享的途径。
4. 地理数据如何进行分层?分层有哪些意义?
5. 如何链接空间数据与属性数据?
6. 举例说明空间误差的类型。
7. 举例说明空间数据质量检查及评价的方法。

实践习作

习作 5-1　元数据的浏览与编辑

1. 知识点

元数据。

2. 习作数据

continent.shp 数据或该目录下的任何一项地理数据。

3. 结果与要求

掌握查看提供习作数据的元数据信息。

4. 操作步骤

(1) 浏览 continent.shp 元数据

在开始菜单,打开 ArcCatalog,点击【连接到文件夹】,建立数据存储路径链接,链接到数据文件夹 Ex5_1。在目录树中点击选中数据 continent.shp,点击显示区的【描述】标签,浏览元数据各项内容。

(2) 激活元数据工具条

右击目录窗口空白区,激活【元数据】工具条。

(3) 编辑元数据

在【描述】标签下点击【编辑】,可以在打开的对话框中对名称、描述、使用限制等信息进行修改并保存。

（4）采用不同样式导入元数据

在【描述】标签下点击【导入】，导入元数据，可以根据元数据特征在【导入元数据】对话框中选择【导入数据】下拉菜单中的 ISO19139、FGDC 等样式进行元数据导入。

习作 5-2　加载 X Y 数据

1. 知识点

实测数据源转入 GIS 系统。

2. 习作数据

events.txt 数据。

3. 结果与要求

包含实测点的 shapefile 文件。

4. 操作步骤

（1）加载数据

在 ArcMap 中加入一个图层数据框架，右击图层选择"添加数据"，添加 events.txt 文件。

（2）数据导入与参数设置

在加载的 events.txt 文件上右击选择"显示 XY 数据"。在打开的对话框【X 字段】选项中选择"EASTING"作为 X 坐标，【Y 字段】选项中选择"NORTHING"作为 Y 坐标。点击【编辑】按钮，打开【空间参考属性】对话框，输入坐标的投影坐标系：NAD 1927 UTM Zone 11N.prj。

（3）显示导入的数据点文件

点击【确定】关闭对话框，events.txt 文件中用文本表示的坐标点在 ArcMap 地图空间显示出来。

（4）导出点数据文件

将 events.txt 个事件导出，右击 events.txt 个事件，依次点击【数据】—【导出数据】，将所有要素导出为点要素数据。

习作 5-3　作不同格式文件的转换

1. 知识点

已有数据质量定性分析。

2. 习作数据

hillshade_10k（中国范围晕渲图，分辨率为 10 km）。

3. 结果与要求

了解 coverages 和 shapefile 的数据文件结构差别。

4. 操作步骤

（1）转换 hillshade_10k 文件为 Layer 文件

启动 ArcMap，在 ArcMap 中加载 hillshade_10k。在该数据上单击右键，在弹出菜单中选择"另存为图层文件"，将文件存储为图层文件。

（2）转换 hillshade_10k 文件为 KMZ 文件

在 ArcToolbox 中选择【转为 KML】菜单下的"图层转 KML"，将该文件存储为后缀为 kmz 的文件（hillshade_10k.kmz）。

（3）在 Google Earth 中显示 hillshade_10k

启动 Google Earth，从开始菜单下点击【打开】，打开 hillshade_10k.kmz。选择"my site"将显示窗口转化到 hillshade_10k 的实际地理位置。

(4) 符号化 hillshade_10k.kmz

右击 hillshade_10k.kmz，在弹出的快捷菜单中点击【属性】。在 Style、Color 栏中选择"Share Style"。在出现的对话框中选择合适的符号。

习作 5-4　空间数据扫描矢量化

1. 知识点

屏幕扫描矢量化。

2. 习作数据

jc.png、坐标数据。

3. 结果与要求

矢量化 jc.png。

4. 操作步骤

（1）加载【地理配准】工具条

启动 ArcMap，在 ArcMap 菜单窗口中点击右键，在快捷菜单中选中【地理配准】工具条。

（2）数字化底图的地理校正

在【地理配准】工具条上，点击【添加控制点】按钮，添加 4 个控制点，对数字化底图 jc.png 进行地理校正。坐标文件中点 1 为左下点坐标，点 2 为右上坐标，点 3 为左上坐标，点 4 为右下坐标。采用【地理配准】工具条中的【添加控制点】按钮依此添加 4 个控制点。

（3）查看地理配准初始精度

增加完 4 个控制点后，在【地理配准】工具条上点击【查看链接器】标签，在【残差选项】中查看每个控制点的均方根误差，通过修改控制点的精确位置，使 RMS 小于 1 个像元。

（4）地理配准

在【变换选项】中选择零阶多项式或一次多项式用于数字化底图地理校正方程。

（5）校正

在影像配准菜单下，点击【校正】生成地理编码后的数字化底图（jc_rectify.tif）。

（6）创建个人数据库、线、面图层

在 ArcMap 中插入一个新的数据框，命名为 Task2。在 ArcMap 中点击【目录】将 ArcCatalog 窗口打开。选中 ArcCatalog 的【连接到文件夹】，将数据文件夹 Ex5_4 链接为当前工作目录。在该目录下，单击右键，在【新建】中选择【个人地理数据库】，将其命名为 test5_4.mdb。在 ArcCatalog 中，鼠标右击 test5_4.mdb，在【新建】中选择【要素数据集】，打开【要素数据集】对话框，在【名称】中输入 boundary 作为文件名，在【类型】中选择类型为【线要素】。按照以上操作将建立另外一个图层，命名为 reservoir，类型为面要素。

（7）加载待矢量化图层

将步骤（5）地理编码后生成的 jc_rectify.tif 图层采用【添加数据】加载到 Task2 中，同时确认 boundary.shp 和 reservoir.shp 处于 jc_rectify.tif 的上面。

（8）待矢量化图层的符号设置

在数字化前，首先确定两个 Shapefile 文件的符号，然后分别在 boundary.shp 和 reservoir.shp 上点击右键，在弹出的快捷菜单中选择【图层】，在【符号系统】标签中点击【符号】，把符号设定为相应的符号。在【标注】标签中，勾选"标注此图层中的要素"，并从下拉菜单中选择"OBJECTID"作为标识字段名。

（9）设定编辑环境

在 ArcMap 菜单窗口中的空白处右击，打开【编辑器】工具条，分别选中 boundary.shp 或 reservoir.shp，从【编辑器】下拉菜单中选择"开始编辑开始数字化相应的要素"。点击【编辑器】下拉菜单选择"捕捉"，进行咬合限差设定，在这里设置为 10 个像元。再次点击捕捉菜单下拉，确保"使用捕捉"已打钩。

（10）数字化过程中常用的工具或具有的功能

【创建要素】对话框：在该对话框上部分选择需要数字化的 Shapefile 文件，下部分选择要素构造，例如，面要素图层中包括面、多边形、圆形等。

【追踪】工具：对已有公共边自动追踪，确保公共边一致。

要素复制：选择要复制的线要素，单击【目标】选择要复制平行线的图层，在【编辑器】下拉菜单中选择"复制平行线"，输入平行线直接距离，点击回车键进行复制。

缓冲区边界生成与复制：选择要复制的线要素，单击【目标】选择要复制平行线的图层，在【编辑】下拉菜单中选择"缓冲区"，输入生成缓冲区的距离，点击回车键进行复制。

【Merge 合并】：选择要合并的要素，单击【目标】选择合并后新要素所属于的图层，在【Editor】下拉菜单中选择"Merge"，选择要合并的要素，单击【确定】。

【Union 合并】：完成图层要素空间合并，新要素生成原来的要素自动被删除。选择要合并的要素，单击【目标】选择合并后新要素所属于的图层，在【编辑】下拉菜单中选择"Union"，选择要合并的要素，单击【确定】。

【要素分割】：选中要分割的线要素，选择"Split Tool"，在线要素上任意选择分割点，单击左键，按照分割点分成两段，选择"Cut Polygon Tool"，在面要素上画出分割线，双击将面要素分成两部分。

【线要素的延长与裁剪】：选择"Extend/Trim Feature"，单击【选中需要延长或裁剪的线要素】，画一条草线图，双击鼠标延长或裁剪线要素。

【添加节点】：选择【编辑要素折点】，然后选中要素，在需要添加节点的位置单击右键，选择 Insert Vertex 命令，添加一个节点。

【删除节点】：选择【编辑要素折点】，然后选中要素，在需要添加节点的位置单击右键，选择"删除线状要素折点"，删除一个节点。

习作 5-5　属性数据输入

1. 知识点

属性数据分类编码、属性数据采集。

2. 习作数据

China.mdb 中的 westprovince.shp、分省的代码表 provincecode.xls 和各省人口数据表 provincepopu.xls。

3. 结果与要求

在 ArcMap 下，将 Excel 表中的分省数据输入到属性表中，并根据属性值计算生成各省市的人口密度。分别采用键盘输入法和标识符链接法输入属性数据。

4. 操作步骤

（1）加载数据

启动 ArcMap，在 ArcMap 中点击【添加数据】按钮将 westprovince.shp，provincecode.xls 和 provincepopu.xls 加载到地图窗口。右键单击 westprovince 图层，在弹出的快捷菜单中选择【打开属性表】，打开属性表。在【表选项】下拉菜单中，选择【添加字段】，分别添加 provcode，region，population 和 popdensity 字段。其中 provcode 字段的【类型】为短整型，【长度】为默认值，用于存放各省的行政区代码；Region 字段的【类型】为文本，【长度】为 2，用于存放各省所属片区；population 字段的【类型】为长整型，【长度】为默认值，用于存放各省的人口数量；popdensity 字段的【类型】为双精度，【长度】为默认值，用于存放各省的人口密度。

（2）编辑属性值

点击【编辑器】工具条，在从编辑器下拉列表中选择【开始编辑】启动编辑。根据 Provincecode.xls，在属性表的 provcode 字段中为西部各省的多边形逐个输入行政区代码。

（3）根据属性选择要素

点击 ArcMap 窗口主菜单中的【选择】，在下拉菜单中选择【按属性选择】打开【属性选择】对话框。在其下方的文本框中输入选择条件"[provcode]>=60",点击【确定】。

(4) 自动替换属性值 NW

在字段 Region 上点击右键,在打开的快捷菜单上选择【字段计算器】,打开字段计算器,在其下面的文本框中输入""NW""(注:第一层引号代表输出入引号内的值到字段计算器,第二层引号代表要在 NW 这个字符串上加上一对英文的引号作为输入到字段计算器的表达式框中),点击【确定】(NW 代表西北地区,其两侧需要使用引号)。

(5) 自动替换属性值 SW

重复第(3)步,将选择条件改为"[provcode]<60",重复第(4)步,输入""SW""(代表西南地区)。输入完毕后,点击 ArcMap 窗口主菜单中的【选择】,在下拉菜单中选择【清除所选要素】,取消对要素的选择。

(6) 链接属性表

根据 code 将西部各省的人口数据(provincepopu.xls 中的 population)连接到属性表中。右键单击 westprovince 图层,选择【连接和关联】中的【连接】,打开【连接数据】对话框,在选择【该图层中连接将基于的字段】选项卡中选择"provcode",在选择要【连接到此图层的表,或者磁盘加载表】选项卡中选择"provincepopu.xls",同时将【显示此列表中的图层的属性表】选中,在【选择此表中要作为连接的基础字段】选项卡中选择"code",点击【确定】。

(7) 属性值自动赋值

右键单击属性表中的 westprovince.popdensity 字段标题,点击【字段计算器】,打开字段计算器,在其下方的文本框中输入"[population.population]/([westprovince.Shape_Area]/1000000)",点击确定,计算出各省的人口密度。

(8) 浏览属性表

右键点击 westprovince 图层,依次点击【连接和关联】—【移除连接(E)】—【Population】,移除数据链接,再次浏览属性表,观察属性表变化。

习作 5-6 对街道地址进行地理编码

1. 知识点
地址地理编码。

2. 习作数据
Atlanta.gdb 中的 streets.shp、代表顾客位置的 customers 数据表。

3. 结果与要求
首先根据 anlanta.gdb 中的 streets 建立一个地址表,然后采用对顾客所在街道地理编码的位置,定位顾客的分布。在进行地址地理编码时,需要一个地址表和一个参数数据集。地址表包含了一个用于定位的街道数据集,参照数据集中含有的地址信息对街道进行定位。在本习作中,地址表以 Anlanta 为基础生成,参数数据集为 customers 数据表。

4. 操作步骤
(1) 加载数据库

打开 ArcCatalog,在目录树中找到 Atlanta.gdb 所在文件夹。在该文件夹上右击,在弹出的快捷菜单中选择【新建】菜单下的"地址定位器"。

(2) 加载数据库

在打开的【创建地址定位器】对话框中,选择【地址定位器样式】选项后的文件夹按钮,打开【选择地址定位器样式】对话框,并选择"US Address Dual Ranges",点击【确定】。

（3）增加要素层

在打开的【创建地址定位器】对话框中，选择【参考数据】选项后的文件夹按钮，找到 Atlanta.gdb，选择 streets 要素层，然后点击【添加】。

（4）设置地址定位属性选项

在【创建地址定位器】对话框中，点击 Role 下面的箭头，选择"Primary Table"选项。

（5）选择设施字段

在【Field Map】窗口中，带*的字段是必选字段，在该例子中，这些字段会根据属性表自动填写完成。当无法自动完成时，需要根据参考数据集选择该设施的字段。

（6）地址输出

在【输出地址定位器】对话框中，选择文件夹按钮，设置地址表的输出地址。将该地址导航至 Atlanta.gdb 下，在【名称】文本框中填入"Atlanta"，保存。

（7）创建地址表

点击【确定】开始创建地址表，创建完成后，在目录树中可以看到生成的地址表文件。

（8）增加地址参考信息

打开 ArcMap，在【数据框】下使用【添加数据】将 streets 和 customers 加载进来。在 customers 表上右击，在打开的快捷菜单中选择【地理编码地址】，在选择【要使用的地址定位器】对话框中选择【添加】，将 Atlanta 地址表添加进来，然后依次点击【添加】—【确定】。

（9）创建地址匹配结果文件

在打开的【地理编码地址：Atlanta】对话框中【输出要素类】保存地址匹配结果文件。在打开的【保存数据】对话框中点击【保存类型】下拉箭头选择【文件或个人地理数据库要素类】，在【名称】中输入"Atlanta_Results"，点击【保存】，一个新的点层将在 Atlanta 数据库中创建。

（10）地理编码

点击【确定】开始地址地理编码。点击后出现【地理编码地址】对话框，对话框中会显示地理编码的结果，点层被加入 Atlanta_Results 要素中。

（11）修改不匹配要素

在 ArcMap 的主菜单中依次选择"自定义"—"工具条"，打开【地理编码】工具条，点击【重新匹配地址】按钮，打开【交互重新匹配】对话框，对不匹配的地址、匹配的候选地址要素进行手动地址匹配。不匹配的地址是指地址不配备的要素；匹配的候选地址是指该地址在不同地址有多个匹配的选项。

第 6 章

空间数据的处理

【内容提要】 空间数据处理是指对数据本身的操作，不涉及对数据内容的分析。空间数据源的复杂性，面临问题的多样性，使地理信息系统中数据源种类繁多，表达方式各不相同，很容易使形成的数据投影、比例尺、格式、分类标准和精度不一致，导致数据使用困难。为了使数据规范化，需要进行空间数据处理。本章针对空间数据处理的内容，详细介绍了矢量数据的编辑、坐标变换、拓扑关系的建立、空间数据的裁剪与合并、矢量数据的光滑与压缩、栅格数据的统计与运算、矢量与栅格数据的转换等常用的空间数据处理内容。

6.1 矢量数据的编辑

矢量数据的编辑是纠正数据采集错误的重要手段。为了获得高的数据质量，满足空间分析与应用的需要，在书采集完成后，必须对数据进行必要的检查。具体包括：空间实体是否遗漏、某些实体是否重复录入、图形定位是否错误、属性数据是否准确以及与图形数据的关联是否正确等。在矢量数据编辑中主要包括图形数据编辑和属性数据编辑。

6.1.1 图形数据编辑

6.1.1.1 图形数据编辑中常见错误

空间数据采集过程中，人为因素是造成图形数据错误的主要原因。如数字化过程中手的抖动，两次录入之间图纸的移动，都会导致位置不准确，需要进行位置的精确校正。在数字化过程中，经常出现的错误有：伪节点、悬挂节点、碎屑多边形和不正规的多边形。

(1) 伪节点

伪节点使一条完整的线变成两段，造成伪节点的原因常常是没有一次录入完毕一条线（图 6-1 中每条弧段中除节点外的黑色的节点）。

(2) 悬挂节点

如果一个节点只与一条线相连接，那么该节点称为悬挂节点，悬挂节点有不及、过头和节点不重合等几种情形（图 6-2）。

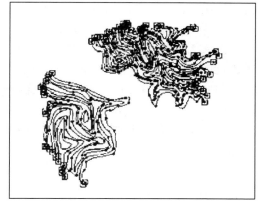

图 6-1 伪节点

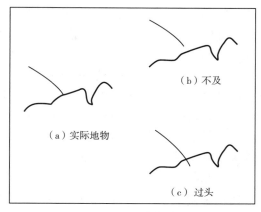

图 6-2 悬挂节点

(3) 碎屑多边形

碎屑多边形一般由于重复录入引起，由于前后两次录入同一条线的位置不可能完全一致，造成了"碎屑"多边形（图 6-3）。另外，由于用不同比例尺的地图进行数据更新，也可能产生"碎屑"多边形。

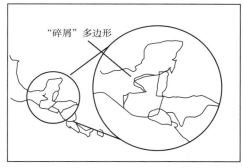

图 6-3 碎屑多边形

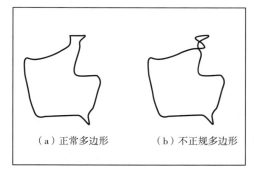

图 6-4 不正规的多边形

(4) 不正规的多边形

不正规的多边形是由于输入线时，点的次序倒置或者位置不准确引起的（图 6-4）。在进行拓扑生成时，同样会产生"碎屑"多边形。

6.1.1.2 图形数据编辑中常用的算法

对于这些常见的错误，可以通过向计算机系统发布编辑操作命令完成。这些编辑操作包括用鼠标增加或删除一个点、线、面实体，移动或旋转一个点、线、面实体等。在编辑操作中，删除一个顶点时，在数据库中不用整体删除与目标有关的数据，只是在原来存储的位置重写一次坐标，拓扑关系不变。而增加一个顶点，其操作和处理都较复杂。不能在原来的存储位置上重写，需要给一个新的目标标识号，在新位置上重写，而将原来的目标删除，此时需要做一系列处理，调整空间拓扑关系。移动一个顶点时，只涉及该点的坐标，不涉及拓扑关系的维护，较简单。删除一段弧段时编辑操作复杂，先要把原来的弧段打断，存储上原来的弧段实际被删除，拓扑关系需要调整和变化。在对弧段或多边形的边界进行编辑时，可以通过节点匹配、节点咬合、节点附和等操作完成，具体方法为：节点移动(用鼠标将其他两点移到另一点)、鼠标拉框(用鼠标拉一个矩形，落入该矩形内的节点坐标通过求它们的中间坐标匹配成一致)、求交点(求两条线的交点或其延长线的交点，作为吻合的节点)和自动匹配(给定一个吻合容差，或称为咬合距，在图形数字化时或之后，将容差范围内的节点自动吻合成一点)。

计算机在实现这些编辑操作时，节点、弧段、多边形的捕捉和判断算法是实现这些操作的关键和基础。具体包括点的捕捉算法、线的捕捉算法和面的捕捉算法。

(1) 点的捕捉

图形编辑是在计算机屏幕上进行的，因此首先应把图幅的坐标转换为当前屏幕状态的坐标系和比例尺。设光标点为 $S(x,y)$，图幅上[图 6-5(a)]某一点状要素的坐标为 $A(X,Y)$，则可设一捕捉半径 D(通常为 $3\sim 5$ 个像素，这主要由屏幕的分辨率和屏幕的尺寸决定)，若 S 和 A 的距离 d 小于 D 则认为捕捉成功，即认为找到的点是 A，否则失败，继续搜索其他点。d 可由下式计算：

$$d=\sqrt{(X-x)^2+(Y-y)^2} \tag{6-1}$$

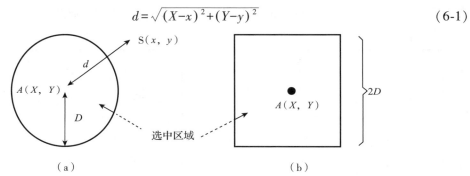

图 6-5 点的捕捉

但是由于在计算 d 时需进行乘方运算，所以影响了搜索的速度，因此，把距离 d 的计算改为：

$$d=\max(|X-x|,|Y-y|) \tag{6-2}$$

即把捕捉范围由圆改为矩形，这可大幅加快搜索速度，如图 6-5(b)所示。

(2) 线的捕捉

设光标点坐标为 $S(x,y)$，D 为捕捉半径，线的坐标为 (x_1,y_1)，(x_2,y_2)，$\cdots$，(x_n,y_n)。通过计算 S 到该线的每个直线段的距离 d_i[图 6-6(a)]，若 $\min(d_1,d_2,\cdots,d_{n-1})<D$，则认为光标点 S 捕捉到了该条线，否则为未捕捉到。在实际的捕捉中，可每计算一个距离 d_i 就进行一次比较，若 $d_i<D$，则捕捉成功，不需再进行下面直线段到点 S 的距离计算了。

为了加快线捕捉的速度，可以把不可能被光标捕捉到的线以简单算法去除。如图 6-6(b)所示，对一条线可求出其最大($X_{\max}$，$Y_{\max}$)和最小($X_{\min}$，$Y_{\min}$)的坐标值，对由此构成的矩形再向外扩 D 的距离，若光标点 S 落在该矩形内，才可能捕捉到该条线，因而通过简单的比较运算就可去除大量的不可能捕捉到的情况。

对于线段与光标点也应该采用类似的方法处理。即在对一个线段进行捕捉时，应先检

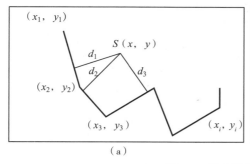
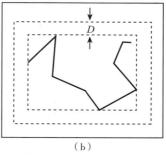

图 6-6 线的捕捉

查光标点是否可能捕捉到该线段。即对由线段两端点组成的矩形再往外扩 D 的距离，构成新的矩形，若光标点 S 落在该矩形内，才计算点到该直线段的距离，否则应放弃该直线段，而取下一直线段继续搜索。

如图 6-7 所示，点 $S(x,y)$ 到直线段 (x_1,y_1)，(x_2,y_2) 的距离 d 的计算公式为：

$$d=\frac{|(x-x_1)(y_2-y_1)-(y-y_1)(x_2-x_1)|}{\sqrt{(x_2-x_1)^2+(y_2-y_1)^2}} \tag{6-3}$$

由于上式计算量较大，速度较慢，因此可按如下方法计算。即从 $S(x,y)$ 向线段 $(x_1,y_1)(x_2,y_2)$ 作水平和垂直方向的射线，取 dx，dy 的最小值作为 S 点到该线段的近似距离。由此可大大减小运算量，提高搜索速度。计算方法为：

$$\begin{aligned}x'&=\frac{(x_2-x_1)(y-y_1)}{y_2-y_1}+x_1\\ y'&=\frac{(y_2-y_1)(x-x_1)}{x_2-x_1}+y_1\end{aligned} \tag{6-4}$$

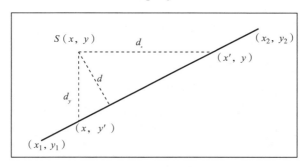

图 6-7 线段进行捕捉

(3) 面的捕捉

面的捕捉实际上就是判断光标点 $S(x,y)$ 是否在多边形内，若在多边形内则说明捕捉到。判断点是否在多边形内的算法主要有垂线法或转角法，这里介绍垂线法。

垂线法的基本思想是从光标点引垂线(实际上可以是任意方向的射线)，计算与多边形的交点个数。若交点个数为奇数则说明该点在多边形内；若交点个数为偶数，则该点在多边形外(图 6-8)。

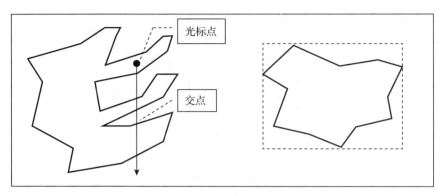

图 6-8　多边形的捕捉

为了加快搜索速度，可先找出该多边形的外接矩形，即由该多边形的最大最小坐标值构成的矩形，如图 6-8 所示。若光标点落在该矩形中，才有可能捕捉到该面，否则放弃对该多边形的进一步计算和判断，即不需进行作垂线并求交点个数的复杂运算。通过这一步骤，可去除大量不可能捕捉的情况，大大减少了运算量，提高了系统的响应速度。

在计算垂线与多边形的交点个数时，并不需要每次都对每一线段进行交点坐标的具体计算。对不可能有交点的线段应通过简单的坐标比较迅速去除。对图 6-9 所示的情况，多边形的边分别为 1~8，而其中只有第 3、7 条边可能与 S 所引的垂直方向的射线相交。即若直线段为 $(x_1, y_1)(x_2, y_2)$ 时，若 $x_1 \leq x \leq x_2$，或 $x_2 \leq x \leq x_1$ 时才有可能与垂线相交，这样就可不对 1、2、4、5、6、8 边进行继续的交点判断了。

对于 3、7 边的情况，若 $y > y_1$ 且 $y > y_2$ 时，必然与 S 点所作的垂线相交（如边 7）；若 $y < y_1$ 且 $y < y_2$ 时，必然不与 S 点所作的垂线相交。这样就可不必进行交点坐标的计算就能判断出是否有交点了。

对于 $y_1 \leq y \leq y_2$ 或 $y_2 \leq y \leq y_1$，且 $x_1 \leq x \leq x_2$ 或 $x_2 \leq x \leq x_1$ 时，如图 6-10 所示。这时可求出铅垂线与直线段的交点 (x, y')，若 $y' < y$ 则是交点；若 $y' > y$，则不是交点；若 $y' = y$ 则交点在线上，即光标点在多边形的边上。

以上都是一些提高面捕捉算法的常用技术。

除了数字化过程中常见的错误外，若研究区较大，则在对底图进行数字化以后，由于图幅比较大或者使用小型数字化仪时，难以将研究区域的底图以整幅的形式来完成，这时

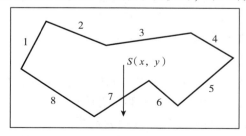

图 6-9　多边形的捕捉

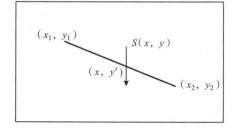

图 6-10　铅垂线与直线段

需要将整个图幅划分成几部分分别输入。在所有部分都输入完毕并进行拼接时，常常会有边界不一致的情况，需要进行边缘匹配处理(接边处理，图 6-11)。在边缘匹配处理中，通常存在两类错误类型，需要编辑修改，即几何裂缝和逻辑裂缝。

①几何裂缝。指由数据文件边界分开的一个地物的两部分不能精确地衔接。

②逻辑裂缝。指同一地物地物编码不同或具有不同的属性信息，如公路的宽度、等高线高程等。

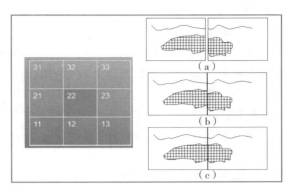

图 6-11　图幅拼接

6.1.1.3　属性数据编辑

属性数据主要描述空间要素(图形数据)的特征。地理关系数据库模型(如 Coverage，Shapefile)分开存储空间数据和属性数据，两者通过要素 ID 码来相互关联。面向对象数据模型(GeoDatabase)把空间数据和属性数据结合在一个系统中，每个空间要素由位置的目标 ID 码和属性数据来存储它的几何特征。这两种数据模型的属性数据都存储在表格中，属性表由行和列组成，每一行代表着一个空间要素，每一列代表空间要素的一个特征，列与行相交显示特定要读的特征值。行又称为记录，列又称为字段(图 6-12)。

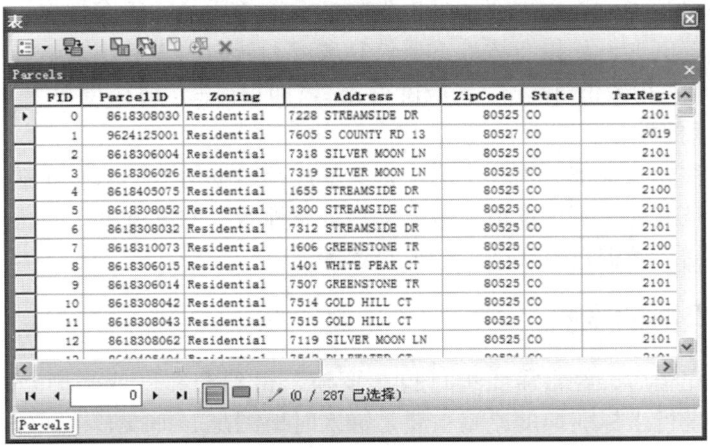

图 6-12　属性数据

属性数据的编辑包括在属性表中添加和删除字段、属性数据的分类和属性数据的计算等。

(1) 添加和删除字段

从网上下载数据用于 GIS 项目时，通常下载的数据记录总是多于所需要的，这时，就要删除一些不需要的数据。这不仅可以减少数据的冗余，还可以节省数据处理的时间。删除字段很简单，这个处理过程要求确定属性表及其需要删除的字段。

在属性数据的分类和计算中，添加字段是首要的一步，新添加的字段用来保存分类和计算的结果。要添加一个字段，必须同属性数据输入一样来定义新字段。

（2）属性数据的分类

通过对现有属性数据的分类可以创建新的属性数据。基于单个属性或属性数据集，数据分类将数据集减小至较少分类数的数据集。假设你有一个研究区的海拔数据库，可通过对这些海拔做如下重分类：海拔<500 m、100~500 m 等，从而获得新数据。

分类生成新的属性数据的操作包括 3 个步骤：第一步是定义一个新字段来存储分类结果，第二步是通过查询来选择数据子集，第三步是给所选数据子集赋值。除非计算机编程为自动执行，否则第二步与第三步一直重复，直到所有记录被分类并赋予新值（参见习作5-5）。数据分类的主要好处是减少或简化了数据集，使新的数据集更容易应用于 GIS 分析或建模。

（3）属性数据的计算

通过现有属性数据的计算也可以生成新的属性数据。操作分两步：一是定义一个新的字段；二是通过现有字段的属性值计算新字段的属性值。计算是通过公式完成的，公式可以手工编写，也可以调用不同数学公式的组合。

举一个简单的计算例子：为一个单位是"米"的跟踪地图生成一个新的属性字段，新字段命名为 ft.。新字段可以由长度乘以 3.28 计算而得，其中长度是已知的。另一个例子：通过计算现有属性数据的坡度、坡向和海拔来估算野生生物栖息地的质量。完成这个工作的第一步是对每个变量建立一个评分系统，第二步是通过计算得出坡度、坡向和海拔的指数值，第三步是将各指数加和来评估野生生物栖息地的质量。很多情况下，不同的变量被赋予不同的权重。例如，如果海拔的重要性是坡度和坡向的 3 倍，则

$$指数值计算式 = 坡度得分+坡向得分+3\times海拔得分$$

（4）属性数据的校核

属性数据校核涉及两部分内容。第一是保证属性数据与空间数据正确关联：标识或要素标识码应该是唯一的，不含空值。第二是检查属性数据的准确性。不准确性可能归结于许多因素，如看错、数据过时和数据输入错误等。

6.1.2 图形坐标的变换

在地图录入完毕后，经常需要进行投影变换，得到经纬度或平面坐标参照系下的地图。对各种投影进行坐标变换的原因主要是输入时地图是一种投影，而输出的地图产物是另外一种投影。进行投影变换有两种方式：一种是利用多项式拟合，类似于图像几何校正；另一种是直接应用投影变换公式进行变换。

6.1.2.1 几何校正

在图形编辑中，只能消除数字化产生的明显误差，而图纸变形产生的误差难以改正，因此要进行几何校正。几何校正常用的有高次变换、二次变换和仿射变换。

（1）高次变换

$$\begin{cases} x' = a_0 + a_1 x + a_2 y + a_{11} x^2 + a_{12} xy + a_{22} y^2 + A \\ y' = b_0 + b_1 x + b_2 y + b_{11} x^2 + b_{12} xy + b_{22} y^2 + B \end{cases} \quad (6\text{-}5)$$

式中，A、B 代表二次以上高次项之和。

式(6-5)是高次变换方程，符合此式的变换称为高次变换。在进行高次变换时，需要有 6 对以上控制点的坐标和理论值，才能求出待定系数。

（2）二次变换

当不考虑高次变换方程中的 A 和 B 时，则变成二次变换方程，称为二次变换。二次变换适用于原图有非线性变形的情况，至少需要 5 对控制点的坐标及其理论值，才能求出待定系数。

（3）仿射变换

仿射变换在投影变换过程中有以下 3 种基本的操作：平移、缩放和旋转。

平移是将图形的一部分或者整体移动到笛卡儿坐标系中另外的位置(图 6-13)，其变换公式如下：

$$X' = X + T$$
$$Y' = Y + T \quad (6\text{-}6)$$

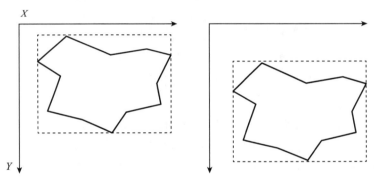

图 6-13 坐标平移

缩放操作可以用于输出大小不同的图形(图 6-14)，其公式为：

$$X' = XS$$
$$Y' = YS \quad (6\text{-}7)$$

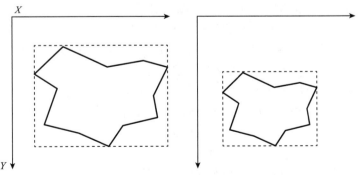

图 6-14 坐标缩放

在地图投影变换中，经常要应用旋转操作(图 6-15)，实现旋转操作要用到三角函数，假定顺时针旋转角度为 θ，其公式为：

$$X' = X\cos\theta + Y\sin\theta$$
$$Y' = -X\sin\theta + Y\cos\theta \tag{6-8}$$

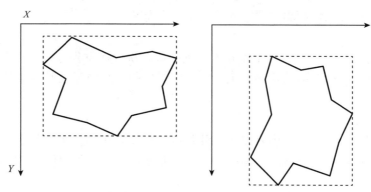

图 6-15　坐标旋转

如果综合考虑图形的平移、旋转和缩放，则其坐标变换式如下：

$$(X', Y') = \lambda \begin{bmatrix} \cos\theta & \sin\theta \\ -\sin\theta & \cos\theta \end{bmatrix} \times \begin{bmatrix} X \\ Y \end{bmatrix} + \begin{bmatrix} T_X \\ T_Y \end{bmatrix} \tag{6-9}$$

式(6-9)是正交变换，其变为一般的形式是：

$$(X', Y') = \lambda \begin{bmatrix} a & b \\ c & d \end{bmatrix} \times \begin{bmatrix} X \\ Y \end{bmatrix} + \begin{bmatrix} T_X \\ T_Y \end{bmatrix} \tag{6-10}$$

式(6-10)也称为二维的仿射变换(affine transformation)，仿射变换在不同的方向可以有不同的压缩和扩张，可以将球变为椭球，将正方形变为平行四边形。仿射变换是使用最多的一种几何校正方式。只考虑 X 和 Y 方向上的变形，仿射变换的特性是：直线变换后仍为直线；平行线变换后仍为平行线；不同方向上的长度比发生变化。对于仿射变换，只需确定不在同一直线上的 3 对控制点的坐标及其理论值，就可求得待定系数。但在实际使用时，往往利用 4 个以上的点进行校正，利用最小二乘法处理，以提高变换的精度。

6.1.2.2　投影变换

GIS 数据处理的基本原则：用在一起的图层必须在空间上匹配，否则就会发生明显的错误。在实际应用中，我们通常会从互联网或政府部门下载 GIS 项目所需的数据集。在下载的数据集中，一些数字化数据集采用经纬度值度量，另一些用不同的投影坐标，要保证这些数据集(图层)在空间上匹配，那么需要进行地图投影变换。

地图投影变换的实质是建立两平面场之间点的对应关系。假定原图点的坐标为 (x, y)，称为旧坐标，新图点的坐标为 (X, Y) 称为新坐标，则由旧坐标变换为新坐标的基本方程式为：

$$X = f_1(x, y)$$
$$Y = f_2(x, y) \tag{6-11}$$

实现由一种地图投影点的坐标变换为另一种地图投影点的坐标就是要找出上述关系式，其方法通常分为 3 类：

(1) 解析变换法

这类方法是找出两投影间坐标变换的解析计算公式。由于所采用的计算方法不同又可分为反解变换法和正解变换法。

①反解变换法(又称间接变换法)。这是一种中间过渡的方法,即先解出原地图投影点的地理坐标(φ,λ),对于(x,y)的解析关系式,将其代入新图的投影公式中求得其坐标(图 6-16),即

图 6-16　反解变换法

②正解变换法(又称直接变换法)。这种方法不需要反解出原地图投影点的地理坐标的解析公式,而是直接求出两种投影点的直角坐标关系式(图 6-17),即

$$x, y \longrightarrow X, Y$$

图 6-17　正解变换法

(2)数值变换法

如果原投影点的坐标解析式不知道,或不易求出两投影之间坐标的直接关系,可以采用多项式逼近的方法,即用数值变换法来建立两投影间的变换关系式。例如,可采用二元三次多项式进行变换。二元三次多项式为:

$$\begin{cases} X = a_{00} + a_{10}x + a_{01}y + a_{20}x^2 + a_{11}xy + a_{02}y^2 + a_{30}x^3 + a_{21}x^2y + a_{12}xy^2 + a_{03}y^3 \\ Y = b_{00} + b_{10}x + b_{01}y + b_{20}x^2 + b_{11}xy + b_{02}y^2 + b_{30}x^3 + b_{21}x^2y + b_{12}xy^2 + b_{03}y^3 \end{cases} \quad (6\text{-}12)$$

通过选择 10 个以上的两种投影之间的共同点,并组成最小二乘法的条件式,即

$$\sum_{i=1}^{n}(X_i - X_i')^2 = \min$$
$$\sum_{i=1}^{n}(Y_i - Y_i')^2 = \min \quad (6\text{-}13)$$

式中　n——点数;

　　　X_i,Y_i——新投影的实际变换值;

　　　X_i',Y_i'——新投影的理论值。

根据求极值原理,可得到两组线性方程,即可求得各系数的值。必须明确的是实际应用中所碰到的变换,取决于区域大小、已知点密度等,数据精度、所需变换精度及投影间的差异大小,理论和实践上绝不是二元三次多项式所能概括的。

(3)数值解析变换法

当已知新投影的公式,但不知原投影的公式时,可先通过数值变换求出原投影点的地理坐标(φ,λ),然后代入新投影公式中,求出新投影点的坐标(图 6-18),即

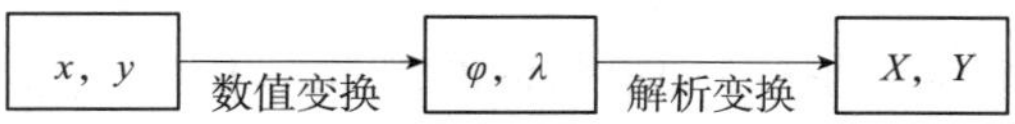

$$x, y \xrightarrow{\text{数值变换}} \varphi, \lambda \xrightarrow{\text{解析变换}} X, Y$$

图 6-18　数值解析变换法

6.2 矢量数据拓扑关系的自动建立

矢量数据拓扑关系在空间数据的查询与分析中非常重要，矢量数据拓扑关系自动建立的算法是 GIS 中的关键算法之一。

6.2.1 链的组织

找出在链的中间相交[图 6-19(a)]，而不是在端点相交[图 6-19(b)]的情况，自动切成新链；把链按一定顺序存储，如按最大或最小的 x 或 y 坐标的顺序，这样查找和检索都比较方便，然后把链按顺序编号。

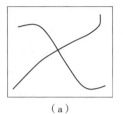
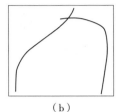

图 6-19 链的组织

6.2.2 节点匹配

节点匹配是指把一定限差内的链的端点作为一个节点，其坐标值取多个端点的平均值（图 6-20），再对节点顺序编号。

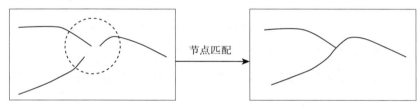

图 6-20 节点匹配

6.2.3 检查多边形是否闭合

检查多边形是否闭合可以通过判断一条链的端点是否有与之匹配的端点来进行。如图 6-21 所示，弧 a 的端点 P 没有与之匹配的端点，因此无法用该条链与其他链组成闭合多边形。多边形不闭合的原因可能是由于节点匹配限差的问题，造成应匹配的端点未匹配，或由于数字化误差较大，或数字化错误，这些可以通过图形编辑或重新确定匹配限差来解决。另外，还可能这条链本身就是悬挂链，不需要参加多边形拓扑，这种情况下可以作一标记，使之不参加下一阶段拓扑建立多边形的工作。

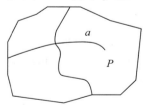

图 6-21 检查多边形

6.2.4 建立多边形

建立多边形是矢量数据自动拓扑中最关键的部分，由于其算法比较复杂，因此需要首先掌握几个基本概念，然后再理解其实现的过程。

6.2.4.1 基本概念

（1）顺时针方向建多边形

所谓顺时针方向建多边形是指多边形是在链的右侧。图 6-22（a）所示为多边形在闭合曲线内；图 6-22（b）所示为多边形在闭合曲线外。

（2）最靠右边的链

最靠右边的链是指从链的一个端点出发，在这条链的方向上最右边的第一条链，实质上它也是左边最近链。图 6-23 中 1 最右边的链为 5，找最靠右边的链可通过计算链的方向和夹角实现。

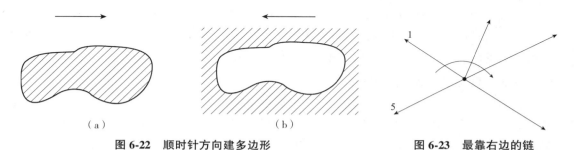

图 6-22　顺时针方向建多边形　　　　图 6-23　最靠右边的链

（3）多边形面积的计算

设构成多边形的坐标串为 (x_i, y_i)，其中 $(i=1, 2, \cdots, n)$，则多边形的面积 A 可用如下公式求出：

$$S'_A = \frac{1}{2} \left| \sum_{i=1}^{n} (y_{i+1} + y_i) \times (x_{i+1} - x_i) \right| \tag{6-14}$$

式中，当 $i=n$ 时，$y_{n+1}=y_1$，$x_{n+1}=x_1$；当 $i=1$ 时，$y_0=y_n$。根据该公式，当多边形由顺时针方向构成时，面积为正[图 6-24（a）]；反之，面积为负[图 6-24（b）]。

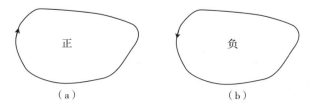

图 6-24　多边形的面积

6.2.4.2 建立多边形的基本过程

拓扑关系建立中，建立多边形的过程主要包括 4 步：

①顺序取一个节点为起始节点，取完为止；取过该节点的任一条链作为起始链。

②取这条链的另一节点，找这个节点上，靠这条链最右边的链，作为下一条链。

③是否回到起点：是，已形成一多边形，记录数据，并转④；否，转②。

④取起始点上开始的，刚才所形成多边形的最后一条边作为新的起始链，转②；若这条链已用过两次，即已成为两个多边形的边，则转①。

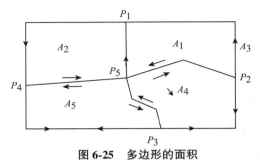

图 6-25 多边形的面积

以图 6-25 为例，建立多边形拓扑关系的过程如下：

①从 P_1 节点开始，起始链定为 P_1P_2；从 P_2 点算起，P_1P_2 最右边的链为 P_2P_5；从 P_5 算起，P_2P_5 最右边的链为 P_5P_1。所以，形成的多边形为 $P_1P_2P_5P_1$。

②从 P_1 节点开始，以 P_1P_5 为起始链，形成的多边形为 $P_1P_5P_4P_1$。

③从 P_1 开始，以 P_1P_4 为起始链形成的多边形为 $P_1P_4P_3P_2P_1$。

④这时 P_1 为节点的所有链均被使用了两次，因而转向下一个节点 P_2，继续进行多边形追踪，直至所有的节点取完。共可追踪出 5 个多边形，即 A_1，A_2，A_3，A_4，A_5。矩形相交或被包含时，则不可能为该正面积多边形包含。

6.2.4.3 确定多边形的属性

在追踪出每个多边形的坐标后，经常需要确定该多边形的属性。如果在原始矢量数据中，每个多边形有内点，则可以把内点与多边形匹配后，把内点的属性赋予多边形。由于内点的个数必然与多边形的个数一致，所以，还可用来检查拓扑的正确性。如果没有内点，则必须通过人机交互，对每个多边形赋属性。

> 注：拓扑关系的建立通常用于地理关系数据模型 Coverage 数据结构中，拓扑构建有利于保证数据质量和完整性，同时可以强化 GIS 分析。例如，美国人口普查使用拓扑的原因。Shape-files 属于非拓扑矢量数据，相比拓扑矢量数据，该数据可以快速在计算机屏幕显示，并且由于数据具有非专有性和互操作性，可以在不同软件包之间通用。Geodatabase 将拓扑关系定义为关系规则，提供即时拓扑，部分规则与 Coverage 拓扑关系类似。关于拓扑的选择取决于 GIS 具体项目的需求。

6.3 空间数据的压缩处理

6.3.1 矢量数据的压缩

GIS 系统中空间数据量是非常大的，要提高处理速度必须进行数据压缩，在满足质量的前提下提供优质、高效的功能。矢量数据压缩的目的是删除冗余数据，减少数据的存储量，节省存储空间，加快后续处理的速度。常用的矢量数据的压缩算法，包括道格拉斯－普克法、垂距法和光栏法等。

(1) 道格拉斯－普克法（Douglas-Peucker）

道格拉斯－普克法的基本思路是对每一条曲线的首末点虚连一条直线，求所有点与直线的距离，并找出最大距离值 d_{max}，用 d_{max} 与限差 D 相比：若 $d_{max}<D$，则这条曲线上的中间点全部舍去；若 $d_{max} \geq D$，则保留 d_{max} 对应的坐标点，并以该点为界，把曲线分为两部分，对这两部分重复使用该方法（图 6-26）。

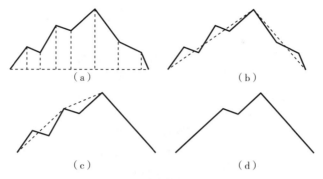

图 6-26 道格拉斯-普克法

（2）垂距法

垂距法的基本思路是每次顺序取曲线上的 3 个点，计算中间点与其他两点连线的垂线距离 d，并与限差 D 比较（图 6-27）。若 $d<D$，则中间点去掉；若 $d \geqslant D$，则中间点保留。然后顺序取下 3 个点继续处理，直到这条线结束。

（3）光栏法

光栏法的基本思想是定义一个扇形区域，通过判断曲线上的点在扇形外还是在扇形内，确定保留还是舍去（图 6-28）。

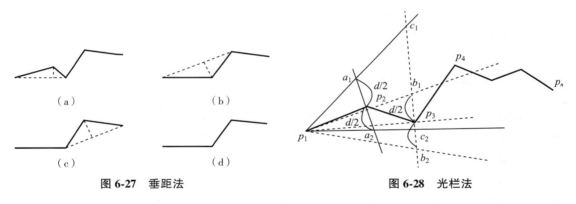

图 6-27 垂距法　　　　　　图 6-28 光栏法

以图 6-28 中矢量曲线为例，设曲线上的点列为 $\{p_i\}$，光栏口径为 d，光栏法的实施步骤可描述为：

①连接 p_1 和 p_2 点，过 p_2 点作一条垂直于 p_1p_2 的直线，在该垂线上取两点 a_1 和 a_2，使 $a_1p_2=a_2p_2=d/2$，此时 a_1 和 a_2 为"光栏"边界点，p_1 与 a_1、p_1 与 a_2 的连线为以 p_1 为顶点的扇形的两条边，这就定义了一个扇形（这个扇形的口朝向曲线的前进方向，边长是任意的）。通过 p_1 并在扇形内的所有直线都具有这种性质，即 p_1p_2 上各点到这些直线的垂距都不大于 $d/2$。

②若 p_3 点在扇形内，则舍去 p_2 点。然后连接 p_1 和 p_3，过 p_3 作一条垂直于 p_1p_3 的直线，该垂线与前面定义的扇形边交于 c_1 和 c_2。在垂线上找到 b_1 和 b_2 点，使 $p_3b_1=p_3b_2=d/2$，若 b_1 或 b_2 点（图 6-28 中为 b_2 点）落在原扇形外面，则用 c_1 或 c_2 取代（图 6-28 中由 c_2 取代 b_2）。此时用 p_1b_1 和 p_1c_2 定义一个新的扇形，这当然是口径（b_1c_2）缩小了的"光栏"。

③检查下一节点,若该点在新扇形内,则重复第②步;直到发现有一个节点在最新定义的扇形外为止。

④当发现在扇形外的节点,如图 6-28 中的 p_4,此时保留 p_3 点,以 p_3 作为新起点,重复步骤①~③。如此继续下去,直到整个点列检测完为止。所有被保留的节点(含首、末点),顺序地构成了简化后的新点列。

> 注:如果某种矢量数据的压缩算法既能精确地表示数据,又能最大限度地淘汰不必要的点,那就是一种好的算法。具体可以依据简化后曲线的总长度、总面积、坐标平均值等与原始曲线的相应数据的对比来判别。通过对比分析这 3 种矢量数据压缩方法可以发现,大多数情况下道格拉斯-普克法的压缩算法较好,但必须在对整条曲线数字化完成后才能进行,且计算量较大;光栏法的压缩算法也很好,并且可在数字化时实时处理,实时判断下一个数字化的点,且计算量较小;垂距法算法简单、速度快,但有时会将曲线的弯曲极值点 p 值去掉而失真。

6.3.2 栅格数据的压缩

栅格数据的压缩通常通过栅格数据编码方式完成。详细的栅格数据的编码方法见第 4 章。直接栅格编码是将栅格数据看作一个数据矩阵,逐行(或逐列)记录代码。这种记录栅格数据的文件常称为栅格文件,且常在文件头中存有该栅格数据的长和宽,其特点是处理方便,但没有压缩。游程长度编码,区域越大,数据的相关性越强,则压缩越大。其特点是,压缩效率较高,叠加、合并等运算简单,编码和解码运算快。

6.4 空间数据的插值方法

空间插值是用已知点的数值来估算其他点的数值的过程。在 GIS 应用中,空间插值主要用于估算出栅格中每个像元的值。空间插值也是将点数据转换为面数据的一种方法,目的在于使面数据能以三维表面或等值线地图显示,且能用于空间分析和建模。通常在 GIS 中,空间数据的内插和外推在 GIS 中使用十分普遍。在已观测点的区域内估算未观测点的数据的过程称为内插;在已观测点的区域外估算未观测点的数据的过程称为外推。一般情况下,距离已观测点空间位置越近的点越有可能获得与实际值相似的数据,而空间位置越远的点则获得与实际值相似的数据的可能性越小。

6.4.1 空间插值适用范围

空间插值的理论假设是空间位置上越靠近的点,越可能具有相似的特征值;而距离越远的点,其特征值相似的可能性越小。常用空间插值的情况包括:

①现有离散曲面的分辨率、像元大小或方向与所要求的不符,需要重新插值。例如,将一个扫描影像(航空相片、遥感影像)从一种分辨率或方向转换到另一种分辨率或方向的影像。

②现有连续曲面的数据模型与所需的数据模型不符,需要重新插值。如将一个连续的曲面从一种空间切分方式变为另一种空间切分方式,从 TIN 到栅格、栅格到 TIN 或矢量多

边形到栅格。

③现有数据不能完全覆盖所要求的区域范围,需要重新插值。如将离散的采样点数据内插为连续的数据表面。

然而,还有另外一种特殊的插值方法——分类,它不考虑不同类别测量值之间的空间联系,只考虑分类意义上的平均值或中值,为同类地物赋属性值。它主要用于地质、土壤、植被或土地利用的等值区域图或专题地图的处理,在"景观单元"或图斑内部是均匀和同质的,通常被赋给一个均一的属性值,变化发生在边界上。

6.4.2 空间插值的方法

空间插值有多种分类方法,按照插值的范围可以分为全局插值法和局部插值法;按照插值的精确度可以分为精确和非精确插值法;按照插值的确定性可以分为确定性和随机性两种。这里介绍几种常用的插值方法,各方法所属类型见表6-1。

表6-1 空间插值方法及类型

全局插值法		局部插值法	
确定性	随机性	确定性	随机性
趋势面(非精确)	回归(非精确)	泰森(精确)	克里金(精确)

(1)趋势面插值法

趋势面插值法作为一种非精确的插值方法,趋势面分析用多项式方程拟合已知值的点,并用于估算其他点的值。多项式拟合的基本思想是用多项式表示线或面,按最小二乘法原理对数据点进行拟合,拟合时假定数据点的空间坐标(X, Y)为独立变量,而表示特征值的Z坐标为因变量。

当数据为一维时,可用回归线近似表示为:

$$Z = a_0 + a_1 X \tag{6-15}$$

式中 a_0, a_1——多项式的系数。

当n个采样点方差和为最小时,则认为线性回归方程与被拟合曲线达到了最佳配准,如图6-29(a)所示,即

$$\sum_{i=1}^{n} (\hat{Z}_i - Z_i)^2 = \min(Z) \tag{6-16}$$

当数据以更为复杂的方式变化时,如图6-29(b)所示。在这种情况下,需要用到二次

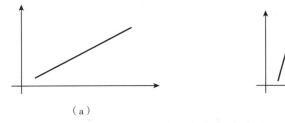

(a) (b)

图6-29 不同趋势面插值法示例

或高次多项式：

$$Z = a_0 + a_1 X + a_2 X^2 \quad （二次曲线） \tag{6-17}$$

在 GIS 中，数据往往是二维的，在这种情况下，需要用到二元二次或高次多项式：

$$Z = a_0 + a_1 X + a_2 Y + a_3 X^2 + a_4 XY + a_5 Y^2 \quad （二次曲面） \tag{6-18}$$

多项式的次数并非越高越好，超过三次的多元多项式往往会导致奇异解，因此，通常使用二次多项式。

趋势面是一种平滑函数，难以正好通过原始数据点，除非数据点数和多项式系数的个数正好相同。这就是说，多重拟合中的残差属于正常分布的独立误差，而且趋势面拟合产生的偏差几乎都具有一定程度的空间非相关性。

（2）回归模型

回归模型可将方程中的一个因变量与多个自变量联系起来。回归模型通过回归方程作为内插程序进行评估，或探索因变量和自变量之间的关系。

（3）泰森多边形

假设泰森多边形内的任意点与多边形内的已知点的距离最近。泰森多边形内插的基本原理是由加权产生未知点的最佳值。即由邻近的各泰森多边形属性值与它们对应未知点泰森多边形的权值(如面积百分比)的加权平均得到。

建立泰森多边形算法的关键是对离散数据点合理地连成三角网，即构建 Delaunay 三角网。建立泰森多边形的步骤为：

①离散点自动构建三角网，即构建 Delaunay 三角网。对离散点和形成的三角形编号，记录每个三角形是由哪三个离散点构成的。

②找出与每个离散点相邻的所有三角形的编号，并记录下来。这只要在已构建的三角网中找出具有一个相同顶点的所有三角形即可。

③对与每个离散点相邻的三角形按顺时针或逆时针方向排序，以便下一步连接生成泰森多边形。排序的方法可如图 6-30(a) 所示。设离散点为 o，找出以 o 为顶点的一个三角形，设为 A；取三角形 A 除 o 以外的另一顶点，设为 a，则另一个顶点也可找出，即为 f；则下一个三角形必然是以 of 为边的，即为三角形 F；三角形 F 的另一顶点为 c，则下一三角形是以 oe 为边的，如此重复进行，直到回到 oa 边。

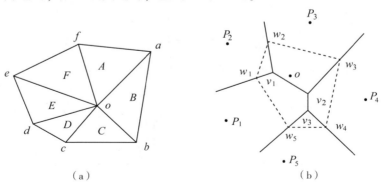

图 6-30 泰森多边形

④计算每个三角形的外接圆圆心,并记录。

⑤根据每个离散点的相邻三角形,连接这些相邻三角形的外接圆圆心,即得到泰森多边形。对于三角形网边缘的泰森多边形,可作垂直平分线与图廓相交,与图廓一起构成泰森多边形[图6-30(b)]。

(4)克里金插值法

克里金插值法是一种用于空间插值的地统计学方法。相比其他插值方法,该方法可用估计的预测误差来评估预测的质量。克里金法最初源于20世纪50年代采矿和地质工程,至今已在许多学科中被广泛应用。在GIS中,克里金插值法已经成为激光雷达点数据转换成DEM的常用方法。

克里金插值法假设某种属性的空间变异既不是完全随机性的,也不是完全确定性的。相反,空间变异可能包括3种影响因素:表征区域变量变异的空间相关因素、表征趋势的"漂移"或结构、随机误差。对几种影响的不同解释,形成用于空间插值的不同克里金法。

6.5 空间数据格式转换

空间数据的结构转换主要是指空间数据结构中矢量数据和栅格数据之间的相互转换。

6.5.1 矢量到栅格数据的转换

矢量数据向栅格数据转换就是要实现将坐标点表示的点、线、面转换成由栅格单元表示的点、线、面。对于点状实体而言,每个实体仅由一个坐标对表示,其矢量结构和栅格结构的转换基本上只是坐标精度转换的问题。线实体的矢量结构在转换为栅格结构时,除了要把矢量坐标转换为栅格行列坐标外,还要根据转换精度要求,在坐标点之间进行栅格内插。面实体的边界转化方法和线实体相同,只是还要将面域用栅格单元填充。

(1)栅格数据分辨率或栅格单元大小的确定

栅格数据分辨率的确定实质上就是栅格单元大小的确定,栅格数的确定实质上就是根据栅格数据分辨率,确定研究区域栅格要用多少行列来表示。在将矢量数据向栅格数据转换前,首先要根据原矢量图及所研究的问题的性质确定栅格数据的栅格单元的大小。栅格单元的边长在(x, y)坐标系中的大小用Δx和Δy表示。设x_{max},x_{min}和y_{max},y_{min}分别表示全图x坐标和y坐标的最大值与最小值,I和J分别表示全图格网的行数和列数。如图6-31所示,它们之间的关系为:

$$\Delta y = (y_{max} - y_{min})/I \tag{6-19}$$

这里I和J可以由原地图比例尺根据地图对应的地面长度和栅格分辨率相除求得,并取整数。

(2)点的栅格化

点的变换:只要这个点落在某一个栅格中,就属于那个栅格单元,其行号I、列号J可由下式求出:

$$I = 1 + INT[(y_{max} - y)/\Delta y]$$
$$J = 1 + INT[(x - x_{min})/\Delta x] \tag{6-20}$$

式中　INT——取整函数，栅格点的值用点的属性表示。

(3) 线的栅格化

如图 6-32 所示，设两个端点的行、列号已经求出，其行号为 3 和 7，则中间网格的行号必为 4，5，6。其网格中心线的 y 坐标应为：

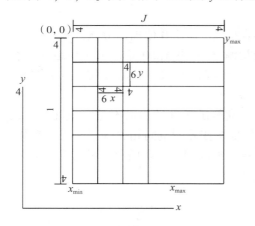

图 6-31　两种坐标关系

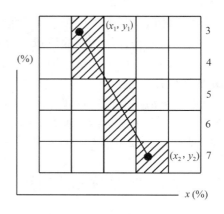

图 6-32　线的栅格化

$$y_i = y_{max} - \Delta y(I - 1/2) \tag{6-21}$$

而与直线段交点的 X 坐标为：

$$x_i = [(x_2 - x_1)/(y_2 - y_1)](y_i - y_1) + x_i \tag{6-22}$$

(4) 多边形的栅格化

由于在栅格数据结构中，多边形是用连续分布的一组栅格单元的集合来表示，因此，多边形的栅格化也称为区域的填充。最终将矢量表示的多边形内部所有的栅格单元用多边形的属性填充，形成栅格数据集合。实现多边形栅格化的方法有以下几种。

①内部点扩散算法。该算法由每个多边形的一个内部点(种子点)开始，其向 8 个方向的邻点扩散，判断各个新加入点是否在多边形边界上，如果是边界点，则加入点不作为种子点，否则把非边界点的邻点作为新的种子点与原有种子点一起进行新的扩散运算，并将该种子点赋予多边形的编号。重复上述过程，直到所有种子点填满该多边形并遇到边界为止。

特点：算法程序设计比较复杂，内存消耗大；栅格尺寸取得不合理时，某些复杂地物的两条边落在同一个或相邻的两个栅格内，会造成多边形不连通。

②复数积分算法。对全部栅格阵列逐个栅格单元判断栅格归属的多边形编码，判别方法是由待判点对每个多边形的封闭边界进行复数积分，对某个多边形，如果积分值为 $2\pi i$，则该待判点属于此多边形，赋予多边形编号，否则在此多边形外部，不属于该多边形。

特点：涉及许多乘除运算，尽管可靠性好，设计也并不复杂，但是运算时间很长，难以在较低性能的计算机上采用。

③射线算法。射线算法可逐点判别数据栅格点在某多边形之外或在多边形内，由待判点向图外某点引射线，判断该射线与某多边形所在边界相交的总次数，如相交偶数次，则待判点在该多边形的外部，如为奇数次，则判定点在多边形内部。

特点：因为要计算与多边形交点，因此运算量大。另一个比较麻烦的问题是射线与多边形相交时有些特殊情况如相切、重合等，会影响交点的个数，必须予以排除，由此造成算法不完善，并增加了编程的复杂性。

④扫描算法。是对射线算法的改进，通常情况下，沿栅格这列的行方向扫描，在每两次遇到多边形边界点的两个位置之间的栅格，属于该多边形。

特点：省去了计算射线与多边形交点的大量运算，大大提高了效率，但一般需要预留一个较大的数组存放边界点，而且扫描线与多边形相交的各种特殊情况仍然存在，要加以判别。

⑤边界代数算法。也称为边界代数多边形填充算法，是任伏虎博士等设计并在计算机上实现的一种基于积分思想的算法。首先，将覆盖该多边形的面域进行整体栅格化，并对栅格进行零初始化。然后，由其边界上某一点开始顺时针方向搜索其边界线，当边界线段为上行时，对该线段左侧具有相同行坐标的所有栅格全部减去一个 a；当边界线段为下行时，对该线段左侧（从前进方向看为右侧）具有相同行坐标的所有栅格全部加上一个 a，当边界线段平行于栅格行行走时，不作运算。循环一周，回到起点，则该多边形边界内的栅格均被赋予了该多边形的编号 a，即多边形边界内的栅格均具有该多边形的属性，而多边形边界外的栅格值不变。

特点：它与其他算法的区别在于它不是通过逐点搜寻来判断面域边界，而是根据矢量多边形边界的拓扑信息，通过简单的加减代数运算将拓扑信息赋予各栅格点。其特点是不考虑弧段的排列顺序，即无须考虑边界与搜索轨迹之间的关系，只需对每条弧段逐一搜索且仅一次，就可完成矢量向栅格的转换。因此，其算法简单，可靠性好，运算速度快。

(5) 矢量数据栅格化的误差

矢量数据栅格化的误差包括属性误差和几何误差两种。在矢量数据转换为栅格数据后，栅格数据中的每个像元只含有一个属性数据值，它是像元内多种属性的一种概括。像元越大，属性误差越大。几何误差是指在矢量数据转换成栅格数据后所引起的位置的误差，以及由位置误差引起的长度、面积、拓扑匹配等的误差。几何误差的大小与像元的大小成正比。

6.5.2 栅格到矢量数据的转换

栅格数据向矢量数据转换通常包括以下 4 个基本步骤：

(1) 多边形边界提取

采用高通滤波将栅格图像二值化，并经过细化标识边界点，如图 6-33 所示。

①二值化。线划图形扫描后产生栅格数据，这些数据是按从 0~255 的灰度值量度的，设以 $G(i,j)$ 表示，为了将这种 256 或 128 级不同的灰阶压缩到两个灰阶，即 0 和 1 两级，首先要在最大和最小灰阶之间设一个阈值，设阈值为 T，如果 $G(i,j)$ 大于等于 T，则记此栅格的值为 1。如果 $G(i,j)$ 小于 T，则记此栅格的值为 0，得到一幅二值图，如图 6-33(a) 所示。

②细化。是指消除线划横断面栅格数的差异，使每一条线只保留代表其轴线或周围轮廓线（对面状符号而言）位置的单个栅格宽度，对于栅格线画的"细化"方法，可分为"剥皮

法"和"骨架法"两大类。剥皮法的实质是从曲线的边缘开始,每次剥掉等于一个栅格宽的一层,直到最后留下彼此连通的由栅格点组成的图形。因为一条线在不同位置可能有不同的宽度,故在剥皮过程中必须注意一个条件,即不允许剥去导致曲线不连通的栅格。这是该方法的关键所在。其解决方法是,借助一个在计算机中储存的,由待剥栅格为中心的 3×3 栅格组合图 6-34 来决定。

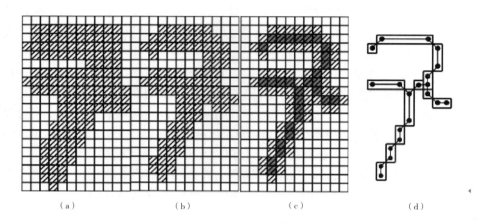

图 6-33 栅格-矢量转换过程

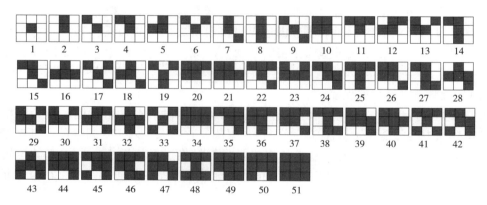

图 6-34 栅格组合图

如图 6-34 所示,一个 3×3 的栅格窗口,其中心栅格有 8 个邻域,因此组合图共有 28 种不同的排列方式,若将相对位置关系的差异只是转置 900,1800,2700 或互为镜像发射的方法进行归并,则共有 51 种排列格式。显然,其中只有格式 2,3,4,5,10,11,12,16,21,24,28,33,34,35,38,42,43,46 和 50,可以将中心剥去。这样,通过最多核查 256×8 个栅格,便可确定中间栅格点保留或删除,直到得到经细化处理后应予保留的栅格系列[图 6-33(c)],并写入数据文件。

(2) 边界线跟踪

边界线跟踪的目的就是将写入数据文件的栅格数据,整理为从节点出发的线段或闭合的线条,并以矢量形式存储于特征栅格点中心的坐标[图 6-33(d)]。跟踪时,从图幅西北角开始,按顺时针或逆时针方向,从起始点开始,根据 8 个邻域进行搜索,依次跟踪相邻点,并记录节点坐标,然后搜索闭合曲线,直到完成全部栅格数据的矢量化,写入矢量数据库。

(3) 拓扑关系生成

对于矢量表示的边界弧段,判断其与原图上各多边形的空间关系,形成完整的拓扑结构,并建立与属性数据的联系。

(4) 去除多余点及曲线圆滑

由于搜索是逐个栅格进行的,必须去除由此造成的多余点记录,以减少冗余。搜索结果为曲线时,由于栅格精度的限制,可能不够圆滑,需要采用一定的插补算法进行光滑处理。常用的算法有曲线迭代法、分段三次多项式插值法、正轴抛物线平均加权法、斜轴抛物线平均加权法、样条函数插值法等。值得注意的是,无论采用哪种转换方法,转换的结果都会不同程度地引起原始信息的损失。

知识点

1. 道格拉斯–普克法:对每一条曲线的首末点虚连一条直线,求所有点与直线的距离,并找出最大距离值 d_{max},用 d_{max} 与限差 D 相比:若 $d_{max}<D$,则这条曲线上的中间点全部舍去;若 $d_{max} \geq D$,则保留 d_{max} 对应的坐标点,并以该点为界,把曲线分为两部分,对这两部分重复使用该方法。

2. 垂距法:每次顺序取曲线上的3个点,计算中间点与其他两点连线的垂线距离 d,并与限差 D 比较。若 $d<D$,则中间点去掉;若 $d \geq D$,则中间点保留。然后顺序取下3个点继续处理,直到这条线结束。

3. 光栏法:定义一个扇形区域,通过判断曲线上的点在扇形外还是在扇形内,确定保留还是舍去。

4. 几何裂缝:指由数据文件边界分开的一个地物的两部分不能精确地衔接。

5. 逻辑裂缝:同一地物地物编码不同或具有不同的属性信息,如公路的宽度,等高线高程等。

6. 悬挂节点:如果一个节点只与一条线相连接,那么该节点称为悬挂节点。

7. 最靠右边的链:是指从链的一个端点出发,在这条链的方向上最右边的第一条链,实质上它也是左边最近链。

复习思考题

1. 图形编辑中常见的错误有哪些?分别简述出现这些错误的原因。
2. 简述几何校正的定义及其作用。
3. 什么是拓扑?简述拓扑的原理。
4. 空间插值的方法有哪些?
5. 简述建立多边形的主要过程。

实践习作

习作 6-1 坐标系统转换

1. 知识点

投影变换。

2. 习作数据

yuanan.img。

3. 结果与要求

将 yunnan.img 影像坐标系统变为 GCS_Beijing_1954 坐标系。

4. 操作步骤

(1) 加载数据

点击工具栏上的【添加数据】,在弹出的对话框中点击【连接到文件夹】链接到习作文件,将 yunnan.img 数据加载到 ArcMap 环境下。

(2) 坐标转换

在 ArcMap 主菜单中点击 ArcToolbox,打开 ArcToolbox 菜单,依次点击【数据管理工具】—【投影和变换】,选择"投影栅格",在输入要素中选择"yunnan.img",输出栅格路径自定,输出文件名为"yunnan_p",打开【坐标系转换】对话框。在坐标系统菜单中找到 GCS_Beijing_1954 坐标系,点击【确定】执行操作,即可完成坐标系统转换。

习作 6-2 拓扑关系建立

1. 知识点

拓扑分析。

2. 习作数据

Block.shp 和 Parcels.shp。

3. 结果与要求

用两个实验数据建立拓扑关系,进行拓扑检查,修改拓扑错误。

4. 操作步骤

(1) 加载数据

启动 ArcMap,链接习作数据文件夹 Ex6_2。

(2) 建立数据库

打开目录树,右击数据文件夹 Ex6_2,选择【新建】下的"文件地理数据库",此时文件夹下就会创建出一个名为"新建文件地理数据库.gdb"的数据库,将其改名为 topo.gdb。

(3) 创建要素数据集

右击数据库,选择【新建】下的"要素数据集",打开【创建要素数据集】对话框。将要素数据集命名为"Topology"。点击【下一步】,选择参考坐标系,默认为"WGS 1984",点击【下一步】,都选择默认设置,最后点击【完成】。数据库下就新增了一个名为 Topology 的要素数据集。

(4) 建立子类型

在目录树中,右击 Topology,依次点击【导入】—【要素类(多个)】,在输入要素中选择"Blocks.shp"和"Parcels.shp",然后点击【确定】,把两个要素输出到 Topology 要素数据集中。在目录树中的 Topology 要素数据集下，右击【Block】要素，选择【属性】，打开要素类的属性。点击【子类型】，在【子类型字段】下拉菜单中选择"Res"。在【子类型】中的【编码】和【描述】列中分别输入子类型的编码和描述，在【默认子类型】下拉菜单中将自动更新已添加的子类型。要添加两个子类型 Non-Residential 和 Residential，编码分别为 0 和 1。重复这个步骤，在【Parcels】要素类中也创建两个子类型 Non-Residential 和 Residential。这两个子类型分别是非居住区和居住区。

(5) 建立拓扑

右键要素数据集 Topology，选择【新建】下的【拓扑】选项，打开【创建拓扑】对话框，点击【下一步】设置名称为"Topology_Topology"，聚类容差默认值。点击【下一步】，勾选 Block 和 Parcels 两个参与拓扑的要素类。点击【下一步】，设置拓扑等级为 1。点击【下一步】，然后再点击【添加规则】，居住区和非居住区不能重叠，所以，在第一个下拉菜单中依次选择"Parcels"—"Non-Residential"，在第二个下拉菜单中选择"不能与其他要素重叠"，在第三个下拉菜单中依次选择"Blocks"—"Residential"，点击【确定】。确认无误后依次点击【下一步】—【完成】，执行拓扑关系建立。

(6) 拓扑检查

将目录树中的 Topology_Topology 拖入到左边的工作空间。视图中的图层有 4 个红色方块，是拓扑错误的地方。右击上方空白处，添加【编辑器】和【拓扑】工具。随后点击【编辑】工具条中的【开始编辑】。点击拓扑工作条最右边的图标打开【拓扑错误检查器】窗口，在下拉菜单中选择"上一步添加的规则"，点击【立即搜索】就会显示出 4 个拓扑错误及错误的详细信息。

(7) 修改拓扑错误

Parcels 的 Non-Residential 与 Blocks 的 Residential 重叠就会产生拓扑错误，所以修改这个错误就只需要将 Parcels 的 Non-Residentia 改为 Residential。单击【编辑】工具条中的【选择工具】，选中其中一个拓扑错误的要素，点击【属性】，将 Res 的字段改为 Residentia。点击【拓扑】工具条中的倒数第三个按钮，即可重新对整个区域进行拓扑检查。这时候就可以发现拓扑错误检查器中的 4 个错误变成了 3 个错误，这说明拓扑错误修改成功。以同样的方法将剩下的 3 个错误修改。

习作 6-3 用趋势面模型做插值

1. 知识点

趋势面插值算法。

2. 习作数据

GDP.shp。

3. 结果与要求

将 GDP 趋势面插值分析结果输出。

4. 操作步骤

(1) 加载数据

启动 ArcMap，链接数据文件夹 Ex6_3，加载 GDP.shp。

(2) 加载空间分析扩展模块

在 ArcMap 主菜单栏中点击【自定义】选择"扩展模块"，在此对话框中勾选【Spatial Analsyt】扩展模块。

(3) 趋势面插值分析

在 ArcMap 主菜单中点击 ArcToolbox，打开 ArcToolbox 菜单。依次点击【Spatial Analsyt 工具】—【插值分析】，选择"趋势面法"，打开【趋势面插值分析】对话框。输入点要素中选择"GDP"，Z 值字段选择"GDP"，输出路径自定，输出文件名为"trend_gdp"。按需求选择输出像元大小和多项式的阶（默认为 1，1~12 内的整数，值越高曲面拟合越复杂），回归类型中可选择线性或逻辑趋势面分析，输出 RMS 文件是指是否需要生成预测标准误差文件，如果需要就选择输出路径。本习作使用默认设置。点击【确定】执行操作。

习作 6-4　数据的提取——提取田头村

1. 知识点

空间数据的查询、矢量数据的裁切。

2. 习作数据

qs0 polygon. shp 和 xzs0 polygon. shp。

3. 结果与要求

提取田头村。

4. 操作步骤

（1）加载数据

启动 ArcMap，链接数据 Ex6_4，加载 qs0 polygon. shp 和 xzs0 polygon. shp。

（2）数据的提取

加载图层 qs 和 xzs。在 ArcMap 主菜单中点击 ArcToolbox，打开 ArcToolbox 菜单，依次点击【分析工具】—【提取分析】，选择"筛选"，打开【筛选】对话框。在输入要素中选择"qs"，输出路径自定，文件名称为 qs_sele. shp。在表达式栏右侧打开 SQL 命令输入框，在命令框中输入 SQL 命令"权属单位名称='田头村'"，点击【确定】执行操作。

（3）数据裁切

在 ArcMap 主菜单中点击 ArcToolbox，打开 ArcToolbox 菜单。依次点击【分析工具】—【提取分析】，选择"裁剪"，打开【裁剪】对话框。在输入要素中选择"xzs"，【裁剪要素】中选择"qs_sele. shp"，输出路径自定，文件名称为 xzs_clip. shp，点击【确定】执行操作，观察结果。

习作 6-5　栅格数据的提取——提取昆明地区

1. 知识点

栅格数据的裁切。

2. 习作数据

kunming. e00 和 yunnan. img。

3. 结果与要求

提取昆明地区的栅格数据。

4. 操作步骤

（1）加载数据

启动 ArcMap，链接数据文件夹 Ex6_5，加载 yunnan. img。

（2）数据转换

将 e00 文件转换为 shp 文件，在【工具箱】中打开【转换工具】，在选单中打开【To Coverage】，双击【从 E00 导入】，在选项框中输入后缀为 E00 的文件 kunming. e00（e00 文件所在的路径中不可出现中文字符），点击【确定】，此时 e00 转换为了 Coverage 文件。在【转换工具】中点击【转为 Shapefile】，双击【要素类转 Shapefile（批量）】，将转换出来的 Coverage 中的面要素（polygon）添加，选取合适的输出路径，点击【确定】，完成后显示的就是 shp 文件。

（3）栅格数据裁切

在 ArcMap 主菜单中点击 ArcToolbox，打开 ArcToolbox 菜单，依次点击【Spatial Analyst 工具】—【提取分析】，选择"按掩膜提取"，打开【按掩膜提取】对话框。在输入要素中选择 yunnan. img 影像，在输入栅格文件中选择"kunming"，输出路径自定，文件名称为 kunming。点击【确定】执行操作，输出结果。

习作 6-6 栅格数据的提取——昆明地区的挖空

1. 知识点

栅格数据的裁切。

2. 习作数据

km1.e00、yunnan.img。

3. 结果与要求

挖空昆明地区的栅格数据。

4. 操作步骤

(1) 加载数据

启动 ArcMap，链接数据文件夹 Ex6_6。

(2) 增加字段

同习作 6-5 的数据转换方式。先将 km1.e00 文件转换，加载转换出的文件 km1。在【图层】中右击图层 km1，点击【打开属性表】打开 km1 的图层属性表。在属性表的右上角功能栏的第一个下拉菜单中选择"添加字段"，打开【添加字段】对话框，字段命名为"symbol"。依次点击【编辑器】—【开始编辑】，将环状区域赋值为 1，其他为 0，然后点击【停止编辑】。

(3) 面转栅格

在 ArcMap 主菜单中点击 ArcToolbox，打开 ArcToolbox 菜单，依次点击【转换工具】—【转为栅格】，选择"面转栅格"，打开【面转栅格】对话框。输入要素选择"km1"，字段为"symbol"，输出路径自定，文件名为"raster1"，点击【确定】执行操作。

(4) 按掩膜生成

在 ArcToolbox 菜单依次点击【Spatial Analyst 工具】—【条件分析】，选择"设为空函数"，打开【设为空函数】对话框。输入条件栅格数据选择"raster1"，在表达式栏右侧打开 SQL 命令输入框，在命令框中输入 SQL 命令"VALUE" = 0，输出元素选择 raster1，输出路径自定，文件名称为"setnull1"。点击【确定】执行操作，注意观察，此时昆明地区已经镂空。

(5) 按掩膜提取

在 ArcToolbox 菜单依次点击【Spatial Analyst 工具】—【提取分析】，选择"按掩膜提取"，打开【按掩膜提取】对话框。输入文件选择"yunnan.img"，掩膜文件选择"setnull1"，输出路径及名称自定，点击【确定】执行操作，注意观察变化。

习作 6-7 数据的提取——提取水体数据

1. 知识点

栅格数据的提取。

2. 习作数据

km.img。

3. 结果与要求

提取出昆明地区的水体数据。

4. 操作步骤

(1) 加载数据

启动 ArcMap，链接数据文件夹 Ex6_7，加载 km.img 中的 Lager_6 波段。

(2) 栅格计算器

在 ArcToolbox 菜单依次点击【Spatial Analyst 工具】—【地图代数】，选择"栅格计算器"，打开【栅格计算器】对话框。输入指令"km.img-Layer_6"<=20,输出路径自定,输出文件名"rastercalc1"。点击【确定】执行操作。

(3) 重分类

在 ArcToolbox 菜单依次点击【Spatial Analyst 工具】—【重分类】,选择"重分类",打开【重分类】对话框。输入文件选择"rastercalc1",字段选择"Value",将新值的第一行改为"Nodata",输出路径自定,文件名称为"reclass1"。

(4) 栅格转面

在 ArcToolbox 菜单依次点击【转换工具】—【由栅格转出】,选择"栅格转面",打开【栅格转面】对话框。将 reclass1 栅格文件转为 reclass.shp 文件。

习作 6-8　DEM 数据的拼接

1. 知识点

数据拼接

2. 习作数据

dem1 和 dem2。

3. 结果与要求

将两张 DEM 影像拼接在一起。

4. 操作步骤

(1) 加载数据

启动 ArcMap,链接数据文件夹 Ex6_8,加载影像 dem1 和 dem2。

(2) 拼接影像

在 ArcToolbox 菜单依次点击【数据管理工具】—【栅格】—【栅格数据集】,选择"镶嵌至新栅格"。在【镶嵌至新栅格】对话框的【输入栅格】下拉菜单中将 dem1 和 dem2 添加进去,输出路径选择自定义,文件名称自定,将【波段数】设置为"1",点击【确定】完成操作。

第 7 章

空间查询与空间分析

【内容提要】 对空间对象进行查询是地理信息系统最基本的功能之一。在地理信息系统中，进行深层次、高精度的空间分析，往往需要查询定位空间对象。空间分析首先始于空间数据的查询，它是空间定量分析的基础。空间分析是地理信息系统的核心功能之一，它特有的对地理信息的提取、表达和传输的功能是地理信息系统区别于一般管理信息系统的主要功能特征。本章一方面介绍空间数据查询及其主要方式，包括基于图形的空间查询、基于属性的空间查询和其他方式空间查询；另一方面介绍地理信息系统中空间分析的基本功能，包括缓冲区分析、叠加分析、网络分析、地形分析和空间统计分析。空间分析建模是在综合使用缓冲区分析、叠加分析、网络分析、地形分析和空间统计分析功能基础上，完成特定空间问题的过程。本章同时介绍了空间分析建模的过程及部分示例。

7.1 空间数据的查询

数据查询是 GIS 的一个重要功能，一般定义为作用在 GIS 数据上的函数，它返回满足条件的内容。查询是用户与系统交流的途径。查询是 GIS 用户最经常使用的功能，用户提出的很大一部分问题都可以以查询的方式解决，查询的方法和查询的范围在很大程度上决定了 GIS 的应用程度和应用水平。

7.1.1 空间数据查询的定义

空间数据查询是指从现有的信息检索出符合特定条件的信息。通过空间查询，GIS 可以回答用户提出的简单问题，空间数据查询操作并不会改动数据库中的数据，也不会生成任何新的数据或新的实体。

例如，图 7-1 中的全球地震信息查询。图中全球地震 GIS 查询的是地震学科中心每日动态收集的全球地震数据，以地理信息系统为平台，在全球地图上进行查询。数据来源是美国全国地震情报中心（NEIC）从 1995 年以来全球 4 级以上地震中每年一幅震中分布图及一周内全球震中分布。用户可以使用 GIS 数据钻取功能，将地图任意放大，同时可以划定范围来查询该地区的地震活动，也可以使用鼠标点取单个地震来查询该地震的参数。

7.1.2 空间数据查询的方式

基于空间数据的图形和属性特征，空间查询最常用的方法分为两大类：第一类是按属性信息的要求来查询定位空间位置，即基于属性数据的查询；第二类是根据对象的几何参数、空间位置或空间关系查询有关属性信息，即基于图形数据的查询。此外根据具体的应用，还包括其他的一些空间查询方法，如可视化空间查询、超文本查询和自然语言空间查询等。

7.1.2.1 基于属性数据的查询

基于属性数据的查询是根据空间目标的属性数据来查询该目标的其他属性信息或者相应图形信息。属性查询通过执行数据库查询语言，找到满足要求的记录，得到它的目标标识，再通过目标标识在图形数据文件中找到对应的空间对象，并显示出来（图7-2）。

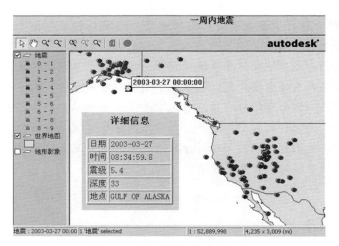

图7-1 全球地震信息空间查询

图7-2 基于属性数据的查询

7.1.2.2 基于图形数据的查询

基于空间数据的查询包括几何参数查询、空间位置查询和空间关系查询。

(1) 几何参数查询

几何参数查询的内容包括点的位置坐标、两点间的距离、一个或一段线目标的长度、一个面目标的周长或面积等。

(2) 空间位置查询

即给定一个点或一个几何图形，检索该图形范围内的空间对象及其属性。主要包括了两种查询：区域查询和点选查询。区域查询包括矩形区域、圆形区域和任意多边形区域查询，用户通过在屏幕上指定一个区域来查询其中的地物目标的信息；点取查询指用户通过直接在屏幕上选取地物目标的整体（点状地物）或者局部（线状和面状地物）来查询其信息。

(3) 空间关系查询

空间关系是指地理实体之间存在的一些具有空间特性的关系。在GIS中，空间关系主要包括了拓扑关系、方向关系和度量关系。空间关系查询包括如下内容：

①相邻分析检索。通过检索要素间的拓扑关系完成，主要是相同要素类型之间的空间关系。

a. 面和面相邻。即查询与面状地物相邻的多边形的实现方法：从多边形与弧段关联表中，检索该多边形关联的所有弧段；从弧段关联的左右多边形表中，检索出这些弧段关联的多边形。

b. 线和线相邻。如查询线状地物相邻的实现方法：从线状地物表中，查找组成 A 的所有弧段及关联的节点；从节点表中，查询与这些节点关联的弧段。

c. 点和点相邻。如查询点状地物是否相邻是通过判断 A 与 B 是否通过弧段相通实现的。

②相关分析检索。通过检索拓扑关系，主要探索不同要素类型之间的空间关系。例如，线与面之间的查询(我国边境线总长度)、点与线之间的查询(自来水 GIS 中，与某阀门相关的水管)、点与面之间的查询(一个行政区内有多少个邮政服务中心)。

③包含关系查询。查询某个面状地物所包含的空间对象。有两种方式：一是同层包含，如，某省的下属地区，若建立有空间拓扑关系，可直接查询拓扑关系表来实现；二是不同层包含，如某省的湖泊分布，没有建立拓扑，实质是叠置分析检索，通过多边形叠置分析技术，只检索出在窗口界限范围内的地理实体，窗口外的实体作裁剪处理。

④穿越查询。采用空间运算的方法执行，根据一个线目标的空间坐标，计算哪些面或线与之相交。比如某公路穿越了某些县。

⑤落入查询。一个空间对象落入哪个空间对象之内。

⑥缓冲区查询。根据用户给定的一个点、线、面缓冲的距离，从而形成一个缓冲区的多边形，再根据多边形检索原理，检索该缓冲区内的空间实体。

⑦边沿匹配检索。空间查询在多幅地图的数据文件之间进行，需应用边沿匹配处理技术。

7.1.2.3 其他查询方法

(1) 可视化空间查询

可视化查询是指将查询语言的元素，特别是空间关系，用直观的图形或符号表示，因为对于某些空间概念用二维图形表示比一维文字语言描述更清晰和易于理解(图 7-3)。

可视化空间查询的主要优点是：自然、直观、易操作，用不同的图符可以组成比较复杂的查询。其缺点是：当空间约束条件复杂时，很难用图符描述；用二维图符表示图形之间的关系时，可能会出现歧义；难以表示"非"关系；不易进行范围(圆、矩形、多边形等)约束；无法进行屏幕定位查询等。

(2) 超文本查询

图形、图像、字符等皆当作文本，并设置一些"热点"。它可以是文本、键等。用鼠标点击"热点"后，可以弹出说明信息、播放声音、完

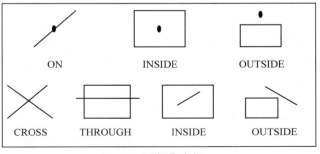

图 7-3 可视化空间

成某项工作等。但超文本查询只能预先设置好，用户不能实时构建自己要求的各种查询。

(3) 自然语言空间查询

自然语言查询就是在 GIS 的数据查询中引入人类使用的自然语言（区别于程序语言和数据库 SQL 语言），通过简单而意义直接的自然语言来表达数据查询的要求。自然语言的空间查询的关键在于自然语言的计算机解译以及向计算机查询的转换。自然语言的使用可以使查询更轻松自如。但在地理方面很多概念是模糊的，而空间查询语言中的概念往往都是精确的，这限制了该查询方法的广泛应用。例如，自然语言中的高气温在空间查询语言中需要转化为查询条件——$T>33.75°$。自然语言空间查询只能适用于某个专业领域的地理信息系统，而不能作为地理信息系统中通用的数据库查询语言。

7.2 缓冲区分析

邻近度（proximity）描述了地理空间中两个地物距离相近的程度，其确定是空间分析的一个重要手段。交通沿线或河流沿线的地物有其独特的重要性，公共设施（商场、邮局、银行、医院、车站、学校等）的服务半径，大型水库建设引起的搬迁，铁路、公路以及航运河道对其所穿过区域经济发展的重要性等，均是一个邻近度问题。缓冲区分析是解决邻近度问题的空间分析工具之一。

7.2.1 缓冲区的概念及基本原理

所谓缓冲区就是地理空间目标的一种影响范围或服务范围。缓冲区是指为了识别某一地理实体或空间物体对其周围地物的影响度而在其周围建立的具有一定宽度的带状区域。缓冲区分析则是对一组或一类地物按缓冲的距离条件，建立缓冲区多边形，然后将这一图层与需要进行缓冲区分析的图层进行叠加分析，得到所需结果的一种空间分析方法。

根据研究对象影响力的特点，缓冲区可以分为均质与非均质两种。在均质缓冲区内，空间物体与邻近对象只呈现单一的距离关系，缓冲区内各点的影响度相等，即不随距离空间物体的远近而有所改变。又如，对一军事要塞建立缓冲区并划定禁区的范围为 2 km，则在该范围内闲杂人等都不能随便出入。而非均质的缓冲区内，空间物体对临近对象的影响度随距离变化而呈不同强度的扩散或衰减。例如，某火箭发射场对周围环境的噪声影响是随着距离的增大而逐渐减弱的。

此外缓冲区建立时，缓冲距离的大小可以为常数，也可以根据给定字段取值而变化，出现不同要素缓冲区不同的情况。同一个要素也可以通过设置不同的缓冲距离，形成环绕该要素的多个环缓冲区。对于线要素，既可以两侧都有缓冲区，也可以在单侧建立缓冲区。多边形的缓冲区可以向内和向外扩展。对于多个要素的缓冲区，缓冲区边界可以完整保留，也可以通过融合算法来创立一个总的区域。

7.2.2 缓冲区建立的方法

地理信息系统中数据存储类型主要为矢量数据和栅格数据，这两类数据缓冲区建立的方法有所不同。

7.2.2.1 矢量数据缓冲区的建立方法

缓冲区分析适用于点、线或面对象，如点状的居民点、线状的河流和面状的作物分布区等，只要地理实体能对周围一定区域形成影响即可使用这种分析方法。

从数学的角度看，缓冲区分析的基本思想是给定一个空间对象或集合，确定它们的邻域，邻域的大小由邻域半径 R 决定。因此，对象 O_i 的缓冲区定义为：

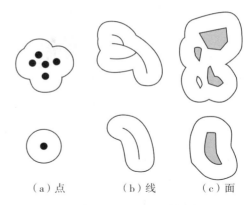

(a) 点　　(b) 线　　(c) 面

图 7-4　点、线、多边形的缓冲区

$$B_i = \{x : d(x, O_i) \leq R\} \tag{7-1}$$

即对象 O_i 的半径为 R 的缓冲区为距 O_i 的距离 d 小于 R 的全部点的集合。d 一般是最小欧氏距离，但也可是其他定义的距离。对于对象集合：

$$O = \{O_i : i = 1, 2, \cdots, n\} \tag{7-2}$$

其半径为 R 的缓冲区是各个对象缓冲区的合并（图7-4），即

$$B_i = \bigcup_{i=1}^{n} B_i \tag{7-3}$$

(1) 点要素的缓冲区

点要素的缓冲区是以点要素为圆心，以缓冲区距离 R 为半径的圆，包括单点要素形成的缓冲区、多点要素形成的缓冲区和分级点要素形成的缓冲区等。

(2) 线要素的缓冲区

线要素的缓冲区是以线要素为轴线，以缓冲区 R 为平移量向两侧作平行曲（折）线，在轴线两端构造两个半圆弧最后形成圆头缓冲区，包括单线要素形成的缓冲区、多线要素形成的缓冲区和分级线要素形成的缓冲区。

(3) 面要素的缓冲区

面要素的缓冲区是以面要素的边界为轴线，以缓冲距离 R 为平移量向外侧或内侧作平行曲（折）线所形成的多边形，包括单一面状要素形成的缓冲区、多面要素形成的缓冲区和分级面要素形成的缓冲区。

7.2.2.2 栅格数据缓冲区的建立方法

栅格数据的缓冲区分析通常称为推移或扩散，推移或扩散实际上是模拟主体对邻近对象的作用过程，物体在主体的作用下沿着一定的阻力表面移动或扩散，距离主体越远所受到的作用力越弱（图7-5）。例如，可以将污染源（如化工厂、造纸厂）作为主体，而地形、障碍物和空气作为阻力表面，用推移或扩散的方法计算污染物（物体）离开工厂（主体）后在阻力表面上的移动，得到一定范围内每个栅格单元的污染强度。栅格数据结构的点、线、面缓冲区的建立的方法主要是像元加粗法，以分析目标生成像元，借助于缓冲距离 R 计算出像元加粗次数，然后进行像元加粗形成的缓冲区。

7.2.2.3 动态缓冲区

现实世界中很多空间对象或过程对于周围的影响并不是随着距离的变化而固定不变

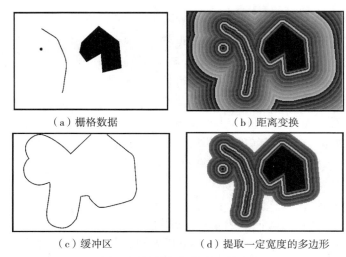

（a）栅格数据　　　　　　　（b）距离变换

（c）缓冲区　　　　　　（d）提取一定宽度的多边形

图 7-5　栅格数据缓冲区的建立

的，需要建立动态缓冲区，根据空间物体对周围空间影响度的变化性质，可以采用不同的分析模型。在动态缓冲区生成模型中，影响度随距离的变化而连续变化，对每一个 d_i（距离）有一个不同的 F_i（缓冲区）与之对应，这在实际应用中是不现实的，因此往往把影响度根据实际情况分成几个典型等级，在每一个等级取一个平均影响度，并根据影响度确定 d_i 的等级，即把连续变化的缓冲区转化成阶段性变化的缓冲区。

7.2.3　缓冲区实现的基本算法

缓冲区实现有两种基本算法：矢量方法和栅格方法。矢量方法使用较广，产生时间较长，相对比较成熟，具体的几何算法是中心线扩张法，又称加宽线法或图形加粗法，通过以中心轴线为核心做平行曲线，生成缓冲区边线，再对生成边线求交、合并，最终生成缓冲区边界；栅格方法以数学形态学扩张算法为代表，采用由实体栅格和八方向位移 L 得到的 n 方向栅格像元与原图作布尔运算来完成，由于栅格数据量很大，特别是上述算法运算量级很大，当 L 较大时实施有一定困难，且距离精度也尚待提高。下面仅介绍矢量数据的中心线扩张法实现的两种算法：角分线法和凸角圆弧法。

7.2.3.1　角分线法

角分线法也称为简单平行线法。算法是在轴线首尾点处，作轴线的垂线并按缓冲区半径 R 截出左右边线的起止点；在轴线的其他转折点上，用与该线所关联的前后两邻边距轴线的距离为 R 的两平行线的交点来生成缓冲区对应顶点，如图 7-6 所示。

角分线法的缺点是难以最大限度保证双线的等宽性，尤其是在凸侧角点在进一

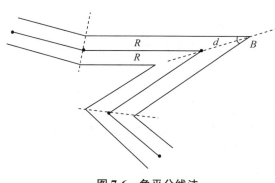

图 7-6　角平分线法

步变锐时，将远离轴线顶点。图 7-6 中的远离情况可由下式表示：

$$d = R/\sin(B/2) \tag{7-4}$$

当缓冲区半径不变时，d 随张角 B 的减小而增大，结果在尖角处双线之间的宽度遭到破坏。因此，为克服角分线法的缺点，要有相应的补充判别方案，用于校正所出现的异常情况。但由于异常情况不胜枚举，导致校正措施繁杂。

7.2.3.2 凸角圆弧法

在轴线首尾点处，作轴线的垂线并按双线和缓冲区半径截出左右边线起止点；在轴线其他转折点处，首先判断该点的凸凹性，在凸侧用圆弧弥合，在凹侧则用前后两邻边平行线的交点生成对应顶点。这样外角以圆弧连接，内角直接连接，线段端点以半圆封闭，如图 7-7 所示。

在凹侧平行边线相交在角分线上。交点距对应顶点的距离与角分线法类似公式：

$$d = R/\sin(B/2) \tag{7-5}$$

该方法最大限度地保证了平行曲线的等宽性，避免了角分线法的众多异常情况。

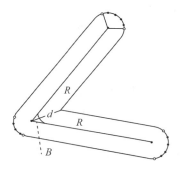

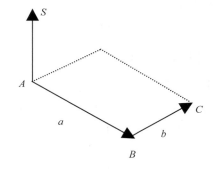

图 7-7　凸角圆弧法　　　　图 7-8　采用向量叉乘判断向量排列

该算法非常重要的一环是折点凸凹性的自动判断。此问题可转化为两个矢量的叉积：把相邻两个线段看成两个矢量，其方向取坐标点序方向。若前一个矢量以最小角度扫向第二个矢量时呈逆时针方向，则为凸顶点，反之为凹顶点。具体算法过程如下：

由矢量代数可知，矢量 AB，BC 可用其端点坐标差表示（图 7-8）：

$$\overrightarrow{AB} = (X_B - X_A, Y_B - Y_A) = (a_x, a_y) \tag{7-6}$$

$$\overrightarrow{BC} = (X_C - X_B, Y_C - Y_B) = (b_x, b_y) \tag{7-7}$$

$$\begin{aligned}\overrightarrow{S} &= \overrightarrow{AB} \times \overrightarrow{BC} \\ &= \vec{a} \times \vec{b} \\ &= (a_x b_y - b_x a_y) \\ &= (X_B - X_A)(Y_C - Y_B) - (X_C - X_B)(Y_B - Y_A)\end{aligned} \tag{7-8}$$

矢量代数叉积遵循右手法则，即当 ABC 呈逆时针方向时，S 为正，否则为负。若 $S>0$，则 ABC 呈逆时针，顶点为凸；若 $S<0$，则 ABC 呈顺时针，顶点为凹；若 $S=0$，则 ABC 三点共线。对于简单情形，缓冲区是一个简单多边形，但当计算形状比较复杂的对象或多个对象集合的缓冲区时，就复杂得多。为使缓冲区算法适应更为普遍的情况，就不得不处

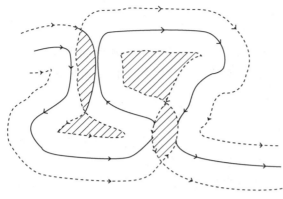

图 7-9 缓冲区边界相交的情况

理边线自相交的情况。当轴线的弯曲空间不容许双线的边线无压盖地通过时，就会产生若干个自相交多边形。

图 7-9 给出一个缓冲区边线自相交的例子。自相交多边形分为两种情况：岛屿多边形和重叠多边形。岛屿多边形是缓冲区边线的有效组成部分；重叠多边形不是缓冲区边线的有效组成，不参与缓冲区边线的最终重构。对于岛屿多边形和重叠多边形的自动判别方法，首先定义轴线坐标点序为其方向，缓冲区双线分成左右边线，左右边线自相交多边形的判别情形恰好对称。对于左边线，岛屿自相交多边形呈逆时针方向，重叠自相交多边形呈顺时针方向；对于右边线，岛屿多边形呈顺时针方向，重叠多边形呈逆时针方向。当存在岛屿和重叠自相交多边形时，最终计算的边线被分为外部边线和若干岛屿。对于缓冲区边线绘制，只要把外围边线和岛屿轮廓绘出即可。对于缓冲区检索，在外边线所形成的多边形检索后，要再抠除所有岛屿多边形的检索结果。

7.2.4 缓冲区的应用

缓冲区作为一个独立的数据层可以参与叠加分析，常应用到道路、河流、居民点、工厂（污染源）等生活生产设施的空间分析，为不同工作需要（如道路修整、河道改建、居民区拆迁、污染范围确定等）提供科学依据。结合不同的专业模型，缓冲区分析能够在景观生态、规划、军事应用等领域发挥更大的作用。例如，利用缓冲区分析和相邻缓冲区的景观结构总体变异系数方法可对自然保护区进行自然景观和人为影响景观的分割研究。在虚拟军事演练系统中，缓冲区分析方法是对雷达群的合成探测范围和干扰效果进行研究的一种非常有效的手段。

7.3 空间统计分析

由于空间现象之间存在不同方向、不同距离成分等相互作用，使传统的数理统计方法无法很好地解决空间样本点的选取、空间估值和两组以上空间数据的关系等问题，因此，空间统计分析方法应运而生。20 世纪 60 年代，法国统计学家 G. Matheron 在大量理论研究基础上，形成了一门新的统计学分支，即空间统计学。

7.3.1 空间统计分析的概念及任务

空间统计学是以区域化变量理论为基础，以变异函数为主要工具，研究具有地理空间信息特性的事物或现象的空间相互作用及变化规律的学科。当研究空间分布数据的结构性和随机性，或空间相关性和依赖性，或空间格局与变异，并对这些数据进行最优无偏内插估计，或模拟这些数据的离散性、波动性时，均可应用空间统计学的理论和方法。

空间统计分析方法假设研究区中的所有的值都是非独立的,相互之间存在相关性。在空间或时间范畴内,这种相关性被称为自相关。根据空间数据的自相关性,可以利用已知样点值对任意未知点进行预测。但事实上,在进行未知点预测之前并不知道数据间具体的相关规律,因此揭示空间数据的相关规律是空间统计分析的重要任务之一;而利用相关规律进行未知点的预测是空间统计分析的另一个重要任务。

7.3.2 空间统计分析的分类

7.3.2.1 常规统计分析

常规统计分析主要完成对数据集合的均值、总和、方差、频数、峰度系数等参数的统计分析。常规统计的统计特征包括集中特征数和离散特征数,通常通过这些特征数来对属性特征进行分析。

(1) 属性数据的集中特征数

① 频数和频率。将变量 $x_i(i=1,2,\cdots,n)$ 按大小顺序排列,并按一定的间距分组。变量在各组出现或发生的次数称为频数,一般用 f_i 表示。各组频数与总频数之比称为频率,按如下公式计算:

$$\begin{cases} \overline{\omega}(i,j) = -a(i,j) \\ \overline{\Delta}(i,j) = f(i,j) \end{cases} \tag{7-9}$$

根据大数定理,当 n 相当大时,频率可近似地表示事件的概率。

计算出各组的频率后,就可绘制频率分布图。若以纵轴表示频率,横轴表示分组,就可绘制频率直方图。用以表示事件发生的频率和分布状况。

$$d = x_i - \overline{x} \tag{7-10}$$

② 平均数。反映了数据取值的集中位置,常以 $\overline{X}$ 表示。对于数据 $X_i(i=1,2,\cdots,n)$ 通常有简单算术平均数和加权算术平均数。

简单算术平均数的计算公式为:

$$\overline{X} = \frac{1}{n}\sum_{i=1}^{n} x_i \tag{7-11}$$

加权算术平均数的计算公式为:

$$\overline{X} = \sum_{i=1}^{n} P_i x_i \bigg/ \sum_{i=1}^{n} P_i \tag{7-12}$$

式中 P_i——数据 x_i 的权值。

③ 数学期望。以概率为权值的加权平均数称为数学期望,用于反映数据分布的集中趋势。计算公式为:

$$E(x) = \sum_{i=1}^{n} P_i x_i \tag{7-13}$$

式中 P_i——事件发生的概率。

④ 中数。对于有序数据集 X,如果有一个数 x,能同时满足以下两式:

$$\begin{cases} P(X \geqslant x) \geqslant \dfrac{1}{2} \\ P(X \leqslant x) \geqslant \dfrac{1}{2} \end{cases} \tag{7-14}$$

则称 x 为数据集 X 的中数，记为 M_e。

若 X 的总项数为奇数，则中数为：

$$M_e = X_{\frac{1}{2}(n+1)} \tag{7-15}$$

若 X 的总项数为偶数，则中数为：

$$M_e = \frac{1}{2}\left(X_{\frac{n}{2}} + X_{\frac{n+2}{2}}\right) \tag{7-16}$$

⑤众数。众数是具有最大可能出现的数值。如果数据 X 是离散的，则称 X 中出现最大可能性的值 x 为众数；如果 X 是连续的，则以 X 分布的概率密度 $P(x)$ 取最大值的 x 为 X 的众数。显然，众数有可能不是唯一的。

(2) 属性数据的离散特征数

①极差。极差是一组数据中最大值与最小值之差，即

$$R = \max\{x_1, x_2, \cdots, x_n\} - \min(x_1, x_2, \cdots, x_n) \tag{7-17}$$

②离差、平均离差与离差平方和。一组数据中的各数据值与平均数之差称为离差，即

$$d = x_i - \bar{x} \tag{7-18}$$

若把离差求平方和，即得离差平方和，记为：

$$d^2 = \sum_{i=1}^{n}(x_i - \bar{x})^2 \tag{7-19}$$

若将离差取绝对值，然后求和，再取平均数，得平均离差，记为：

$$md = \sum_{i=1}^{n}|x_i - \bar{x}|/n \tag{7-20}$$

平均离差和离差平方和是表示各数值相对于平均数的离散程度的重要统计量。

③方差与标准差。方差是均方差的简称，是以离差平方和除以变量个数求得的，记为 σ^2，即

$$\sigma^2 = \sum_{i=1}^{n}(x_i - \bar{x})^2/n \tag{7-21}$$

标准差是方差的平方根，记为：

$$\sigma = \sqrt{\sum_{i=1}^{n}(x_i - \bar{x})^2/n} \tag{7-22}$$

④变差系数。变差系数用来衡量数据在时间和空间上的相对变化的程度，它是无量纲的量，记为 C_v：

$$C_v = \frac{\sigma}{\bar{X}} \times 100\% \tag{7-23}$$

式中　σ——标准差；

　　　$\bar{X}$——平均数。

7.3.2.2　空间自相关分析

空间自相关分析是认识空间分布特征、选择适宜的空间尺度来完成空间分析的最常用的方法。目前，普遍使用空间自相关系数——Moran I 指数，其计算公式如下：

$$I = \frac{N}{W_{ij}} \times \frac{\sum\sum W_{ij}(x_i - \overline{x})(x_j - \overline{x})}{x_i - \overline{x}} \tag{7-24}$$

式中　N——空间实体数目；

　　　x_i——空间实体的属性值；

　　　$\overline{x}$——x 的平均值；

　　　$W_{ij}=1$——空间实体 i 与 j 相邻；

　　　$W_{ij}=0$——空间实体 i 与 j 不相邻。

I 的值介于 -1 与 1 之间，$I=1$ 表示空间自正相关，空间实体呈聚合分布；$I=-1$ 表示空间自负相关，空间实体呈离散分布；$I=0$ 则表示空间实体是随机分布的。W_{ij} 表示实体 i 与 j 的空间关系，它通过拓扑关系获得。

7.3.2.3　回归分析

回归分析用于分析两组或多组变量之间的相关关系，常见回归分析方程有线性回归、指数回归、对数回归、多元回归等。

7.3.2.4　趋势分析

通过数学模型模拟地理特征的空间分布与时间过程，把地理要素时空分布的实测数据点之间的不足部分内插或预测出来。

7.3.2.5　专家打分模型

专家打分模型将相关的影响因素按其相对重要性排队，给出各因素所占的权重值；对每一要素内部进行进一步分析，按其内部的分类进行排队，按各类对结果的影响给分，从而得到该要素内各类别对结果的影响量，最后系统进行复合，得出排序结果，以表示对结果影响的优劣程度，作为决策的依据。其数学表达式为：

$$G_p = W_i C_{ip} \tag{7-25}$$

式中　G_p——声点的最终复合结果值；

　　　W_i——第 i 个要素的权重；

　　　C_{ip}——第 i 个要素在 p 点的类别的专家打分分值。

专家打分模型可分两步实现。第一步打分，用户首先在每个要素的属性表里增加一个数据项，填入专家赋予的相应的分值；第二步复合，调用加权复合程序，根据用户对各个要素所给定的权重值进行叠加，得到最后的结果。

7.3.3　探索性空间统计分析常用方法

探索性空间统计分析基于让数据说话的理念，即尽可能不预先为数据结构设置模式，通过显示关键性数据和使用简单的指标来得出模式，利用归纳的方式提出假设，避免野值或非典型观测值的误导。

探索性空间统计分析一般作为空间分析的先导，用于空间数据的分类和评价。一般来说地理信息系统存储的数据具有原始性质，用户可以根据不同的实用目的，进行提取和分析，特别是对于观测和取样数据，随着采用分类和内插方法的不同，得到的结果有很大的差异。因此，在大多数情况下，首先是将大量未经分类的数据输入信息系统数据库，然后要求用户建立具体的分类算法，以获得所需要的信息，并对获取的信息进行综合评价。常用的方法包括：

(1) 主成分分析

主成分分析是利用降维的思想，在损失很少信息的前提下把多个变量(x_1，x_2，…，x_p)转化为几个综合变量(z_1，z_2，…，z_m)，各个主成分之间互不相关。

设有 n 个样本 P。将原始数据转换成一组新的特征值——主成分，主成分是原变量的线性组合且具有正交特征。即将 x_1，x_2，…，x_p 综合成 $m(m<p)$ 个指标 z_1，z_2，…，z_m，即

$$\begin{aligned}
z_1 &= l_{11} \times x_1 + l_{12} \times x_2 + \cdots + l_{1p} \times x_p \\
z_2 &= l_{21} \times x_1 + l_{22} \times x_2 + \cdots + l_{2p} \times x_p \\
&\vdots \\
z_m &= l_{m1} \times x_1 + l_{m2} \times x_2 + \cdots + l_{mp} \times x_p
\end{aligned} \tag{7-26}$$

这样决定的综合指标 z_1，z_2，…，z_m 分别称作原指标的第 1，第 2，…，第 m 个主成分。其中 z_1 在总方差中占的比例最大，其余主成分 z_2，z_3，…，z_m 的方差依次递减。在实际工作中常挑选前几个方差比例最大的主成分，这样既减少了指标的数目，又抓住了主要矛盾，简化了指标之间的关系。

从几何上看，确定主成分的问题，就是找 p 维空间中椭球体的主轴问题，就是得到 x_1，x_2，…，x_p 的相关矩阵中 m 个较大特征值所对应的特征向量，通常用雅可比(Jacobi)法计算特征值和特征向量。

很显然，主成分分析这一数据分析技术是把数据减少到易于管理的程度，也是将复杂数据变成简单类别便于存储和管理的有力工具。

(2) 层次分析法

层次分析法是系统分析的数学工具之一，它把人的思维过程层次化、数量化，并用数学方法为分析、决策、预报或控制提供定量的依据。事实上这是一种定性和定量分析相结合的方法。

层次分析法的基本原理就是把所要研究的复杂问题看作一个大系统，通过对系统的多个因素的分析，划分出各因素间相互联系的有序层次；再请专家对每一层次的各因素进行较客观的判断后，相应给出相对重要性的定量表示；进而建立数学模型，计算出每一层全部因素的相对重要性的权值，加以排序；最后根据排序结果规划决策和选择解决问题的措施。

(3) 系统聚类分析

系统聚类是根据多种地学要素对地理实体进行划分类别的方法，对不同的要素划分类别往往反映不同目标的等级序列，如土地分等定级、水土流失强度分级等。系统聚类的步骤一般是根据实体间的相似程度，逐步合并若干类别，其相似程度由距离或者相似系数定义。进行类别合并的准则是使类间差异最大，而类内差异最小。

基本思想：首先是 N 个样本各自成一类，然后规定类与类之间的距离，选择距离最小的两类合并成一个新类。计算新类与其他类的距离，再将距离最小的两类进行合并。这样每次减少一类，直至到达所需的分类数或所有的样本都归为一类为止。

(4) 判别分析

判别分析与聚类分析同属分类问题，所不同的是，判别分析是预先根据理论与实践确定等级序列的因子标准，再将待分析的地理实体安排到序列的合理位置上的方法，对于诸如水土流失评价、土地适宜性评价等有一定理论根据的分类系统定级问题比较适用。判别分析依其判别类型的多少与方法的不同，可分为两类判别、多类判别和逐步判别等。通常在两类判别分析中，要求根据已知的地理特征值进行线性组合，构成一个线性判别函数 Y，即

$$Y = c_1 \times x_1 + c_2 \times x_2 + \cdots + c_m \times x_p \tag{7-27}$$

式中　c_k——判别系数，$k=1, 2, \cdots, m$。它可反映各要素或特征值作用方向、分辨能力和贡献率的大小。

只要确定了 c_k，判别函数 Y 也就确定了。在确定判别函数后，根据每个样本计算判别函数数值，可以将其归并到相应的类别中。常用的判别分析有距离判别法、Bayes 最小风险判别、Fisher 准则判别等。

7.4　叠置分析

大部分 GIS 软件是以分层的方式组织地理景观，将地理景观按主题分层提取，同一地区的整个数据层集表达了该地区地理景观的内容。每个主题层，可以称为一个数据层面。数据层面既可以用矢量结构的点、线、面图层文件方式表达，也可以用栅格结构的图层文件格式进行表达。叠加分析是地理信息系统最常用的提取空间隐含信息的手段之一。该方法源于传统的透明材料叠加，即将来自不同的数据源的图纸绘于透明纸上，在透光桌上将其叠放在一起，然后用笔勾出感兴趣的部分——提取感兴趣的信息。地理信息系统的叠加分析是将有关主题层组成的数据层面，进行叠加产生一个新数据层面的操作，其结果综合了原来两层或多层要素所具有的属性。叠加分析不仅包含空间关系的比较，还包含属性关系的比较。

7.4.1　叠置分析的概念和作用

叠置分析是将同一地区的两组或两组以上的要素（地图）进行叠置，产生新的特征（新的空间图形或空间位置上的新属性的过程）的分析方法。通常，叠置分析是将同一地区、同一比例尺、同一数学基础、不同信息表达的两组或多组专题要素的图形或数据文件进行叠加，根据各类要素与多边形边界的交点或多边形属性建立具有多重属性组合的新图层，并对那些在结构和属性上既相互重叠、又相互联系的多种现象要素进行综合分析和评价；或者对反映不同时期同一地理现象的多边形图形进行多时相系列分析，从而深入揭示各种现象要素的内在联系及其发展规律的一种空间分析方法。

从数据结构看，叠置分析有矢量叠置分析和栅格叠置分析两种。它们分别针对矢

量数据结构和栅格数据结构,两者都用来求解两层或两层以上数据的某种集合,只是矢量叠置是实现拓扑叠置,得到新的空间特性和属性关系;而栅格叠置得到的是新的栅格属性。

7.4.2 基于矢量数据的叠置分析

矢量数据叠置的内容包括:点与多边形叠加、线与多边形叠加、多边形与多边形叠加。

(1) 点与多边形叠置

点与多边形叠加,实际上是计算多边形对点的包含关系。矢量结构的地理信息系统能够通过计算每个点相对于多边形线段的位置,进行点是否在一个多边形中的空间关系判断。在完成点与多边形的几何关系计算后,还要进行属性信息处理。最简单的方式是将多边形属性信息叠加到其中的点上。当然也可以将点的属性叠加到多边形上,用于标识该多边形,如果有多个点分布在一个多边形内的情形时,则要采用一些特殊规则,如将点的数目或各点属性的总和等信息叠加到多边形上。

通过点与多边形叠加,可以计算出每个多边形类型里有多少个点,不但要区分点是否在多边形内,还要描述在多边形内部的点的属性信息。通常不直接产生新数据层面,只是把属性信息叠加到原图层中,然后通过属性查询间接获得点与多边形叠加的需要信息。例如,中国政区图(多边形)和全国矿产分布图(点)二者经叠加分析后,并且将政区图多边形有关的属性信息加到矿产的属性数据表中,然后通过属性查询,可以查询指定省的矿产种类和产量;而且可以查询指定类型矿产的分布省份等信息。点与多边形叠置的算法就是判断点是否在多边形内,可用垂线法或转角法实现。

(2) 线与多边形叠置

线与多边形的叠置是把一幅图或一个数据层中的多边形的特征加到另一幅图(或另一个数据层)的线上。线与多边形的叠加算法,是比较线上坐标与多边形坐标的关系,判断线是否落在多边形内。计算过程通常是计算线与多边形的交点,只要相交,就产生一个节点,将原线打断成一条条弧段,并将原线和多边形的属性信息一起赋给新弧段。叠加的结果产生了一个新的数据层面,每条线被它穿过的多边形打断成新弧段图层,同时产生一个相应的属性数据表记录原线和多边形的属性信息。根据叠加的结果可以确定每条弧段落在哪个多边形内,可以查询指定多边形内指定线穿过的长度。如果线状图层为河流,叠加的结果是多边形将穿过它的所有河流打断成弧段,可以查询任意多边形内的河流长度,进而计算它的河流密度等;如果线状图层为道路网,叠加的结果可以得到每个多边形内的道路网密度,内部的交通流量,进入、离开各个多边形的交通量,相邻多边形之间的相互交通量。

(3) 多边形与多边形叠置

多边形叠置是地理信息系统最常用的功能之一。多边形叠加将两个或多个多边形图层进行叠加产生一个新多边形图层的操作,其结果将原来多边形要素分割成新要素,新要素综合了原来两层或多层的属性。通常分为合成叠置和统计叠置(图7-10)。合成叠置是指通过区域多重属性的模拟,寻找和确定同时具有几种地理属性的分布区域,或者按照确定的地理指标，对叠置后产生的具有不同属性级的多边形进行重新分类或分级。因此，合成叠置的结果为新的多边形数据文件。统计叠置是指精确地计算一种要素在另一种要素的某个区域多边形范围内的分布状况和数量特征，或提取某个区域范围内某种专题内容的数据，因此，叠置的结果为统计报表或列表输出。

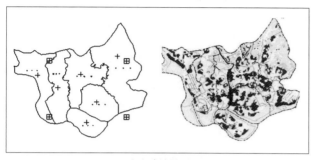 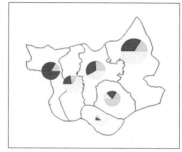

(a) 合成叠置　　　　　　　　　　　　(b) 统计叠置

图 7-10　碎屑多边形

叠加过程可分为几何求交过程和属性分配过程两步。几何求交过程首先求出所有多边形边界线的交点，再根据这些交点重新进行多边形拓扑运算，对新生成的拓扑多边形图层的每个对象赋一多边形唯一标识码，同时生成一个与新多边形对象一一对应的属性表。由于矢量结构的有限精度原因，几何对象不可能完全匹配，叠加结果可能会出现一些碎屑多边形（silver polygon，图 7-11）。通常可以设定一模糊容限以消除它。

(a) T_1 时刻多边形　　　　(b) T_1 时刻多边形　　　　(c) 多边形叠加结果

图 7-11　多边形叠加产生碎屑多边形

多边形叠加结果通常把一个多边形分割成多个多边形，属性分配过程最典型的方法是将输入图层对象的属性拷贝到新对象的属性表中，或把输入图层对象的标识作为外键，直接关联到输入图层的属性表。这种属性分配方法的理论假设是多边形对象内属性是均质的，将它们分割后，属性不变。也可以结合多种统计方法为新多边形赋属性值。多边形叠加完成后，根据新图层的属性表可以查询原图层的属性信息，新生成的图层和其他图层一样可以进行各种空间分析和查询操作。

根据叠加结果最后欲保留空间特征的不同要求，ArcGIS 软件提供了多种类型的多边形叠加操作（图 7-12）。

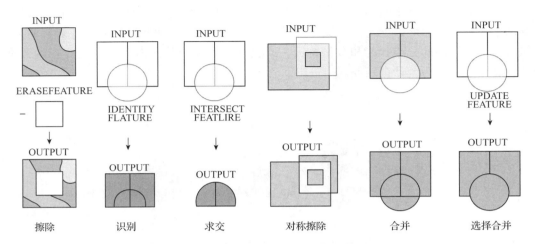

图 7-12 ArcGIS 中矢量数据的叠置操作

7.4.3 基于栅格数据的叠置分析

栅格数据最为突出的一个优点是能够极为便利地进行同地区多层面空间信息的自动复合叠置分析。正因为如此，栅格数据常被用来进行区域适应性评价、资源开发利用、规划等多因素分析研究工作。在数字遥感图像处理工作中，利用叠置分析方法可以实现不同波段遥感信息的自动合成处理；利用不同时间的数据信息还可以进行某类现象动态变化的分析和预测。栅格数据的信息复合模型包括两类：即简单的视觉信息复合和较为复杂的叠加分类模型。

7.4.3.1 视觉信息复合

视觉信息复合是将不同专题的内容叠加显示在结果图件上，以便系统使用者判断不同专题地理实体的相互空间关系，获得更为丰富的信息。简单视觉信息复合之后，参加复合的平面之间没发生任何逻辑关系，仍保留原来的数据结构。地理信息系统中视觉信息复合包括以下几类：①面状图、线状图和点状图之间的复合；②面状图区域边界之间或一个面状图与其他专题区域边界之间的复合；③遥感影像与专题地图的复合；④专题地图与数字高程模型复合显示立体专题图；⑤遥感影像与 DEM 复合生成真三维地物景观。

7.4.3.2 叠加分类模型

叠加分类模型是根据参加复合的数据平面各类别的空间关系重新划分空间区域，使每个空间区域内各空间点的属性组合一致。叠加结果生成新的数据平面，该平面图形数据记录了重新划分的区域，而属性数据库结构中则包含了原来的几个参加复合的数据平面的属性数据库中所有的数据项。叠加分类模型用于多要素综合分类以划分最小地理景观单元，进一步可进行综合评价以确定各景观单元的等级序列。

栅格数据的层间叠置可通过像元之间的各种运算来实现。设 A，B，C 等分别表示第一、第二、第三等层上同一坐标处的属性值，f 表示叠加运算函数，U 为叠置后属性输出成的属性值，则

$$U = f(A, B, C, \cdots) \tag{7-28}$$

栅格数据叠置分析后输出的结果数据可能有 4 种情况，具体输出结果如下：各层属性数据的平均值［图 7-13（b）］；各层属性数据的极值［图 7-13（a）］；算术运算结果［图 7-13（a）］；逻辑条件组合［图 7-13（c）］。

在地理分析中，栅格方式的叠置分析分为两种，即单层栅格数据分析和多层栅格数据分析。

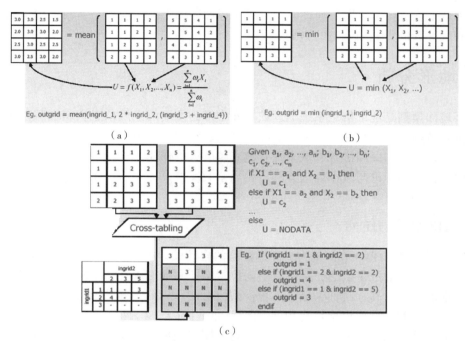

图 7-13　栅格数据的叠置操作

（1）单层栅格数据分析

单层栅格数据分析是空间变换之一，是只针对一个栅格数据的分析。空间变换是对原始图层及其属性进行一系列的逻辑或代数运算，以产生新的具有特殊意义的地理图层及其属性的过程。单层栅格数据分析的方法主要包括布尔逻辑运算、重分类、滤波运算、特征参数运算、相似运算等，具体的计算方法介绍如下：

①布尔逻辑运算。用布尔逻辑运算组合更多的属性作为检索条件，已进行更复杂的逻辑运算。

②重分类。是将属性数据的类别合并或转换成新类。即对原来数据中的多种属性类型，按照一定的原则进行重新分类，以利于分析。

③滤波运算。可将破碎的地物合并和光滑化，以显示总的态度和趋势，也可以通过边缘增强和提取，获取区域的边界。

④特征参数运算。即计算区域的周长、面积、重心等，以及线的长度、点的坐标等。

⑤相似运算。是指以某种相似度量来搜索与给定物体相似的其他物体的运算。

（2）多层栅格数据分析

多层栅格数据分析是对多个栅格数据源进行统一分析。多层栅格数据分析的方法有 3

种，即单点变换、区域变换及邻域变换，具体如下：

①单点变换。将对应栅格单元的属性作某种运算(加、减、乘、除、三角函数、逻辑运算等)得到新图层属性，而不受其邻近点的属性值的影响。

②区域变换。新属性的值不仅与对应的原属性值相关，而且与原属性值所在的区域的长度、面积、形状等特性相关。

③邻域变换。计算新图层属性时，不仅考虑原始图上的对应栅格本身的值，还需考虑该图元邻域关联的其他图元上的影响。

7.5 地形分析

数字地面模型是地理信息系统地理数据库中最为重要的空间信息资料和赖以进行地形分析的核心数据系统。数字地面模型已经在测绘、资源与环境、灾害防治、国防等与地形分析有关的科研及国民经济各领域发挥着越来越巨大的作用。这里特别需要强调的是，数字地面模型的基本理论与数据处理方法，相当全面反映了地理信息系统空间信息分析的基本方法。

7.5.1 DTM 和 DEM

数字地形模型(DTM)最初是为了高速公路的自动设计提出来的。数字地形模型是地形表面形态属性信息的数字表达，是带有空间位置特征和地形属性特征的数字描述。数字地形模型中地形属性为高程时称为数字高程模型(DEM)。高程是地理空间中的第三维坐标。

从数学的角度，高程模型是高程 Z 关于平面坐标 (X, Y) 两个自变量的连续函数，数字高程模型只是它的一个有限的离散表示。高程模型最常见的表达是相对于海平面的海拔高度，或某个参考平面的相对高度，所以高程模型又称为地形模型。实际上地形模型不仅包含高程属性，还包含其他的地表形态属性，如坡度、坡向等。

7.5.2 DEM 的表示

7.5.2.1 DEM 的表示法

一个地区的地表高程的变化可以采用多种方法表达，用数学定义的表面或点、线、影像都可用来表示 DEM，如图 7-14 所示。

(1) 数学方法

用数学方法来表达，可以采用整体拟合方法，即根据区域所有的高程点数据，用傅立叶级数和高次多项式拟合统一的地面高程曲面。也可用局部拟合方法，将地表复杂表面分成正方形规则区域或面积大致相等的不规则区域进行分块搜索，根据有限个点进行拟合形成高程曲面。

(2) 图形方法

①线模式。等高线是表示地形最常见的形式。其他的地形特征线也是表达地面高程的重要信息源，如山脊线、谷底线、海岸线及坡度变换线等。

②点模式。用离散采样数据点建立 DEM 是 DEM 建立常用的方法之一。数据采样可以

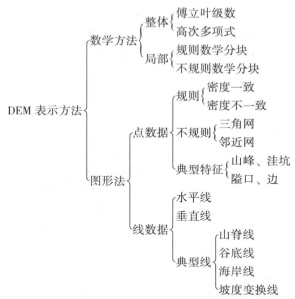

图 7-14 DEM 的表示方法

按规则格网采样，可以是密度一致的或不一致的；可以是不规则采样，如不规则三角网、邻近网模型等；也可以有选择性地采样，采集山峰、洼坑、隘口、边界等重要特征点。

在地理信息系统中，DEM 最主要的 3 种表示模型：规则格网模型、等高线模型和不规则三角网模型。

7.5.2.2 DEM 的主要表示模型

(1) 规则格网模型

规则网格通常是正方形，也可以是矩形、三角形等规则网格。规则网格将区域空间切分为规则的格网单元，每个格网单元对应一个数值。数学上可以表示为一个矩阵，在计算机实现中则是一个二维数组。每个格网单元或数组的一个元素，对应一个高程值，如图 7-15 所示。

对于每个格网的数值有两种不同的解释。第一种是格网栅格观点，认为该格网单元的数值是其中所有点的高程值，即格网单元对应的地面面积内高程是均一的高度，这种数字高程模型是一个不连续的函数。第二种是点栅格观点，认为该网格单元的数值是网格中心点的高程或该网格单元的平均高程值，这样就需要用一种插值方法来计算每个点的高程。计算任何不是网格中心的数据点的高程值，使用周围 4 个中心点的高程值，采用距离加权平均方法进行计算，当然也可使用样条函数和克里金插值方法。

规格格网模型表示 DEM 的优缺点有以下方面。

优点：结构简单，计算机对矩阵的处理比较方便，高程矩阵已成为 DEM 最通用的形式。高程矩阵特别有利于各种应用。

缺点：地形简单的地区存在大量冗余数据；如不改变格网大小，则无法适用于起伏程度不同的地区；对于某些特殊计算如视线计算时，格网的轴线方向被夸大；由于栅格过于粗略，不能精确表示地形的关键特征，如山峰、洼坑、山脊等。

(2) 等高线模型

等高线模型表示高程，高程值的集合是已知的，每一条等高线对应一个已知的高程值，这样一系列等高线集合和它们的高程值一起就构成了一种地面高程模型(图7-16)。

91	78	63	50	53	63	44	55	43	25
94	81	64	51	57	62	50	60	50	35
100	84	66	55	64	66	54	65	57	42
103	84	66	56	72	71	58	74	65	47
96	82	66	63	80	78	60	84	72	49
91	79	66	66	80	80	62	86	77	56
86	78	68	69	74	75	70	93	82	57
80	75	73	72	68	75	86	100	81	56
74	67	69	74	62	66	83	88	73	53
70	56	62	74	57	58	71	74	63	45

图 7-15　格网 DEM

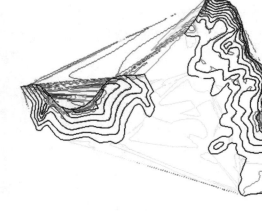

图 7-16　等高线模型

等高线通常被存成一个有序的坐标点对序列，可以认为是一条带有高程值属性的简单多边形或多边形弧段。由于等高线模型只表达了区域的部分高程值，往往需要一种插值方法来计算落在等高线外的其他点的高程，又因为这些点是落在两条等高线包围的区域内，所以，通常只使用外包的两条等高线的高程进行插值。

(3) 不规则三角网模型

不规则三角网(TIN)是另外一种表示数字高程模型的方法，它既减少规则格网方法带来的数据冗余，同时在计算(如坡度)效率方面又优于纯粹基于等高线的方法。

TIN 模型根据区域有限个点集将区域划分为相连的三角面网络，区域中任意点落在三角面的顶点、边上或三角形内。如果点不在顶点上，该点的高程值通常通过线性插值的方法得到(在边上用边的两个顶点的高程，在三角形内则用 3 个顶点的高程)(图7-17)。所以 TIN 是一个三维空间的分段线性模型，在整个区域内连续但不可微。

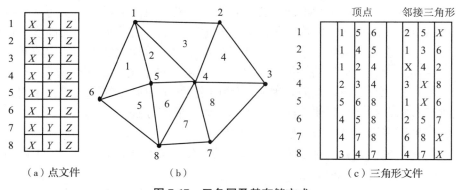

图 7-17　三角网及其存储方式

TIN 的数据存储方式比格网 DEM 复杂，它不仅要存储每个点的高程，还要存储其平面坐标、节点连接的拓扑关系，三角形及邻接三角形等关系。TIN 模型在概念上类似于多边形网络的矢量拓扑结构，只是 TIN 模型不需要定义"岛"和"洞"的拓扑关系。

有许多种表达 TIN 拓扑结构的存储方式，一个简单的记录方式是：对于每一个三角形、边和节点都对应一个记录，三角形的记录包括三个指向它三个边的记录的指针；边的记录有四个指针字段，包括两个指向相邻三角形记录的指针和它的两个顶点的记录的指针；也可以直接对每个三角形记录其顶点和相邻三角形。每个节点包括三个坐标值的字段，分别存储(X, X, Z)坐标。这种拓扑网络结构的特点是对于给定一个三角形查询其三个顶点高程和相邻三角形所用的时间是定长的，在沿直线计算地形剖面线时具有较高的效率。当然可以在此结构的基础上增加其他变化，以提高某些特殊运算的效率，例如在顶点的记录里增加指向其关联的边的指针。

不规则三角网数字高程由连续的三角面组成，三角面的形状和大小取决于不规则分布的测点，或节点的位置和密度。不规则三角网与高程矩阵方法不同之处是随地形起伏变化的复杂性而改变采样点的密度和决定采样点的位置，因而它能够避免地形平坦时的数据冗余，又能按地形特征点如山脊线、谷底线、地形变化线等表示数字高程特征。

(4) 层次模型

层次地形模型(LOD)是一种表达多种不同精度水平的数字高程模型。大多数层次模型是基于不规则三角网模型的，通常不规则三角网的数据点越多精度越高，数据点越少精度越低，但数据点多则要求更多的计算资源。所以如果在精度满足要求的情况下，最好使用尽可能少的数据点。层次地形模型允许根据不同的任务要求选择不同精度的地形模型。层次模型的思想很理想，但在实际运用中必须注意几个重要的问题：

①层次模型的存储问题，很显然，与直接存储不同，层次的数据必然导致数据冗余。

②自动搜索的效率问题，例如，搜索一个点可能先在最粗的层次上搜索，再在更细的层次上搜索，直到找到该点。

③三角网形状的优化问题，例如，可以使用 Delaunay 三角剖分。

④模型可能允许根据地形的复杂程度采用不同详细层次的混合模型，例如，对于飞行模拟，近处时必须显示比远处更为详细的地形特征。

⑤在表达地貌特征方面应该一致，例如，如果在某个层次的地形模型上有一个明显的山峰，在更细层次的地形模型上也应该有这个山峰。

7.5.3 DEM 的特点

与传统地形图比较，DEM 作为地形表面的一种数字表达形式有如下特点：

①容易以多种形式显示地形信息。地形数据经过计算机软件处理过后，产生多种比例尺的地形图、纵横断面图和立体图。而常规地形图一经制作完成后，比例尺不容易改变或需要人工处理。

②精度不会损失。常规地图随着时间的推移，图纸将会变形，失掉原有的精度。而 DEM 采用数字媒介，因而能保持精度不变。另外，由常规的地图用人工的方法制作其他种类的地图，精度会受到损失，而由 DEM 直接输出，精度可得到控制。

③容易实现自动化、实时化。常规地图要增加和修改都必须重复相同的工序，劳动强

度大而且周期长,而 DEM 由于是数字形式的,所以增加和修改地形信息只需将修改信息直接输入计算机,经软件处理后即可得到各种地形图。

7.5.4 DEM 的建立

DEM 的建立包括两个步骤:第一步是数据源的采集;第二步是 DEM 的生成。建立 DEM,首先必须测量一些点的三维坐标,这就是 DEM 数据采集或 DEM 数据获取,这些具有三维坐标的点称为数据点或参考点。

数据采集是 DEM 建立的关键问题,数据的采集密度和采集点的选择决定 DEM 的精度。数据采集按采集的方式可分为选点采集、随机采集、沿等高线采集、沿断面采集等;按数据的来源可分为地形图数字化采集、航空相片采集、地面测量采集、机载测高仪采集等;按数据采集的方法可分为人工、半自动和自动采集等。用各种方法采集到的数据需要经过必要的数据处理才能提供应用。数据处理是以数据点作为控制基础,用某一数学模型来模拟地表面,进行内插加密计算,确定三角网或格网节点处的特征。具体的数据处理方法包括格式转换、坐标系变换、数据编辑、数据分块和数据内插等。

DEM 的生成包括人工网格法、不规则三角网法、立体像对法、曲面拟合法和等值线插值法等。

(1) 人工网格法

通常采用方格膜片、网点板或带刻画的平移角尺叠置在地形图上,并使地形图的格网与网点板或膜片的格网线逐格匹配定位,自上而下,逐行从左到右量取高程。当格网交点落在相邻等高线之间时,用目视线性内插方法估计高程值(图 7-18)。它的优点是几乎不需要购置仪器设备,而且操作简便。

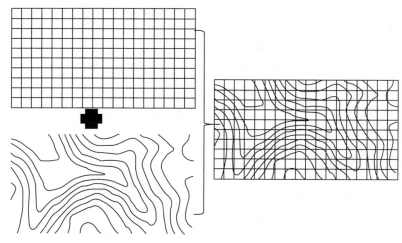

图 7-18 人工网格法

(2) 三角网法

对于不规则分布的高程点,可以形式化地描述为平面的一个无序的点集 P,点集中每个点 p 对应于它的高程值。将该点集转成 TIN,最常用的方法是 Delaunay 三角剖分方法。

(3) 立体像对法

通过遥感立体像对,根据视差模型,自动选配左右影像的同名点,建立 DEM。在产生 DEM 数据时,地形变化复杂的地区,增加网格数量(提高分辨率),而在地形起伏不大的地区,则减少网格数量(降低分辨率)。立体像对分析要求有立体像对影像和特殊的软件,如全数字摄影测量系统 Virtuozo,通常运算时间较长(图 7-19)。

图 7-19 使用 VirtuoZo 产生 DEM

(4) 曲线拟合法

根据有限个离散点的高程,采用多项式或样条函数求得拟合公式,再逐个计算各点的高程,得到拟合的 DEM。可反映总的地势,但局部误差较大。曲线拟合法根据目的不同可分为:

① 整体拟合。根据研究区域内所有采样点的观测值建立趋势面模型。特点是不能反映内插区域内的局部特征。

② 局部拟合。利用邻近的数据点估计未知点的值,能反映局部特征。

(5) 等值线插值法

内插是根据参考点上的高程求出其他待定点上的高程,在数学上属于插值问题。由于所采集的原始数据排列一般是不规则的,为了获取规则格网的 DEM,内插是必不可少的步骤。等值线插值法是比较常用的 DEM 生成方法,它根据各局部等值线上的高程点,通过插值公式计算各点的高程,得到 DEM。输入等值线后,可在矢量格式的等值线数据基础上进行,插值效果较好。

DEM 内插有多种算法,常用的有距离加权法、移动拟合法、双线性多项式内插、样条函数内插、最小二乘配置法、有限元法以及分形插值法等。不同的内插法得到的 DEM 精度不同。

7.5.5 DEM 的应用

7.5.5.1 地形信息的提取

(1) 坡度

定义为地表单元的法向与 Z 轴的夹角,即切平面与水平面的夹角。在计算出各地表单元的坡度后，可对不同的坡度设定不同的灰度级，可得到坡度图[图 7-20(a)]。

(2) 坡向

坡向是地表单元的法向量在水平面上的投影与 X 轴之间的夹角，在计算出每个地表单元的坡向后，可制作坡向图，通常把坡向分为东、南、西、北、东北、西北、东南、西南 8 类，再加上平地，共 9 类，用不同的色彩显示，即可得到坡向图[图 7-20(a)]。

坡度和坡向过去往往是在野外测得，或从等高线地图经手工获取。在 GIS 中，依靠不同的坡度和坡向算法，可以通过一个功能模块直接计算获得。由于坡度和坡向在概念上讲在空间上是不断变化的，GIS 还不能按点计算它们。但是，GIS 可以根据栅格数据计算一个离散单位的坡度和坡向，因此，输入数据的分辨率直接影响坡度和坡向的计算结构。

这里以 ArcGIS 中的坡度、坡向算法为例，说明采用栅格数据计算坡度和坡向的方法。以计算[图 7-20(c)]中 e 点的坡度、坡向为例。坡度的计算公式为：

$$\text{Slope}_{\text{degree}} = \text{ATAN}\left[\sqrt{\left(\frac{\mathrm{d}z}{\mathrm{d}x}\right)^2 + \left(\frac{\mathrm{d}z}{\mathrm{d}y}\right)^2}\right] \times 57.295\ 78 \tag{7-29}$$

式中 $\dfrac{\mathrm{d}z}{\mathrm{d}x}$——相对 e 点表面在 x 方向的变化率；

$\dfrac{\mathrm{d}z}{\mathrm{d}y}$——相对 e 点表面在 y 方向的变化率；

57.295 78——弧度和角度的转换单位，是因为在 ArcGIS 中角度是由弧度表示的。

图中 e 点的 $\dfrac{\mathrm{d}z}{\mathrm{d}x}$ 和 $\dfrac{\mathrm{d}z}{\mathrm{d}y}$ 分别为：

$$\frac{\mathrm{d}z}{\mathrm{d}x} = [(c+2f+i)-(a+2d+g)]/(8\times\text{X\_cellsize}) \tag{7-30}$$

$$\frac{\mathrm{d}z}{\mathrm{d}y} = [(g+2h+i)-(a+2b+c)]/(8\times\text{Y\_cellsize}) \tag{7-31}$$

式中 X_cellsize 和 Y_cellsize——分别表示栅格在 X 方向和 Y 方向上的长度。

将每个点参数对应的值带入公式：

$$\frac{\mathrm{d}z}{\mathrm{d}x} = [(50+60+10)-(50+60+8)/(8\times 5)] = 0.05$$

$$\frac{\mathrm{d}z}{\mathrm{d}y} = [(8+20+10)-(50+90+50)/(8\times 5)] = -3.8$$

$$\text{Slope}_{\text{degree}} = \text{ATAN}\left(\sqrt{\left(\frac{\mathrm{d}z}{\mathrm{d}x}\right)^2 + \left(\frac{\mathrm{d}z}{\mathrm{d}y}\right)^2}\right) \times 57.295\ 78 = 75.257\ 62$$

所以 e 点坡度的整数值为 75°。

坡向从正北为 0° 开始[图 7-20(b) 右侧]，顺时针移动，回到正北以 360° 结束。坡向 10° 比 30° 更靠近 360°。因此，对坡向作数据分析之前，需要对坡向进行转换。常用的方法是将坡向分为北、东、南、西共 4 个基本方向，或者北、东北、东、东南、南、西南、西、西北共 8 个基本方向，并把坡向作为类别数据[图 7-20(c) 右侧]。

在 ArcGIS 中，坡向计算采用 P. A. Burrough 1998 年提出的算法。该算法中，平坦地区

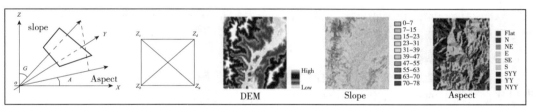

(a) 坡度、坡向定义及以DEM为基础生成的坡度、坡向图

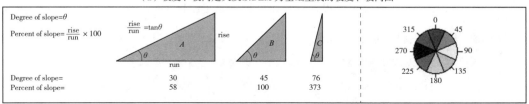

(b) ArcGIS坡度、坡向的描述

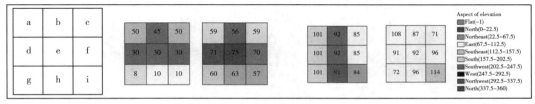

(c) ArcGIS中坡度、坡向的计算

图 7-20 坡度和坡向

的坡向值为-1。

$$\text{Aspect}_{\text{degree}} = \text{ATAN2}\left(\frac{dz}{dy}, -\frac{dz}{dx}\right) \times 57.295\,78 \tag{7-32}$$

式中 当 $\text{Aspect}_{\text{degree}} < 0$ 时，$\text{Cell}_{\text{Aspect}} = 90 - \text{Aspect}_{\text{degree}}$；

当 $\text{Aspect}_{\text{degree}} > 0$ 时，$\text{Cell}_{\text{Aspect}} = 360 - \text{Aspect}_{\text{degree}} + 90$；

当 $\text{Aspect}_{\text{degree}} = 0$ 时，$\text{Cell}_{\text{Aspect}} = 90 - \text{Aspect}_{\text{degree}}$。

因此，e 点的 $\frac{dz}{dx}$ 和 $\frac{dz}{dy}$ 分别为：

$$\frac{dz}{dx} = [(c+2f+i)-(a+2d+g)]/8 \tag{7-33}$$

$$\frac{dz}{dy} = [(g+2h+i)-(a+2b+c)]/8 \tag{7-34}$$

将每个点参数对应的值带入公式：

$$\frac{dz}{dx} = [(85+170+84)-(101+202+101)]/8 = -8.125$$

$$\frac{dz}{dy} = [(101+182+84)-(101+184+85)]/8 = -0.375$$

$$\text{Aspect}_{\text{degree}} = \text{ATAN2}(-0.375, 8.125) \times 57.295\,78 = -2.64$$

$$\text{Cell}_{\text{Aspect}} = 90 - \text{Aspect}_{\text{degree}} = 90 + 2.64 = 92.64$$

所以 e 点的坡向的整数值为92。坡度、坡向的准确测算直接影响其作为输入数据的其他参数的计算。坡度和坡向量测的影响因子主要包括输入的 DEM 的空间分辨率、DEM 数据质量和坡度、坡向计算的算法。

(3) 地表粗糙度

地表粗糙度是反映地表的起伏变化和侵蚀程度的指标，一般定义为地表单元的曲面面积与其水平面上的投影面积之比(图 7-21)。根据定义：

$$地表粗糙度 = 1/\cos\left[(\text{Slope of DEM}) \times \frac{\text{pi}}{180}\right] \qquad (7-35)$$

这里除以 180°是将角度转换为弧度。

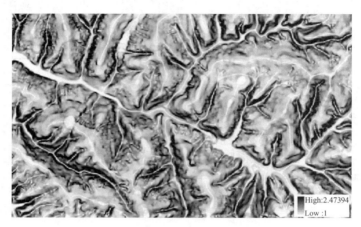

图 7-21 地表粗糙度

(4) 地表曲率

地层曲率包括地面剖面曲率和地面的平面曲率(图 7-22)。地面的剖面曲率(profile curvature)其实质是指地面坡度的变化率，可以通过计算地面坡度的坡度而求得。地面的平面曲率(plan curvature)是指地面坡度的变化率，可以通过计算地面坡向的坡度而求得。

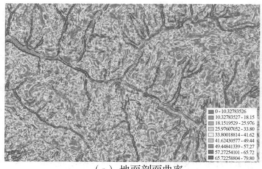
（a）地面剖面曲率

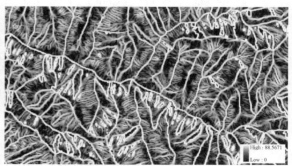
（b）地面平面曲率

图 7-22 地表曲率

(5) 谷脊特征

谷和脊是地表形态结构中的重要部分。谷是地势相对最低点的集合，脊是地势相对最高点的集合。在栅格 DEM 中，可以通过基于图像处理技术的原理、基于地形表面几何形态分析的原理、基于地形表面流水物理模拟分析原理、基于地形表面几何形态分析和流水物理模拟相结合的原理、平面曲率与波形组合法进行山谷、山脊特征的提取。其中平面曲率与波形组合法提取的山脊、山谷的宽度可通过选取平面曲率的大小来调节,方法简便,效果较好。谷脊特征提取的方法参见本节水文分析。

7.5.5.2 可视化分析

(1)绘制等高线图

在格网 DEM 上自动绘制等高线主要包括两个步骤:

①等高线追踪。利用 DEM 矩形格网点的高程内插出格网边上的等高线点,并将这些等高线点排序;

②等高线光滑。进一步加密等高线点并绘制光滑曲线。

(2)绘制地面晕渲图

晕渲图是以通过模拟实际地面本影与落影的方法有效反映地形起伏的重要的地图制图学方法。在各种小比例尺地形图、地理图,以及各类有关专题地图上得到非常广泛的应用。但是,传统的人工描绘晕渲图的方法不但费工、费时,而且带有很大的主观因素。而利用 DEM 数据作为信息源,以地面光照通量数学函数为自变量,计算该栅格应选用输出的灰度值。由此产生的晕渲图具有相当逼真的立体效果(图7-23)。

（a）光源来自西北产生正立体　　　　（b）光源来自东南产生反立体

图 7-23　由 DEM 产生的地面晕渲图

控制地貌晕渲视觉效果的因子:一是太阳方位角,是光线进来的方向,变化范围为顺时针方向 $0°\sim 360°$。一般来说,默认的太阳方位角为 $315°$。当光源由地貌晕渲图的左上角射入时,地物阴影投向观察者,这样可以避免反立体效果(即阴影投向背离看图者时,此时太阳方位角为 $135°$,地图上的丘陵看起来像洼地,而洼地看起来像丘陵)。二是太阳高度角,是入射光线和地平面的夹角,变化范围为 $0°\sim 90°$。另外两个因子是坡度和坡向,坡度变化范围是 $0°\sim 90°$,坡向为 $0°\sim 360°$。

在 ArcGIS 中,每个高程栅格单元的地貌晕渲值采用相对辐射值来表征。其计算方法如下:

$$\text{Cell}_{\text{Hillshade}} = 255 \times \{[\cos(\text{Zenith}_{\text{rad}}) \times \cos(\text{Slope}_{\text{rad}})] + \sin(\text{Zenith}_{\text{rad}})\} \times$$
$$\sin(\text{Slope}_{\text{rad}}) \times \cos(\text{Azimuth}_{\text{rad}} - \text{Aspect}_{\text{rad}}) \quad (7\text{-}36)$$

式中　$\text{Zenith}_{\text{rad}}$——弧度表示的天顶角，与太阳高度角互余；

　　　$\text{Slope}_{\text{rad}}$——弧度表示的坡度；

　　　$\text{Azimuth}_{\text{rad}}$——弧度表示的太阳方位角；

　　　$\text{Aspect}_{\text{rad}}$——弧度表示的坡向。

(3) 透视立体图的绘制

立体图是表现物体三维模型最直观形象的图形，它可以生动逼真地描述制图对象在平面和空间上分布的形态特征和构造关系。计算机自动绘制透视立体图的理论基础是透视原理，而 DEM 是其绘制的数据基础（图 7-24）。

图 7-24　ArcGIS 三维立体透视图显示

在 GIS 中，透视立体图是地形的三维视图，其受到观察方位、观察角度、观察距离和 Z 比例系数的控制。

①观察方位是自观察者到地表面的方向，变化范围为顺时针方向 0°~360°。

②观察角度是观察者所在高度与地平角的夹角，总是在 0°~90°。观察角度为 90°，表示从地表正上方观察地面；观察角度为 0°时，表示从正前方观察地面。因此，当观察者角度为 0°时，三维效果达到最大，而观察角度为 90°时三维效果最小。

③观察距离是观察者与地表面的距离。调整观察距离，可使地面近看或远看。

④Z 比例系数是垂直比例尺与水平比例尺的比率，又称垂直缩放因子。在突出微地形上很有作用。

除了以上参数，三维视图设计也可以包含大气效应、如云和雾。

ArcGIS 中的 3D Analyst 扩展模块提供了用于设置观察参数的图形界面。该模块可以实现地表的旋转、漫游和近距离观察。为了使透视图更具有真实感，可在 3D draping 过程中添加诸如水文要素、土地覆盖或者人文要素图层。

(4) 剖面分析

剖面分析可在格网 DEM 或三角网 DEM 上进行。已知两点的坐标 $A(x_1, y_1)$、$B(x_2, y_2)$，则可求出两点连线与格网或三角网的交点，并内插交点上的高程，以及各交点之间的距离。然后按选定的垂直比例尺和水平比例尺，按距离和高程绘出剖面图（图 7-25）。

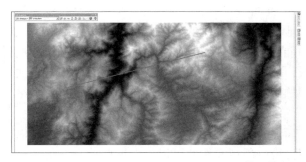 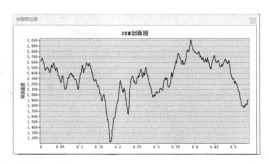

图 7-25 基于格网 DEM 的剖面分析

(5) 通视分析

视域是一个观测点的可视区域。通视分析是指以某一点为观察点,研究某一区域视域可见范围或通视情况。通视分析有着广泛的应用背景。通视问题通常可以分为 5 类:①已知一个或一组观察点,找出某一地形的可见区域;②欲观察到某一区域的全部地形表面,计算最少观察点数量;③在观察点数量一定的前提下,计算能获得的最大观察区域;④以最小代价建造观察塔,要求全部区域可见;⑤在给定建造代价的前提下,求最大可见区。

根据问题输出维数的不同,通视可分为点的通视、线的通视和面的通视。点的通视是指计算视点与待判定点之间的可见性问题;线的通视是指已知视点,计算视点的视野问题;区域的通视是指已知视点,计算视点能可视的地形表面区域集合的问题。基于格网 DEM 模型与基于 TIN 模型的 DEM 计算通视的方法差异很大。

通视分析要求有两个输入数据集:第一个是含一个或多个观察点的点图层或线图层;第二个是 DEM 或 TIN,表示地表面。通视分析的基础是视线操作。视线是连接观察点和观察目标的线。GIS 可以通过符号显示可视区域和不可视区域。图 7-26 中深色区域表示可视,浅色区域表示不可视。

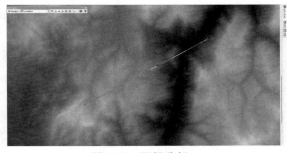

图 7-26 通视分析

(6) 水文分析

从 DEM 生成的集水流域和水流网络数据,是大多数地表水文分析模型的主要输入数据。表面水文分析模型用于研究与地表水流有关的各种自然现象如洪水水位及泛滥情况,或者划定受污染源影响的地区,以及预测当改变某一地区的地貌时对整个地区将造成的后果等。在城市和区域规划、农业及森林等许多领域,对地球表面形状的理解具有十分重要的意义。这些邻域需要知道水流怎样流经某一地区,以及这个地区地貌的改变会以什么样的方式影响水流的流动。

地表的物理特性决定了流经其上的水流的特性,同时水流的流动将反过来影响地表的特性。对地表影响最大的水流特性为水流的方向和速度。水流方向由地表上每一点的方位决定。水流能量由地表坡度决定,坡度越大,水流能量也越大。当水流能量增加时,其携带更多和更大泥沙颗粒的能力也相应增加，因此更陡的坡度意味着对地表更大的侵蚀能力。另外由不同地表曲率决定的凸形或凹形地表也会对水流的流动产生影响，在凸形地表区域，水流加速，能量增大，其携带泥沙的能力增加，因而凸形剖面的区域为水流侵蚀地区。与此相反，在凹形剖面处水流流速降低，能量减少，导致泥沙的沉积。因此，对水文分析来说，关键在于确定地表的物理特征，然后在此特征之上再现水流的流动过程，最终完成水文分析的过程。

从数字高程模型中可提取大量的陆地表面形态信息，这些形态信息包括坡度、方位以及阴影等。在大多数栅格处理系统中，使用传统的邻域操作便可以提取这些信息。集水流域和陆地水流路径与坡度、方位之类的信息密切相关，但同时也需要一些非邻域的操作计算，比如确定大的平坦地区范围内的水流方向等，因此简单的邻域操作对这些计算是不够的。为克服这些限制，达到提取地形形态的目的，一些研究者提出了既使用邻域技术又使用可称之为区域生长过程的空间迭代技术的算法，这些算法提供了从 DEM 中提取集水流域、地表水流路径以及排水网络等形态特征的能力。

上述算法的发展大体上经历了两个阶段：前一阶段的算法一般基于格网点与空间相邻的 8 个格网之间的邻域操作，但不能很好地处理洼地；后一阶段的算法与此类似，但能完整地处理洼地与平坦地区。

以前的研究普遍认为，被高程较高的区域围绕的洼地是进行水文分析的一大障碍，因为在决定水流方向以前，必须先将洼地填充。有些洼地是在 DEM 生成过程中带来的数据错误，但另外一些却表示了真实的地形如采石场或岩洞等。一些研究者曾试图通过平滑处理来消除洼地，但平滑方法只能处理较浅的洼地，更深的洼地仍然得以保留。处理洼地的另一种方法是通过将洼地中的每一格网赋予洼地边缘的最小高程值，从而达到消除洼地的目的。

下面介绍的算法以第二种方法为基础。通过将洼地填充，这些算法使洼地成为水流能通过的平坦地区。整个水文因子的计算由 3 个主要步骤组成，即无洼地 DEM 的生成、水流方向矩阵的计算和水流累积矩阵的计算，下面将对此分别进行介绍。需要指出的一点是，在整个 DEM 水文分析基础数据的计算过程中，虽然无洼地的 DEM 数据应首先生成，但在确定 DEM 洼地的过程中，使用了每一格网的方向数据，因此 DEM 水流方向矩阵的计算应最先进行，作为洼地填平算法的输入数据，在无洼地 DEM 的计算完成之后，重新计算经填平处理的格网的水流方向，生成最终的水流方向矩阵。3 个数字矩阵的获取的具体方法如下：

①无洼地 DEM 的生成。地形洼地是区域地形的集水区域，洼地底点(谷底点)的高程通常小于其相邻近点(至少八邻域点)的高程。对原始 DEM 先进行水流方向矩阵的计算，结果矩阵中洼地底点的方向值需满足的条件有：格网点的方向值为负值(方向值的具体意义在下面介绍)；八邻域格网点对的水流方向互相指向对方。对于自然地形进行分析不难知道，地形洼地一般有 3 种，分别是单点洼地、独立洼地区域和复合洼地区域。对于这 3 种洼地区域分别采用以下 3 种方法进行填平：

a. 单格网洼地的填平的方法。数字地面高程模型中的单格网洼地是指数字地面高程模型中的某一点的八邻域点的高程都大于该点的高程，并且该点的八邻域点至少有一个点是该洼地的边缘点(即洼地区域集水流水的出口),对于这样的单格网洼地可直接赋以其邻域格网中的最小高程值或邻域格网高程的平均值。

b. 独立洼地区域的填平方法。独立洼地区域是指洼地区域内只有一个谷底点,并且该点的八邻域点中没有一个是该洼地区域的边缘点。对独立洼地区域的填平可采用以下方法:首先以谷底点为起点,按流水的反方向采用区域增长算法,找出独立洼地区域的边界线,即水流流向该谷底点的区域边界线。在该独立洼地区域边缘上找出其高程最小的点,即该独立洼地区域的集水流出点,将独立洼地区域内的高程值低于该点高程值的所有点的高程用该点的高程代替,这样就实现了独立洼地区域的填平。

c. 复合洼地的区域的填平方法。复合洼地区域是指洼地区域中有多个谷底点,并且各个谷底点所构成的洼地区域相互邻接。复合洼地区域是地形洼地区域的一种主要表现形式。对于复合洼地的填平可首先以复合洼地区域的各个谷底点为起点,按水流的反方向应用区域增长算法,找出各个谷底点所在的洼地的边缘和它们之间的相互关联关系以及各个谷底点所在洼地的集水出水口所在的点位。出水口点的位置有两种,即在与"0"区域(非洼地区域)关联的边上或在与非"0"区域(洼地区域)相关联的边上。对于出水口位于与"0"区域相关联的边上的洼地区域,找出其出水口的高程最小的洼地区域,并将该区域内高程值低于该点的那些点的高程用该出水口的高程值代替。对于出水口位于与非"0"区域相关联的边上的洼地区域,且高程值低于洼地区域集水出水口时,则将非"0"区域集水出水口点的高程值用该洼地区域集水出水口点的高程值代替。这样就将"0"区域复合洼地区域中的一个谷底点所构成的洼地区域填平,将所剩复合洼地区域用同样的办法依次对各个谷底点所构成的洼地区域进行填平,最后可将整个复合洼地区域填平。

用上述方法对数字高程模型区域中存在的洼地及洼地区域进行填平,可以得到一个与原数字高程模型相对应的无洼地区域的数字高程模型。在这个数字高程模型中由于无洼地区域存在,自然流水可以畅通无阻地流至区域地形的边缘。因此,我们可借助这个无洼地的数字高程模型对原数字模型区域进行自然流水模拟分析。

②水流方向矩阵的计算。水文因子计算的第二步是生成水流方向数据。对每一格网,水流方向指水流离开此格网时的指向。通过将中心格网的8个邻域格网编码,水流方向便可以其中一值来确定,格网方向编码如图7-27所示。例如,如果格网2的水流流向左边,则其水流方向被赋值32。方向值以2的幂值指定是因为存在格网水流方向不能确定的情况,需将数个方向值相加,这样在后续处理中从相加结果便可以确定相加时中心格网的邻域格网状况。另外需要说明的是出现在下面步骤中的距离权落差概念,距离权落差通过中心格网与邻域格网的高程差值除以两格网间的距离决定,而格网间的距离与方向有关,如果邻域格网对中心格网的方向值为1,4,16,64,则格网间的距离为$\sqrt{2}$,否则距离为1。确定水流方向的具体步骤是:

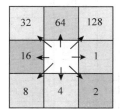

图7-27 水流方向编码

Ⅰ. 对所有DEM边缘的格网,赋予指向边缘的方向值。这里假定计算区域是另一更大数据区域的一部分。

Ⅱ. 对所有在第Ⅰ步中未赋方向值的格网，计算其对8个邻域格网的距离权落差值。

Ⅲ. 确定具有最大落差值的格网，执行以下步骤：如果最大落差值小于0，则赋予负值以表明此格网方向未定（这种情况在经洼地填充处理的 DEM 中不会出现）。如果最大落差值大于或等于0，且最大值只有一个，则将对应此最大值的方向值作为中心格网处的方向值。如果最大落差值大于0，且有一个以上的最大值，则在逻辑上以查表方式确定水流方向。也就是说，如果中心格网在一条边上的3个邻域点有相同的落差，则中间的格网方向被作为中心格网的水流方向，又如果中心格网的相对边上有两个邻域格网落差相同，则任选一格网方向作为水流方向。如果最大落差等于0，且有一个以上的0值，则以这些0值所对应的方向值相加。在极端情况下，如果8个邻域高程值都与中心格网高程值相同，则中心格网方向值赋予255。

Ⅳ. 对没有赋予负值，0、1、2、4、…、128的每一格网，检查对中心格网有最大落差值的邻域格网。如果邻域格网的水流方向值为1、2、4、…、128，且此方向没有指向中心格网，则以此格网的方向值作为中心格网的方向值。

Ⅴ. 重复第Ⅳ步，直至没有任何格网能被赋予方向值；对方向值不为1、2、4、…、128的格网赋予负值（这种情况在经洼地填充处理的 DEM 中不会出现）。

③水流累积矩阵的计算。区域流水量累积数值矩阵表示区域地形每点的流水累积量，它可以用区域地形曲面的流水模拟方法获得。流水模拟可以用区域的数字地面高程模型区域的流水方向数值矩阵来进行。其基本思想是，它认为以规则格网表示的数字地面高程模型每点处有一个单位的水量，按照自然水流从高处流往低处的自然规律，根据区域地形的水流方向数字矩阵计算每点处所流过的水量数值，便可得到该区域水流累积数字矩阵。在此过程中实际上使用了权值全为1的权矩阵，如果考虑特殊情况如降水并不均匀的因素，则可以使用特定的权矩阵，以更精确地计算水流累积值。图7-28分别给出了一个简单的原始 DEM 矩阵以及计算出来的水流方向矩阵和水流累积矩阵。图7-29示例了基于 DEM 的水系提取结果。

78	72	69	71	58	49
74	67	56	49	46	50
69	53	44	37	38	48
64	58	55	22	31	24
68	61	47	21	16	19
74	53	34	12	11	11

（a）原始DEM数据

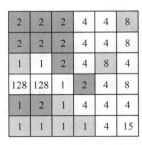

（b）水流方向矩阵及示意

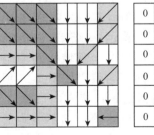

（c）水流累积矩阵

图7-28　利用 DEM 提取水流累计矩阵示意

通过水文分析基础，可以进行山谷、山脊线的提取。通常水流汇集线即为山谷线，而山脊线的提取和山谷线提取相似，但是需要在洼地填充后，计算反地形数据，及采用原始 DEM 数据减去 DEM 中最高点的高程值，然后再进行汇流累积量计算，提取对应的山谷线即为山脊线。图7-30为 ArcGIS 中提取的山谷和山脊线。

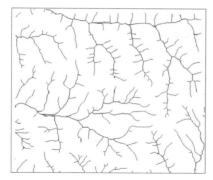
图 7-29 利用 DEM 提取水流累计矩阵示意

图 7-30 利用 DEM 提取山谷、山脊线

7.6 网络分析

对地理网络(如交通网络)、城市基础设施网络(如各种网线、电力线、电话线、供排水管线等)进行地理分析和模型化,是地理信息系统中网络分析功能的主要目的。网络分析是运筹学模型中的一个基本模型,它的根本目的是研究、筹划一项网络工程如何安排,并使其运行效果最好,如一定资源的最佳分配,从一地到另一地的运输费用最低等。其基本思想则在于人类活动总是趋于按一定目标选择达到最佳效果的空间位置。这类问题在社会经济活动中不胜枚举,因此在地理信息系统中此类问题的研究具有重要意义。

具体来说网络就是指现实世界中,由链和节点组成的、带有环路,并伴随着一系列支配网络总流动之约束条件的线网图形,它的基础数据是点与线组成的网络数据。网络分析是通过模拟、分析网络的状态以及资源在网络上的流动和分配等,研究网络结构、流动效率及网络资源等的优化问题的一种方法。本节将从网络分析基础知识、网络分析的基本概念和结构、网络分析的功能及作用几个方面介绍网络分析。

7.6.1 网络分析基础知识

(1) 网络图的概念

网络图是指图论中的"图",用以表达事物及事物之间的特定关系。这种由点集合 V、点和点之间的边集合 E 组成的集合对 (V, E) 表示。当图中的边是无向时称为无向图,如图 7-31(a)所示。当图中的边是有向边时称为有向图,如图 7-31(b)所示。例如,若讨论一个地区内的公路运输系统,则网络图中的顶点表示的是城镇,边表示的是连接城镇之间的公路。在公路网络图中,有向图可以被认为是单行线,而无向图则可以被认为是双行线。

在无向图中,首尾相接的一串边的集合称为路。在有向图中,首尾相接的一串有序有向边的集合称为有向路。起点和终点为同一节点的路称为回路。当在无向图中,任意两个顶点之间存在一条连接它们的路时,称为该无向图是连通的。在有向图中,当任意两个顶点之间存在一条连接它们的有向路时,称为该有向图有强连通性。

网络图具有如下特点:无向图有 n 个顶点、m 条边,顶点为边的端点;有向图同样有 n 个顶点、m 条边,但顶点为边的起点和终点;顶点的位置、边的类型(是曲线还是折线)

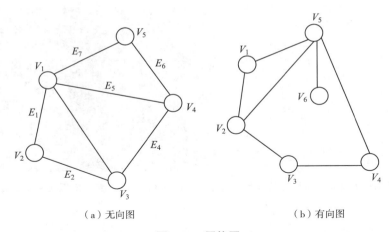

(a)无向图　　　　　　　　　(b)有向图

图 7-31　网络图

与理解网络图的定义无关;网络的边上可赋予权重,赋予权重的图称为赋权图。

(2)网络图的表示

描述图的最直观的方法是图形,为了将图形存入计算机,网络图常用矩阵来记录。图的矩阵表示有很多形式,其中最基本的矩阵是邻接矩阵和关联矩阵。邻接矩阵是描述顶点之间相邻关系的矩阵,关联矩阵描述顶点和边之间关系的矩阵,分别表示图 7-32 中无向图顶点之间的邻接矩阵及顶点和边之间的关联矩阵。其中,邻接矩阵中第 i 行、第 j 列上的元素 a_{ij} 为 1 表示无向图中的点 V_i 和 V_j 相通, a_{ij} 为 0 则表示不相通;关联矩阵中第 i 行、第 j 列上的元素 E_{ij} 为 1 表示有向图中点 V_i 和边 e_j 相关联, a_{ij} 为 0 则表示不相关联。

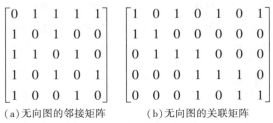

(a)无向图的邻接矩阵　　　(b)无向图的关联矩阵

图 7-32　网络图的矩阵表示

(3)地理网络

地理网络也称为空间网络,它具有一般网络的概念,如将网络图抽象成网络的边、顶点及其拓扑关系。此外,在地理网络中其边、顶点具有空间地理意义及地理属性。因此,地理网络图是由点集合 V、点和点之间的边集合 E、事件点集合 P 组成的集合对(V, E, P),用 $G(V, E, P)$ 表示。

地理网络中很多地理目标还具有层次复合的意义,通常用线目标及其附属点目标表示一系列线状特征和点状特征,其中线状特征是构成地理网络的基础,但进行地理网络分析时,必须考虑整体网络的功能和关系。

实际上,地理网络包括的数据很大,如某地区的地理网络可能由上千万条边(线路)和上千万个顶点(节点)组成。因此,用矩阵来管理地理网络存在困难,所以需要进一步研究更合理的数据组织结构。

(4)地理网络分析的主要内容

地理网络分析包括的内容很丰富,其应用领域正在日益拓宽,其主要内容如下:

①路径分析。指网络中的最短路径和最佳路径的求解问题。

②资源的定位与配置。指为网络中的路线和节点寻求最近中心,以实现网络设施的最优布局。

③连通分析。寻求从一个节点出发,可以到达的全部节点或网线。其中最少费用的连通问题是连通分析中的特定问题。

④流分析。用来寻求资源从一个地点出发,运到另一个地点的最优化方案,优化标准包括时间最少、费用最低、路径最短、资源流量最大化等。

7.6.2 网络的组成部分及网络属性

(1)网络的组成部分(基本元素)

①链(link)。网络中流动的管线,如街道、河流、水管等,其状态属性包括阻力和需求。

②节点(node)。网络中链的节点,如港口、车站、电站等,其状态属性包括阻力和需求等。节点中又有下面几种特殊的类型。

③障碍(barrier)。禁止网络中链上流动的点。

④拐点(turn)。出现在网络链中的分割节点上,状态属性有阻力,如拐弯的时间和限制(如在8:00至18:00不允许左拐)。

⑤中心(center)。是接受或分配资源的位置,如水库、商业中心、电站等,其状态属性包括资源容量(如总量)、阻力限额(中心到链的最大距离或时间限制)。

⑥站点(stop)。在路径选择中资源增减的节点,如库房、车站等,其状态属性有资源需求,如产品数量。

(2)网络属性

除了基本的组成部分外,有时还要增加一些特殊结构,如邻接点链表用来辅助进行路径分析。除此之外,网络分析中还具有网络属性,主要通过建立要素间的拓扑关系来描述,存储在数据库中,用于网络分析。这些属性包括阻强、资源容量和资源需求量。

①阻强。指资源在网络流动中的阻力大小,如所花的时间、费用等。它是描述链和拐角点所具有的属性。链的阻强描述的是从链的一个节点到另一个节点所克服的阻力,它的大小一般与弧段长度、方向、属性及节点类型等有关。拐角点的阻强描述资源流动方向在节点处发生改变的阻力大小,它随着两条相连链弧的条件状况而变化。若有单行线,则表示资源流在往单行线逆方向的阻力为无穷大或为负值。为了网络分析的需要,一般来说要求不同类型的阻强要统一量纲。运用阻强概念的目的在于模拟真实网络中各路线及转弯的变化条件。网络分析中选取的资源最优分配和最优路径随要素阻强的大小而变化。最优路径是最小阻力的路线。对不构成通道的链或拐角点往往赋予负的阻强,这样在选取最佳路线时可自动跳过这些链或拐角点。

②资源容量。指网络中心为了满足各链的需求,能够容纳或提供的资源总数量,也指

从其他中心流向该中心或从该中心流向其他中心的资源总量。如水库的总容水量、宾馆的总容客量、货运总站的仓储能力等。

③资源需求量。指网络系统中具体的线路、链、节点所能收集的或可以提供给某一中心的资源量。如城市交通网络中沿某条街道的流动人口、供水网络中水管的供水量、货运停靠点装卸货物的件数等。

7.6.3 网络分析的功能

GIS 中的网络分析就是对交通网络、各种网线、电力线、电话线、给排水管线等进行地理分析和模型化，然后再从模型中提炼知识指导现实。从应用功能上，网络分析包括路径分析、资源分配和流分析。

7.6.3.1 路径分析

路径分析是在指定的网络节点间找出最佳路径，即找出的路径满足某种最优化条件。其最优化条件可以为距离最短、用时最少、费用最低等。路径分析主要包括了静态求最佳路径分析、N 条最佳路径分析、最短路径或是最低耗费路径分析、动态最佳路径分析。

(1) 静态求最佳路径

由用户确定权值关系后，即给定每条弧段的属性，当需求最佳路径时，读出路径的相关属性，求最佳路径。

(2) 动态分段技术

给定一条路径由多段联系组成，要求标注出这条路上的千米点或要求定位某一公路上的某一点，标注出某条路上从某一千米数到另一千米数的路段。

(3) N 条最佳路径分析

确定起点、终点，求代价较小的几条路径，因为在实践中往往仅求出最佳路径并不能满足要求，可能因为某种因素不走最佳路径，而走近似最佳路径。

(4) 最短路径

确定起点、终点和所要经过的中间点，中间连线，求最短路径。

(5) 动态最佳路径分析

实际网络分析中权值是随着权值关系式变化的，而且可能会临时出现一些障碍点，所以往往需要动态地计算最佳路径。

为了进行网络最短路径分析，需要将网络转换成有向图。其中计算最短路径与最佳路径的算法是一致的，其区别在于有向图中每条弧的权值的不同设置。而路径分析的核心算法即为求两点间的权数最小路径，常用的算法是 Dijkstra。

以求 S 到 T 点的最短路径为例，Dijkstra 的基本思想：若从点 S 到点 T 有一条最短路径，则该路径上的任何点到 S 的距离都是最短的。若两点间不连通或无路，则距离矩阵中距离值为 ∞，否则为对应的距离值。为了进行最短路径搜索，令 $d(X, Y)$ 表示点 X 到 Y 的距离，$D(X)$ 表示 X 到起始点 S 的最短距离。在下列搜索算法中，还需假定两点之间的距离不为负。

①对起始点 S 做标记，且令所有顶点 $D(X)=\infty$，$Y=S$。

②对所有未做标记的点按以下公式计算距离：

$$D(X) = \min\{D(X), d(Y, X) + D(Y)\} \tag{7-37}$$

式中 Y——已确定做标记的点。

取具有最小值的 $D(X)$，并对 X 做标记，令 $Y=X$。

若最小值的 $D(X)$ 为 ∞，则说明 S 到所有未做标记的点都没有路，算法终止；否则继续。

③如果 Y 等于 T，则已找到 S 到 T 的最短路径，算法终止；否则转②。

【例】对图 7-33 中的 A 到 C 求最短路径，则：

①对 A 做标记，按公式计算所有标记点的距离。

结果为：$D(B) = 4$，$D(C) = \infty$，$D(D) = 1$，$D(E) = 2$。

最小值为 $D(D) = 1$。

②对 D 做标记，按公式计算 $D(B)$、$D(C)$、$D(E)$。

$$D(B) = \min\{D(B), d(D, B) + D(D)\} = \min\{4, \infty + 1\} = 4$$
$$D(C) = \min\{D(C), d(D, C) + D(D)\} = \min\{\infty, 9+1\} = 10$$
$$D(E) = \min\{D(E), d(D, E) + D(D)\} = \min\{2, 2+1\} = 2$$

③对 E 做标记，计算 $D(B)$、$D(C)$。

$$D(B) = \min\{D(B), d(E, B) + D(E)\} = \min\{4, 1+2\} = 3$$
$$D(C) = \min\{D(C), d(E, C) + D(E)\} = \min\{10, 6+2\} = 8$$

最小值为 $D(B) = 3$。

④对 B 做标记，计算 $D(C)$：

$$D(C) = \min\{D(C), d(B, C) + D(B)\} = \min\{8, 7+3\} = 8$$

⑤根据顺序记录的标记点，以及最小值的取值情况，可得到最短路径为 $A \rightarrow E \rightarrow C$，最短距离为 8。

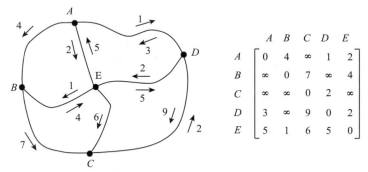

图 7-33　网络有向图及对应的距离矩阵

路径分析中包括最小耗费路径分析和最短路径分析。这两者尽管用到一些相同的术语和概念，但两者的数据格式和参数设置有很大不同。最小耗费路径分析用栅格数据来确定"虚拟的"的最小耗费路径。最短路径分析则是查找网络中节点间的最短路径，以矢量数据为基础进行分析。

最小耗费路径分信息常用于道路、管道、隧道、输电线和步道的规划、野生动物的迁移、可达性医疗服务等。最短路径分析中最著名的应用就是帮助司机找出从起点到终点的最短路线。这可通过汽车或手机上的导航系统完成。同时也可用于可达性分析。

7.6.3.2 定位与配置分析

定位与配置分析(location-allocation analysis)是通过对需求源和供应点的分析，实现网络设施的最优布局，并对一个或多个中心点资源在网络上的最优分配问题进行模拟。

定位问题又称为配置问题，是指已知需求源的分布，确定在何处设置供应点最好。配置问题是确定需求源分别由哪些供应点提供，即已设定供应点，求需求分配点。配置是通过网络来研究资源的空间分布。

在配置研究中，资源常指公共设施，如消防站、学校、医院及开放空间。设施的分布决定了它们的服务范围，因此，空间定位或配置问题分析的主要目的是衡量这些公共设施的效率。例如，在紧急事件服务中，一般是以反映实践来衡量效率，即消防车或救护车达到事故点所需要的时间，即现有消防站或医院在规定时间内的服务范围。

定位与配置问题一般通过目标和约束解决供需匹配问题。其问题的建立要求输入供应、需求和阻抗测度等信息。供应由点位置的设施组成。需求可能由独立点组成，或代表线/多边形数据的聚集点。养老院和消防站定位配置问题中，养老院是需求点，消防站是供给点，供需间的阻抗量测可由旅行距离或旅行时间来表示。路网上两点间距离可沿着最短路径或直线距离量测，最短路径距离比直线距离的结果更精确。

解决定位–配置问题的两个最常见的模型是最小阻抗法(时间或距离)和最大覆盖法。最小阻抗模型又称为中位数定位模型，该算法的基本原理是使所有需求点至它们最近的供应中心点的旅行总距离或时间最小。最大覆盖模型算法的基本原理是在制定时间或距离内达到需求覆盖最大化。两个模型都可以再增加约束条件或选项。最大距离约束可以在最小阻抗模型基础上使用，使解决方案在对总行程最小化的同时，保障了所有需求点都不超过其制定的最大距离范围。同样，需求距离选项可以和最大覆盖模型并用，在期望距离内覆盖所有需求点。

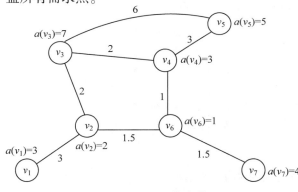

图 7-34 网络负荷

这里以最小阻抗法为例，介绍定位配置分析实现的算法。

在区域 G，n 个顶点 $v = \{v_1, v_2, \cdots, v_n\}$ 和 m 条边 $E = \{e_1, e_2, \cdots, e_m\}$ 组成无向连通图 G，求每个顶点 v_i 到各个顶点间的最短路径长度 $d_{i1}, d_{i2}, \cdots, d_{im}$，其中的最大值称为顶点 v_i 的最大服务距离，用 $e(v_i)$ 表示。

假定现要求出一点 v_{i0}，使 $e(v_i)$ 具有最小值，该点作为服务点位置，则最远服务对象与服务点之间的距离达到了最小，该 v_{i0} 称为图 G 的中心。通过求图 G 的中心可以进行最优配置，实现医院、商城的选址。

以图 7-34 为例，已知图 G 中有 7 个顶点，8 条边每个顶点有正负荷 $a(v_i)$，$(i = 1, 2, \cdots, 7)$。若 $a(v_1) = 3$，$a(v_2) = 2$，$a(v_3) = 7$，$a(v_4) = 3$，$a(v_5) = 5$，$a(v_6) = 1$，$a(v_7) = 4$，则图 G 的中心点应该满足 $S(v_i) = \sum a(v_i) d_{ij}$ 为最小。求中心点的算法如下：

①求出图 G 的距离方阵。在前面的算法，求出每个顶点 v_i 到各个顶点间的最短路径长度，最后列出如下距离方阵：

$$\begin{bmatrix} 0 & 3 & 5 & 5.5 & 8.5 & 4.5 & 6 \\ 3 & 0 & 2 & 2.5 & 5.5 & 1.5 & 3 \\ 5 & 2 & 0 & 2 & 5 & 3 & 4.5 \\ 5.5 & 2.5 & 2 & 0 & 3 & 1 & 2.5 \\ 8.5 & 5.5 & 5 & 3 & 0 & 4 & 5.5 \\ 4.5 & 1.5 & 3 & 1 & 4 & 0 & 1.5 \\ 6 & 3 & 4.5 & 2.5 & 5.5 & 1.5 & 0 \end{bmatrix}$$

②求最佳路径与负荷乘积和。得

$S(v_1) = 3\times0+2\times3+7\times5+3\times5.5+5\times8.5+1\times4.5+4\times6 = 128.5$

$S(v_2) = 3\times3+2\times0+7\times2+3\times2.5+5\times5.5+1\times1.5+4\times3 = 71.5$

$S(v_3) = 3\times5+2\times2+7\times0+3\times2+5\times5+1\times3+4\times4.5 = 71$

$S(v_4) = 3\times5.5+2\times2.5+7\times2+3\times0+5\times3+1\times1+4\times2.5 = 61.5$

$S(v_5) = 3\times8.5+2\times5.5+7\times5+3\times3+5\times0+1\times4+4\times5.5 = 106.5$

$S(v_6) = 3\times4.5+2\times1.5+7\times3+3\times1+5\times4+1\times0+4\times1.5 = 66.5$

$S(v_7) = 3\times6+2\times3+7\times4.5+3\times2.5+5\times5.5+1\times1.5+4\times0 = 92$

③$S(v_i)$ 为最小值所对应的点为 $v_4=61.5$。

④最后得图 G 中的中点为 v_4，如果将图 G 用在交通运输中，为了使运输量最小，库房应该设在 v_4 处。

定位与配置问题中还有一类比较重要的问题即最小费用最大流。这是经济学和管理学中典型的依类问题。在一个网络中，每段路径都有"容量"和"费用"两个限制的条件下，此类问题的研究试图寻找出：流量从 A 到 B，如何选择路径、分配经过路径的流量，可以在流量最大的前提下，达到所用的费用最小的要求。如 n 辆卡车要运送物品地到 B 地。由于每条路段都有不同的路费要缴纳，每条路能容纳的车的数量有限制，最小费用最大流问题指如何分配卡车的出发路径可以达到费用最低，物品又能全部送到。

解决最小费用最大流问题，一般有两条途径。一条途径是先用最大流算法算出最大流，然后根据边费用，检查是否有可能在流量平衡的前提下通过调整边流量，使总费用得以减少。只要有这个可能，就进行这样的调整。调整后，得到一个新的最大流。然后，在这个新留的基础上继续检查、调整。这样迭代下去，直到无调整的可能，便得到最小费用最大流。这一思路的特点是保持问题可行性(始终保持最大流)，向最优推进。另一条解决途径和前面介绍的最大流算法思路相类似，一般首先给出零流作为初始流。这个流的费用为零，当然是最小费用的。然后寻找一条源点至汇点的增流链，但要求这条增流链必须是所有增流链中费用最小的一条。如果能找出增流链，则在增流链上增流，得出新流。将这个流作为初始流看待，继续寻找增流链增加。这样迭代下去，直到找不出增流链，这是的流即为最小费用最大流。这一算法思路的特点是保持解的最优性(每次得到的新流都是费用最小的流)，而逐渐向可行解靠近(直至最大流时才是一个可行解)。

现以第二种算法为例，介绍最小费用最大流实现过程：

①对网络 $G=[V, E, C, W]$，给出流值为零的初始流。

②作伴随这个流的增流网络 $G'=[V', E', W']$。$G': V'=V$。若 G 中 $f(u, v)=0$，则 G' 中建边 (v, u)，$w'(v, u)=-w(u, v)$。

③若 G' 不存在 x 至 y 的路径，则 G 的流即为最小费用最大流，停止计算；否则用标号法找出 x 至 y 的最短路径 P。

④根据 P，在 G 上增流：对 P 的每条边 (u, v) 若 G 存在 (u, v)，则 (u, v) 增流；若 G 存在 (v, u)，则 (v, u) 减流。增（减）流后，应保证对任一边有 $c(e) \geq f(e) \geq 0$。

⑤根据计算最短路径时的各顶点的标号值 $L(v)$，按下式修改 G 一切边的权数 $w(e)$：

$$L(u)-L(v)+w(e) \rightarrow w(e) \quad (7-38)$$

⑥将新流视为初始流，转步骤②。

7.6.3.3 连通分析

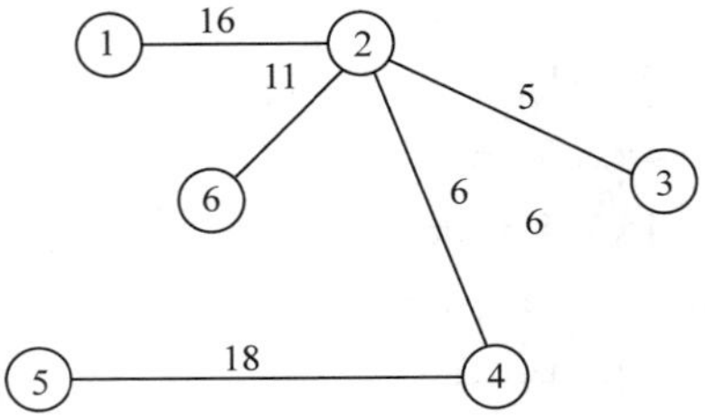

连通分析实际上就是生成最小生成树。在连通分析中，若一个图中任意两个节点之间都存在一条路，则为连通图；若在一个连通图中不存在任何回路，则称为树；若生成树是图的极小连通子图，则称为最小生成树。假设 T 为图 G 的一个生成树，若把 T 中各边的权数相加，则这个和数称为生成树 T 的权数。在 G 的所有生成树中，权数最小的生成树称为 G 的最小生成树。以在 n 个城市间建立通信线路为例进行连通分析。如图7-35所示，对此进行分析。

图 7-35 城市间的通信线路

图的顶点表示城市，边表示两城市间的线路，边上所赋的权值表示代价。对 n 个顶点的图可以建立许多生成树，每一棵树可以是一个通信网。若要使通信网的造价最低，就需要构造图的最小生成树。在此，构造最小生成树的依据主要有两个：一是在网中选择 $n-1$ 条边连接网的 n 个顶点；二是尽可能选取权值为最小的边。采用 Kruskal 算法，即克罗斯克尔算法，也称为"避圈"法。假设图7-36(a)是由 m 个节点构成的连通赋权图，则构造最小生成树的步骤如下：

①先把图7-36(a)中的各边按权数从小到大重新排列，并取权数最小的一条边为 T 中的边。

②在剩下的边中，按顺序取下一条边。若该边与 T 中已有的边构成回路，则舍去该边，否则选进 T 中。

③重复上述步骤，直到有 $m-1$ 条边被选进 T 中，这 $m-1$ 条边就是图7-36(a)的。

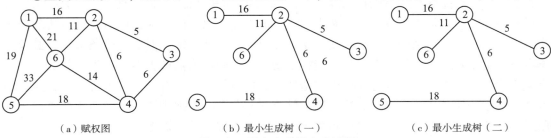

（a）赋权图　　　　　（b）最小生成树（一）　　　　　（c）最小生成树（二）

图 7-36 最小生成树生成过程

7.7 空间分析模型

7.7.1 空间分析模型的基础知识

(1) 模型的概念

模型是客观世界的一个表征和体现,同时又是客观事物的抽象和概括。人们认识和研究客观世界一般有3种方法:逻辑推理法、实验法和模型法。模型法是我们了解和探索客观世界最有力、最方便、最有效的方法。客观世界的实际系统是极其复杂的,它的属性也是多方面的。但是,建立模型决不能企图将所有这些因素和属性都包括进去,只能根据系统的目的和要求,抓住本质属性和因素,准确地描述系统。一般而言,模型具有以下几个特点:模型比现实世界容易操作,尤其一些参数值的改变在模型中操作比在实际问题中操作更容易;有些不能做实验的实际问题,可以通过建立模型来进行描述;有些变量在现实中需要很长时间才能观察出它的变化情况,但用模型研究则能很快看出其变化规律,从而能最迅速地抓住其本质特征;用模型研究变量之间的关系,可以节约时间,降低费用;可以通过模型进行灵敏度分析,以便看出哪些因素对系统影响更大。

空间分析模型是指用于 GIS 空间分析的数学模型,是在 GIS 空间数据基础上建立起来的模型,是通过作用于原始数据和派生数据的一组顺序的、交互的空间分析操作命令,对一个空间决策过程进行的模拟。GIS 空间分析模型强调运用地理相关的数据或地理空间数据处理模型;同时强调 GIS 在建模中而非模型中的应用。

(2) 模型的分类

GIS 用户所用的许多模型是很难进行分类的。本节主要针对模型进行大致归类,它对后续要介绍的模型起概括作用。

①模型可以是描述的或规则的。描述模型描述空间数据的现有情况,而规则模型则对将会出现的情况提供预测。如果我们用地图来打比喻,植被地图代表描述模型,而潜在植被地图则代表规则模型。植被地图呈现现有的植被,而潜在自然植被地图则呈现在没有干扰和气候变化的条件下将会出现的植被类型。

②模型可以是确定的或随机的。确定模型和随机模型都是用参数和变量的方程式来表示的数学模型。随机模型考虑一个或更多的参量或变量的随机性,而确定模型则不然。作为随机过程的结构,随机模型的预测可能出现错误或不确定的测量,通常用概率表示。这是为什么随机模型也被称作概率模型或统计模型。

③模型可以是静态的或动态的。动态模型强调一段时间内的空间数据变化和变量之间的相互作用,而静态模型则涉及特定时间里空间数据的状态。模拟是一种演绎空间数据随时间变化而形成不同状态的技术。许多环境模型,如地下水污染和土壤水分分布,作为动态模型来研究是最好的。

④模型可以是推论的或归纳的。推论模型展示的结论是来自特定的前提条件。这些前提条件通常是以科学理论或自然规律为基础的。归纳模型展示的结论是来自于实验数据和观察报告。例如,要评估滑坡的可能性,我们可以采用建立在物理学规律上的推论模型或

者选用根据以往滑坡记录建立起来的归纳模型。

(3) 建模过程

模型的建立要遵循一系列的步骤。

①明确建模目的。这类似于给一个研究问题进行定义。主要内容包括：模型想模拟什么现象，为什么必须建立这个模型，哪个时空尺度适合这个模型，建模者可利用概念图表组建一个模型的基本结构。

②把模型分解成各种元素，然后用概念定义各种元素的属性和它们之间的相互作用框图（如流程图）。在这一步里，建模者也要将模型的数学方法和 GIS 工具集成用以执行计算。

③模型的应用与校准。建模者需要数据去运行并校准模型。模型校准是一个重复的过程，不断地比较模型输出的数据与观察结果之间的差异，调整各参数的数值，然后再运行模型。模型预测中的不确定性是校准一个确定模型的主要问题。敏感性分析是将不确定性进行量化的一种技术，即通过测定输入的变化在输出结果中的表现来量化。

经过校准的模型可以用作预测，但一个模型在被广泛接受之前必须经过验证过程。模型验证过程就是评价模型的稳定性，即对不同于校准条件下的预测结果做出评估。未经验证的模型通常不会被其他研究人员所接受。模型验证过程需要一套不同于建模过程中使用过的数据集。

(4) GIS 在建模中的应用方式

GIS 在建模过程中有如下几种应用方式：

①GIS 作为模型的输入数据源，并对这些数据源进行可视化和探查分析；同时在问题解决和理解推进方面提供帮助。例如，在定位-配置问题建模中，GIS 可为需要的输入数据提供定位模型入口，并能将地理数据可视化。此外，GIS 中的叠置、地图逻辑运算和空间查询技术功能，矢量数据中空间关系的 GIS 概念，有助于解决顶问题和构建新的定位模型。

②GIS 建立的模型可以是基于矢量或基于栅格的，同时也包括对两者的综合。基于何种数据类型取决于模型的本质、数据源和算法。如果要模拟的空间现象随空间连续变化，如土壤侵蚀和积雪等，则首选基于栅格的模型。如果输入数据的主体是卫星影像和 DEM，或当建模涉及高强度的、复杂的计算，首选也是基于栅格的模型。但是，基于栅格的模型不宜用于旅游问题的研究，因为旅游问题的模拟要求使用基于拓扑关系的路网。基于矢量的模型一般用于涉及位置和形状定义很好的空间现象。

③GIS 建模可以在 GIS 环境中进行或需要 GIS 与其他计算机程序的链接。GIS 链接到其他计算机程序，有 3 种类型：松散链节、紧密链节和嵌入系统。松散链节涉及数据文件在 GIS 和其他程序之间的传送。例如，用户可以从 GIS 导出数据到统计分析软件包中运行，也可以把来自统计分析的结果导入 GIS，实现可视化或显示。这种类型中，建模者必须创建和调整要导出或导入的数据文件，在 GIS 和目标计算机程序间建立了接口的情况除外。紧密链节提供了 GIS 和其他程序的共同用户接口。例如，GIS 有一个菜单选项用来运行一个土壤侵蚀程序。嵌入系统是通过共享存储器和共同结构把 GIS 与其他程序捆绑在一起。ArcGIS 的地理数据扩展功能就是一个把地理数据分析功能和 GIS 环境捆绑在一起的例子。

(5) GIS 空间建模的步骤

GIS 空间分析建模的目的是解决某类与地理空间有关的问题，通常涉及多种空间分析操作的组合。好的空间分析建模过程设计将十分有利于问题的解决，一般步骤：明确分析的目的和评价准则；准备分析数据；进行空间分析操作；进行结果分析；解释、评价结果（如有必要重新开始）；结果输出（地图、表格和文档）。

(6) GIS 空间分析建模的实例

【例 1】森林公园选址。为某地建立一国家森林公园确定大致范围，是一个数据源已知，需要进行空间信息提取的模型。数据源包括公路铁路分布图（线状地物），森林分布图（面状地物），城镇区划图（面状地物）。地图模型可以用表 7-1 的形式表示。

表 7-1　国家森林公园选址模型

步　骤	操作命令
找出所有森林地区：1 为林地，0 为非林地	再分类
合并森林分类图属性相同的相邻多边形的边界	归组
找出距公路或铁路 0.5 km 的地区	缓冲区分析
找出距公路或铁路 1 km 的地区	缓冲区分析
找出非城市区用地：1 为非市区，0 为市区	再分类
找出森林地区、非市区、且距公路或铁路 0.5~1.0 km 范围内的地区	拓扑叠加分析
合并相同属性的多边形	归组

【例 2】道路拓宽改建过程中的拆迁指标计算。这里将举例说明如何利用建立缓冲区、拓扑叠加和特征提取，计算一条道路拓宽改建过程中的拆迁指标。

① 明确分析的目的和标准。本例的目的是计算由于道路拓宽而需拆迁的建筑物的建筑面积和房产价值，道路拓宽改建的标准是：道路从原有的 20 m 拓宽至 60 m；拓宽道路应尽量保持直线；部分位于拆迁区内的 10 层以上的建筑不拆除。

② 准备进行分析的数据。本例需要涉及两类信息，一类是线状道路图；另一类为分析区域内建筑物分布图及相关信息。

③ 进行空间操作。首先选择拟拓宽的道路，根据拓宽半径，建立道路的缓冲区。然后将此缓冲区与建筑物层数据进行拓扑叠加，产生一幅新图，此图包括所有部分或全部位于拓宽区内的建筑物信息。

④ 进行统计分析。首先对全部或部分位于拆迁区内的建筑物进行选择，凡部分落入拆迁区且楼层高于 10 层以上的建筑物，将其从选择组中去掉，并对道路的拓宽边界进行局部调整。然后对所有需拆迁的建筑物进行拆迁指标计算。

⑤ 将分析结果以地图和表格的形式打印输出。

【例 3】辅助建设项目选址。本例说明如何利用空间操作和特征提取功能，为一建设项目选择最佳的建设位置。

① 建立分析的目的和标准。分析的目的是确定一些具体的地块，作为一个轻度污染工厂的可能建设位置。工厂选址的标准包括：地块建设用地面积不小于 10 000 m^2；地块的地价不超过 1 万元/m^2；地块周围不能有幼儿园、学校等公共设施，以免受到工厂生产的影响。

② 从数据库中提取用于选址的数据。为达到选址的目的，需准备两种数据，一种为包括全市所有地块信息的数据层；另一种为全市公共设施（包括幼儿园、学校等）的分布图。

③进行特征提取和空间拓扑叠加。从地块图中选择所有满足条件1、2的地块,并与公共设施层数据进行拓扑叠加。

④进行邻域分析。对叠加的结果进行邻域分析和特征提取,选择出满足要求的地块。

⑤数据输出。将选择的地块及相关信息以地图和表格形式打印输出。

7.7.2 GIS空间分析建模常用模型

GIS空间分析建模中常用的模型包括:二值模型、指数模型、回归模型和过程模型。

(1) 二值模型

二值模型是用逻辑表达式从一个组合要素图层或多重栅格中选择目标区域。二值模型的输出结果也是二值格式:1(为真)表示区域满足选择条件,0(为假)表示不满足选择条件。确定选择指标在创建二值模型中可能是最重要的步骤。这一步通常通过文献调查指导完成。并且,如果要建模的现象数据可用,它们可用于建模参考,而历史数据也用于模型的校准和确认。

二值模型可以基于矢量和栅格数据。选址分析是二值模型应用最广泛的空间问题。选址分析可以通过一系列选择指标判断一个区域是否可以满足定为填埋场、滑雪场或学校和工厂。选址分析一般有两种类型:一种是对一系列推荐或预选的地址进行评估;另一种是对所有潜在的可能地址进行评估。例如,居住用地的选址、等级评价,森林公园的选址等。

(2) 指数模型

指数模型是计算每个像元区域的指数值,然后根据该指数生成一个等级地图。指数模型与二值模型相似,同样包含多重指标评估,且都基于数据处理的叠置分析。相比二值模型,指数模型的每个像元区域生成一个指数值,而不是简单的1或0。

指数模型中最常用的指数值计算方法为加权线性综合法。在加权线性综合法中,首先要对指标的重要性进行评价。很多研究对指标的评价都采用来自专家的成对比较,该方法包含了对每对指标的比值估算过程。例如,如果指标A比指标B重要3倍,那么A/B就会被记录为3,而B/A就是1/3。成对比较法在商业软件包中都有提供(如Expert Choice、TOPSIS)。其次,需要对指标进行标准化。线性转换是数据标准化的一种常用方法。例如,下列公式可以把区间数据转换成从0.0~1.0的标准尺度:

$$S_i = \frac{X_i - X_{\min}}{X_{\max} - X_{\min}} \quad (7\text{-}39)$$

式中 S_i——初始值X_i的标准化值;

$X_{\min}$——初始值的最小值;

$X_{\max}$——初始值的最大值。

当初始数据是有序数据时,不能使用上式。而是需要基于专门技术和知识的排序过程将数据转换成标准化值域,如0~1,1~5,1~100等。最后,每个像元区域的指数值是通过指标值的加权和除以总权重计算得来的:

$$I = \frac{\sum_{i=1}^{n} w_i x_i}{\sum_{i=1}^{n} w_i} \quad (7\text{-}40)$$

式中 I——指数值；

n——指标数；

w_i——指标 i 的权重；

x_i——指标 i 的标准化值。

指数模型既可以基于矢量数据，又可以基于栅格数据。加权线性综合法不能处理两个要素之间的相互依赖性。例如，一个土地适宜性模型可能会在一个线性方程中包括土壤和坡度，并且把它们当成是独立的要素。但在现实中土壤和坡度是相互依存的。相互依赖的问题可以通过非线性函数或者组合规则进行表达。

指数模型通常用于适宜性分析和脆弱性分析。适宜性分析是基于特定用途的适合程度对区域进行排序。例如，美国州政府机构使用土地评价和选址评价体系，确定农业用地转为其他用地的适宜性。脆弱性分析评估区域对危险或灾害的敏感性（如森林火灾）。2 种分析要求仔细考虑标准和指标权重。

(3) 回归模型

回归模型是用一个方程式建立一个因变量与多个自变量的关系，可用于预测和推算。如同指数模型，回归模型可在 GIS 中用地图叠置运算把分析所需的全部自变量结合起来。回归模型包括线性回归、局部回归和对数回归等。

多变量线性回归模型为：

$$y = a + b_1 x_1 + b_2 x_2 + \cdots + b_n x_n \tag{7-41}$$

式中 y——因变量；

x_i——自变量，$i = 1, 2, 3, \cdots, n$；

b_i——回归系数，$i = 1, 2, 3, \cdots, n$。

尽管称作虚拟变量的类型变量可用作自变量，但是通常方程中的所有变量均为数值型变量，它们也可以是转化的变量。常见的转化有平方、平方根和取对数。

线性回归的主要用途是通过 x_i 的值预测 y 的值。但线性回归对预测值和真实值之间的误差、残差等需要满足以下假设：①误差在每个自变量数据集中呈正态分布；②误差具有 0 的预期（平均）值；③对于所有的自变量值，误差的变化是恒量；④误差是相互独立的。

在多变量线性回归的情况下，各个自变量之间的相关性很低或无相关性。

线性回归模型可以用于积雪分水岭分析、野生动物活动范围、非点源污染的风险、土壤水分和入室盗窃等空间问题的分析。

局部回归模型又称为地理加权回归分析，用每个已知点的信息推导局部模型。局部模型常以探索空间非稳定性为基础（如变量间的关系随空间变化），模型的参数可随空间变化，这与整体回归模型中稳定性的假设相反（变量是间的关系在空间上保持相同）。局部回归模型可用于物种丰富度、入室盗窃、旅游业/休闲与农村贫困、运送与乘客流量和火灾密度等空间问题的分析。

当因变量是类别数据，自变量是类别数据或数值变量或两者皆是的时候，采用对数回归模型。使用对数回归的主要优势是其不需要线性回归所需的假设。对数回归模型可用于动物栖息地的回归分析、降雨引起的滑坡可能性分析等。

(4) 过程模型

过程模型把现有关于现实世界环境过程的知识综合成一组用于定量分析该过程的关系式或方程。模块或子模型经常需要涉及过程模型的不同组分。一些模块可能会用从经验数据导出的数学方程式,而其他的则使用物理定律导出的方程式。过程模型提供判断能力和对所提出的过程的内在解释。据此定义,过程模型属预测和动态模型。这些模型建立后可以改善我们对物质和文化等作用过程的理解,进而促进预测并执行模拟。

知识点

1. 空间数据查询:是指从现有的信息检索出符合特定条件的信息。通过空间查询,GIS可以回答用户提出的简单问题,空间数据查询操作并不会改动数据库中的数据,也不会生成任何新的数据或新的实体。

2. 缓冲区和缓冲区分析:所谓缓冲区就是地理空间目标的一种影响范围或服务范围。缓冲区是指为了识别某一地理实体或空间物体对其周围地物的影响度而在其周围建立的具有一定宽度的带状区域。缓冲区分析则是对一组或一类地物按缓冲的距离条件,建立缓冲区多边形,然后将这一图层与需要进行缓冲区分析的图层进行叠加分析,得到所需结果的一种空间分析方法。

3. 叠置分析:是将同一地区的两组或两组以上的要素(地图)进行叠置,产生新的特征(新的空间图形或空间位置上的新属性的过程)的分析方法。

4. DTM和DEM:数字地形模型(DTM)最初是为了高速公路的自动设计提出来的。数字地形模型是地形表面形态属性信息的数字表达,是带有空间位置特征和地形属性特征的数字描述。数字地形模型中地形属性为高程时称为数字高程模型(DEM)。高程是地理空间中的第三维坐标。

5. 坡度和坡向:定义为地表单元的法向与 Z 轴的夹角,即切平面与水平面的夹角。坡向是地表单元的法向量在水平面上的投影与 X 轴之间的夹角。

6. 网络图:网络图是指图论中的"图",用以表达事物及事物之间的特定关系。这种由点集合 V、点和点之间的边集合 E 组成的集合对 (V, E) 表示。当图中的边是无向时称为无向图,当图中的边是有向边时称为有向图。

7. 地理网络:地理网络也称为空间网络,它具有一般网络的概念,如将网络图抽象成网络的边、顶点及其拓扑关系。此外,在地理网络中其边、顶点具有空间地理意义及地理属性。因此,地理网络图是由点集合 V、点和点之间的边集合 E、事件点集合 P 组成的集合对 (V, E, P),用 $G(V, E, P)$ 表示。

8. 路径分析:路径分析是在指定的网络节点间找出最佳路径,即找出的路径满足某种最优化条件。其最优化条件可以为距离最短、用时最少、费用最低等。路径分析主要包括了静态求最佳路径分析、N 条最佳路径分析、最短路径或是最低耗费路径分析、动态最佳路径分析。

9. 定位与配置分析:是通过对需求源和供应点的分析,实现网络设施的最优布局,并对一个或多个中心点资源在网络上的最优分配问题进行模拟。定位问题又称为配置问题,是指已知需求源的分布，确定在何处设置供应点最好。配置问题是确定需求源分别由哪些供应点提供，即已设定供应点，求需求分配点。配置是通过网络来研究资源的空间分布。

10. 链：网络中流动的管线，如街道、河流、水管等，其状态属性包括阻力和需求。

11. 节点：网络中链的节点，如港口、车站、电站等，其状态属性包括阻力和需求等。节点中又有下面几种特殊的类型。

12. 障碍：禁止网络中链上流动的点。

13. 拐点：出现在网络链中的分割节点上，状态属性有阻力，如拐弯的时间和限制（如在8：00至18：00不允许左拐）。

14. 中心：是接受或分配资源的位置，如水库、商业中心、电站等，其状态属性包括资源容量(如总量)、阻力限额(中心到链的最大距离或时间限制)。

15. 站点：在路径选择中资源增减的节点，如库房、车站等，其状态属性有资源需求，如产品数量。

复习思考题

1. 简述缓冲区分析的原理、方法和地学意义。
2. 根据自己的学科领域，提供建立缓冲区的应用实例。
3. Intersect 和 Union 的用法有何异同？具体说明它们的应用范围。
4. 叠加分析中，何时会产生碎屑多边形？如何定义碎屑多边形？
5. 简述 DEM 的概念及建立方法。
6. 如何解释流量累积栅格？
7. 试述 DEM 分辨率对流域边界勾绘的影响。
8. 为什么流域分析需要进行洼地的填充？
9. 在网络分析中，为什么配置分析的结果通常表示为服务区？
10. 试说明网络分析的原理、方法和地学意义。
11. 什么是 GIS 空间分析建模？请举例说明。
12. 举例说明过程模型，该模型可以只用 GIS 来构建吗？

实践习作

习作7-1 位置选择查询要素

1. 知识点

基于空间数据的查询。

2. 习作数据

idcities.shp 和 snowsite.shp 数据。

3. 结果与要求

采用"由位置选择要素"的方法，选择距爱达荷州的 Sun Valley 40 英里范围之内的滑雪站，并在统计图中绘出滑雪站的数据。

4. 操作步骤

（1）加载数据

启动 ArcMap，链接数据文件夹 Ex7_1，点击【添加数据】，在弹出的【添加数据】对话框中分将 idcities.shp 和 snowsite.shp 数据加载到 ArcMap 环境下，这两个图层均为点层数据。

（2）设置显示属性

右击【图层】，在弹出的快捷菜单上选择"属性"。在打开的【数据框属性】对话框中点击【常规】选项卡，在【显示】下拉菜单中选择"英里"，将显示单位设置为英里。设置完成后，ArcMap 地图显示窗口的状态栏中，显示单位变为英里。

（3）选取代表位置要素的 Sun Valley 要素

在 ArcMap 窗口的主菜单中点击【选择】，在弹出的下拉菜单中选择"按属性选择"，打开【按属性选择】对话框。在弹出的对话框中，图层选项中选择"idcities"，在方法选项中选择"创建新选择内容"，然后在表达式框中输入以下 SQL 语句""CITY_NAME"='Sun Valley'"，点击【验证】，点击【确定】，关闭对话框。Sun Valley 被高亮显示在地图中。

（4）选取距离 Sun Valley 40 英里范围内的滑雪场

在 ArcMap 窗口的主菜单中点击【选择】，在弹出的快捷菜单中选择"按位置选择"，在弹出的【按位置选择】对话框的选择方法中选择"从以下图层中选择要素"选项卡，勾选 snowsite 作为目标图层，idcities 作为源图层，并勾选"使用所选要素"。在为【目标图层要素的空间选择方法】中选择"在源图层要素的某一距离范围内"。在【应用搜索距离】选项前打钩，并在下方的文本框中输入"40 英里"，点击【确定】。距离 Sun Valley 40 英里范围内的滑雪场被高亮显示在地图窗口中。

（5）显示选中的要素

右击 snowsite.shp 选择"打开属性表"，选择"显示所选记录"，仅显示选中的滑雪站。

（6）显示要素的统计特征

在 ArcMap 窗口的主菜单中点击【视图】，在打开的快捷菜单中选择【图表】下的"创建图表"，在打开的对话框中，图表类型选项卡中选择"泡状图"，【图层/表】中选择"snowsite"，在半径字段和 Y 字段中选择"SWE_MAX"字段，统计各个滑雪场最大雪水量的记录。

（7）制作动态图表

首先导出选中的要素，使其生成一个单独的图层。右击 snowsite，在弹出的快捷菜单中依次选择"数据"—"导出数据"，将输出的 Shapefile 文件保存在 Ex7_1 工作空间下，并命名为"svatations"。点击【是】将该图层添加到 ArcMap 地图操作窗口。

（8）制作动态散点图

打开 svatations 的属性表，在表选项菜单中选择"创建图表"。在打开的【制图向导】对话框中选择"散点图"作为图表类型，svatations 作为图层/表，Y 字段选择"ELEV"，X 字段选择"SWE_MAX"。点击【下一步】，在标题选项中填入"Elev_SweMax"作为标题，点击【完成】。散点图显示在当前窗口。在散点图或地图窗口中任意选一个点进行交互式查询。在散点图上点击右键，实现散点图的打印、保存、输出和添加到布局等操作。

习作 7-2　空间与属性组合的数据查询

1. 知识点

空间数据的查询。

2. 习作数据

thermal.shp（点数据）和 idroads.shp 数据（线数据）。

3. 结果与要求

选择位于主要道路 2 英里范围内并且水温高于 60 ℃ 的温泉。

4. 操作步骤

（1）加载数据

启动 ArcMap，链接数据文件夹 Ex7_2，点击【添加数据】，在弹出的快捷菜单上选择"添加数据"，将 thermal.shp 和 idroads.shp 数据加载到 ArcMap 环境下。

（2）选择位于主要道路 2 英里范围内的温泉和热井

右击【图层】，在弹出的快捷菜单上选择"属性"，在【数据框属性】对话框中点击【常规】选项卡，然后在【单位】—【显示】下拉菜单中选择"英里"，点击【确定】。在 ArcMap 窗口的主菜单中点击【选择】，在弹出的快捷菜单中选择"按位置选择"，在弹出的【按位置选择】对话框中，【选择方法】选择"从以下图层中选择要素"，目标图层选项卡中勾选 thermal 作为目标图层，idroads 作为源图层。在【目标图层要素的空间选择方法】中选择"在源图层要素的某一距离范围内"。在"应用搜索距离"选项前打钩，并在下方的文本框中输入"20 英里"，点击【确定】。地图中距离道路 2 英里内的温泉和热井被高亮显示在地图窗口中。

（3）选择同时满足水温高于 60 ℃ 的要素

在 ArcMap 窗口的主菜单中点击【选择】，在弹出的下拉菜单中选择"按属性选择"，打开【按属性选择】对话框。在弹出的对话框中，图层选项中选择"thermal"，方法选项中选择"从当前选择内容中选择"，在表达式框中输入以下 SQL 语句""TYPE" = 's' AND "TEMP" >60"，点击【确定】。满足两个条件的温泉和热井被高亮显示在地图窗口中。

（4）采用地图提示查验所有选中的要素是否满足条件

右击 thermal，在打开的快捷菜单中选择"属性"，在属性对话框中点击【显示】选项卡，在【显示表达式】选项卡下的【字段】选项中选择"TEMP"，勾选"使用显示表达式显示地图提示"。点击【确定】退出【属性】对话框。将鼠标指针移到高亮显示的一个温泉位置，地图提示随即显示该处温泉的水温。

习作 7-3　栅格数据查询

1. 知识点

空间数据的查询。

2. 习作数据

slope_gd 坡度数据和 aspect_gd 数据（坡向数据）。

3. 结果与要求

选择目标等级的坡度范围。

4. 操作步骤

（1）加载数据

启动 ArcCatalog，链接数据文件夹 Ex7_3，右键点击图层，在弹出的快捷菜单上选择"添加数据"，分两次将 slope_gd 和 aspect_gd 数据加载到 ArcMap 环境下。

（2）选择坡度等级为 2 的区域

在 ArcMap 主菜单中，选择【自定义】中的"扩展"，确认 Spatial Analyst 扩展模块打钩。点击打开 ArcToolbox 窗口，依次点击【Spatial Analyst 工具】—【地图代数】，选择"栅格计算器"，在打开的【栅格计算器】对话框中输入以下地图表达""slope_gd" == 2"，将输出栅格保存在 Ex7_3 工作空间下，并命名为"slope2"，点击【确定】运行，运行结果自动添加到当前窗口中。

（3）选择坡度等级为 2 且坡向等级为 4 的区域

返回到【栅格计算器】对话框中输入以下地图表达："("slope_gd" == 2) & ("aspect_gd" == 4)"，将输出栅格保存在 Ex7_3 工作空间下，并命名为 slope_aspect，点击【确定】运行，运行结果自动添加到当前窗口中。

习作7-4 缓冲区分析

1. 知识点

缓冲区的概念及建立方法。

2. 习作数据

EL_arc(线状数据)、XZS_poly(面状数据)和Marketplace(点状数据)。

3. 结果与要求

建立山脚下100 m范围缓冲区、创建包括水库内部及水库外围150 m的缓冲区和不同商业中心的影响范围的缓冲区。

4. 操作步骤

(1)加载数据

启动ArcCatalog,链接数据文件夹Ex7_4,加载EL_arc(线状数据)、XZS_poly(面状数据)和Marketplace(点状数据)。

(2)准备缓冲区分析的工具

在ArcMap窗口的主菜单中选择【自定义】下拉菜单中的"自定义模式",打开【自定义】窗口。点击【命令】标签项,在【类别】选项框中找到【工具】,点击选中,【工具】对应的各工具显示在【命令】选项框中,找到缓冲区工具【缓冲向导】。点击该工具,将其拖放至主菜单中。

(3)加载线状图层

在ArcMap窗口中,右击【图层】,选择"添加数据",将El_arc加载到当前地图窗口。

(4)选中高程为20 m的等高线

在【选择】对话框【图层】选项中选择"EL_arc",在【方法】中选择"创建新的选择内容"。在SQL对话框中输入以下表达式""高程"=20"。选中的线要素高亮显示在地图窗口中。

(5)给选中的要素建立缓冲区

在ArcMap窗口菜单中点击【缓冲区分析工具】,打开【缓冲向导】对话框,在【图层中的要素】中选择"EL_arc",勾选"仅使用所选要素",仅为选中的要素建立缓冲区。点击【下一步】。在【缓冲距离】—【距离单位】中选择"米",在【以指定的距离】中输入"100",点击【下一步】。在【融合缓冲区之间的障碍?】中选择"是",在【保存在新图层中。指定输出shapefile或要素类】中输入生成的缓冲区保存的路径及名称。

(6)给XZS_poly数据中的水库建立150 m缓冲区

在ArcMap窗口中,右击【图层】选择"添加数据",将XZS_poly加载到当前地图窗口。重新采用【按属性选择】方法,在SQL对话框中输入以下表达式:""地类名称"='水库水面'"。两个水库被选中,并高亮显示在地图窗口中。在ArcMap窗口菜单中单击【缓冲区分析工具】,重复与EL_arc建立缓冲区相似的步骤,注意在【以指定的距离】中输入150,点击【下一步】。在【融合缓冲区之间的障碍?】中选择"是",在【创建缓冲区使其】选项中选择"位于面外部并包含内部",在【保存在新图层中。指定输出shapefile或要素类】中输入生成的缓冲区保存的路径及名称。

(7)根据Yuzhi字段给Marketplace中的所有点要素建立缓冲区

按上述操作将要素层Marketplace加入ArcMap当前窗口中。点击【缓冲区工具】建立缓冲区。注意在【图层中的要素】中选择"Marketplace",不勾选"仅使用所选要素",为图层中所有要素建立缓冲区。点击【下一步】。在【缓冲距离】—【距离单位】中选择"米",在【如何创建缓冲区】中选择"基于来自属性的距离",在对应的下拉菜单中选"择YUZHI_"。在【融合缓冲区之间的障碍?】中选择"否",在【保存在新图层中。指定输出shapefile或要素类】中输入生成的缓冲区保存的路径及名称。在【融合缓冲区之间的障碍?】中选择"是",在【保存在新图层中。指定输出shapefile或要素类】中输入生成的缓冲区保存的路径及名称。观察选择"是"和"否"的缓冲区建立的结果。

习作 7-5 叠置分析

1. 知识点

矢量数据叠置分析概念及方法。

2. 习作数据

城市市区交通网络图(network.shp)、商业中心分布图(marketplace.shp)、名牌高中分布图(school.shp)、名胜古迹分布图(famous place.shp)。

3. 结果与要求

采用习作 7-4 方法根据需要建立缓冲区，将满足条件的缓冲区进行叠加分析，然后选择出最适宜的居住区。

4. 操作步骤

（1）加载数据

启动 ArcMap，链接数据文件夹 Ex7_5，加载习作数据。

（2）建立缓冲区

给主要交通要道(属性值为 ST)建立 200 m 的缓冲区，输出图层命名为 buf_net；加载并选择"marketplace.shp"，以字段 YUZHI_为建立缓冲区的字段，给各商业中心分别根据 YUZHI_的值建立缓冲区，输出图层命名为 buf_mar；加载并选择"school.shp"，给各个要素建立 750 m 的缓冲区，输出图层命名为 buf_school；加载并选择"famous place.shp"，给各个要素建立 500 m 的缓冲区，输出图层命名为 buf_fam。

（3）选择【相交】叠置分析工具

在 ArcMap 主菜单中点击 ArcToolbox，打开 ArcToolbox 菜单，依次点击【分析工具】—【叠加分析】，选择"相交"，打开【相交】对话框。

（4）通过叠置操作选取满足学校、市场和名胜古迹条件的公共区域

在打开的【相交】对话框中，在【输入要素】对话框中选中 buf_fam、buf_mar 和 buf_school 3 个图层，在【输出要素类】文本框中填写输出图层的路径和名称，输出图层命名为"overlay_1"，在【连接属性】对话框中选择"ALL"，保留所有参加叠置图层的属性，在【XY 容差】文本框中选择默认值作为容限值，单位也为默认的米，在【输出类型】中选择"Input"，使输出的要素类型与输入图层一致。

（5）选择【擦除】工具

在 ArcMap 主菜单中点击 ArcToolbox，打开 ArcToolbox 菜单，依次点击【分析工具】—【叠加分析】，选择"擦除"，打开【擦除】对话框。

（6）通过叠置操作选取不受到主干道噪声影响的区域

在打开的【擦除】对话框中，【输入要素】输入"overlay_1"，【擦除要素】输入"buf_net"，【输出要素】输入输出结果的路径和名称。

（7）查看输出结果

输出结果即为最适宜的居住区。

习作 7-6 地形分析——采用 DEM 提取坡度、坡向；创建垂直剖面图和透视图

1. 知识点

地形分析。

2. 习作数据

YIGEN.tif。

3. 结果与要求

采用已有的 DEM 数据，提取坡度、坡向信息，创建垂直剖面图和透视图。

4. 操作步骤

(1) 加载数据

启动 ArcCatalog，链接数据文件夹 Ex7_6，加载 YIGEN.tif。

(2) 提取坡度信息

在 ArcMap 主菜单中点击 ArcToolbox，打开 ArcToolbox 菜单，依次点击【Spatial Analyst 工具】—【表面分析】，选择"坡度"，打开【坡度】对话框。在输入栅格选择"YIGEN.tif"，输出栅格设为"YIGEN_slope"，输出测量单位选择"DEGREE"，点击【确定】执行该命令。

(3) YIGEN_slope 是连续型栅格，可对其坡度进行分级

在 ArcMap 主菜单中点击 ArcToolbox，打开 ArcToolbox 菜单，依次点击【Spatial Analyst 工具】—【重分类】，选择"重分类"工具，打开【重分类】对话框。在输入栅格选择"YIGEN_slope"，点击【分类】，在弹出的【分类】对话框中，将类别数量设为 5，在【中断值】中将前 4 个坡度级的断点值分别设为 10、20、30、40，点击【确定】，回到【重分类】对话框中，将输出栅格设为"rec_slope"，点击【确定】。在 rec_slope 中，像元值为 1 的代表坡度 0~10%，像元值为 2 的代表坡度 10%~20%，依此类推。

(4) 提取坡向信息

在 ArcMap 主菜单中点击 ArcToolbox，打开 ArcToolbox 菜单，依次点击【Spatial Analyst 工具】—【表面分析】，选择"坡向"工具，打开【坡向】对话框。在输入栅格选择"YIGEN.tif"，输出栅格设为"YIGEN_Aspact"，点击【确定】执行该命令。

(5) 对 YIGEN_Aspact 进行重新分类，创建一个具有 8 个主方向的坡向栅格

在 ArcMap 主菜单中点击 ArcToolbox，打开 ArcToolbox 菜单，依次点击【Spatial Analyst 工具】—【重分类】选项，选择"重分类"工具，打开【重分类】对话框。在输入栅格选择"YIGEN_Aspact"，点击【分类】，在弹出的【分类】对话框中，将类别数目设为 10，在中断值中将第一个断点值设为-1，在接下来的 9 个断点值分别设为 22.5、67.5、112.5、157.5、202.5、247.5、292.5、337.5 和 360，点击【确定】回到【重分类】对话框，在新值下的第一个单元格内输入-1，在接下来的 9 个单元格中分别输入 1、2、3、4、5、6、7、8 和 1。将输出栅格设为"rec_Aspact"，点击【确定】。

(6) 创建垂直剖面图

加载 YIGEN.tif 图层，在目录下新建一个 Shapefile 文件，名称为 stream，要素类型设为折线。在编辑器内点击【开始编辑】，选择 stream.shp 文件开始绘制，用鼠标指针单击开始绘制第一个点，双击鼠标指针结束绘制。点击【自定义】菜单，指向【工具条】，勾选【3D Analyst】工具条。YIGEN.tif 应在工具条上显示为一个地图图层。在【3D Analyst】工具条中点击【插入线】工具，用鼠标指针沿 stream 逐点数字化，至最后一点时，双击鼠标，结束数字化。在数字化的 stream 周围出现带柄的矩形。在【3D Analyst】工具条中点击【剖面图】工具，出现垂直剖面图。右击图表的标题条，选择"属性"，在【图表属性】对话框输入标题和副标题，并选项其他的高级设计选项。数字化的 stream 变成了地图中的图形要素。可用【选择元素】工具选中后将其删除。若要取消选中，则从【选择】菜单中选择"清除选择元素"。

(7) 创建透视图

点击【3D Analyst】工具条下的 ArcScene 工具打开 ArcScene 应用。将 YIGEN.tif 和 stream.shp 加载到视图中。右击 YIGEN.tif 出现的快捷菜单中选择"属性"，在【基本高度】中点击选择【在自定义表面浮动】，选择 YIGEN.tif 作为地表，将自定义系数设为 5，点击【确定】。此时，YIGEN.tif 以三维透视图显示。将 stream 叠加到该地表上，右击 stream，在出现的菜单中选择"属性"，在【基本高度】中点击选择【在自定义表面浮动】，选择 YIGEN.tif 作为地表，点击选择【没有基于要素的高度】，将自定义系数设为 5，点击【确定】。

(8) 改变三维视图的外观

改变显示 YIGEN.tif 的颜色方案：右击 YIGEN.tif 出现的快捷菜单中选择"属性"，然后在【符号系统】中右击【色带】栏，清除 Graphic View 选项。点击【色带】下拉箭头，选择"Elevation #1"，点击【确定】。调

整 YIGEN.tif 的颜色符号，突出 stream，右击 YIGEN.tif，在菜单中选择"属性"，然后在【显示】中设置透明度为 40(%)，点击【确定】。

习作 7-7 地形分析——山顶点的提取

1. 知识点

地形分析、水文分析。

2. 习作数据

YIGEN.tif。

3. 结果与要求

采用已有的 DEM 数据，提取山顶点。

4. 操作步骤

（1）加载数据

启动 ArcMap，链接数据文件夹 Ex7_7。右击【图层】选择"添加数据"加载 YIGEN.tif 图层。

（2）分别提取等高距为 100 m 和 200 m 的等高线数据

在 ArcMap 主菜单中点击 ArcToolbox，打开 ArcToolbox 菜单，依次点击【Spatial Analyst 工具】—【表面分析】选项，选择"等值线"工具，打开【等值线】对话框。在输入栅格选择"YIGEN.tif"，输出矢量线要素中输入输出等高线要素的名称为"Contour_100"，等高线间隔【等值线间距】选项卡中输入 100，设定生成的等高线间隔为 100 m，点击【确定】执行该命令。重复以上步骤，但是在等高线间隔【等值线间距】选项卡中输入 200，输出等高线要素命名为"Contour_200"，生成等高距为 200 m 间隔的等高线要素层。

（3）生成晕渲图

在 ArcMap 主菜单中点击 ArcToolbox，打开 ArcToolbox 菜单，依次点击【Spatial Analyst 工具】—【山体阴影】，选择"山体阴影"，打开【山体阴影】对话框。在输入栅格选择"YIGEN.tif"，输出栅格中输入输出栅格图层的名称为"YIGEN_hillshade"，太阳方位角中输入 315，设定太阳方位角为 315°。太阳方位角是光线射进来的方向，变化范围在 0~360°，315°方位角表示光源由地貌晕渲图的左上方射入，这时地物阴影投向观察者，这样可以避免反立体效果。太阳高度角(Altitude)选项中输入 45，设置太阳高度角为 45°。太阳高度角为入射光线和地平面的夹角，变化范围在 0~90°。点击【确定】，生成地貌晕渲图。

（4）生成背景掩膜图层

在 ArcMap 主菜单中点击 ArcToolbox，打开 ArcToolbox 菜单，依次点击【Spatial Analyst 工具】—【地图代数】，选择"栅格计算器"工具，打开【栅格计算器】对话框。在地图代数表达式中输入"back = "YIGEN.tif" >= 0"，生成名为 back 的背景图层。在 back 图层上点击右键，在打开的【图层属性】对话框中点击【符号系统】选项卡，将其透明度设置为 60%，然后将该图层作为等高线三维背景掩膜。

（5）通过邻域分析生成最大点图层

ArcMap 主菜单中点击 ArcToolbox，打开 ArcToolbox 菜单，依次点击【Spatial Analyst 工具】—【邻域分析】，选择"块统计"，打开【块统计】对话框。在输入栅格选择"YIGEN.tif"，在输出栅格中输入输出栅格图层的名称为"YIGEN_Maximum"，在【邻域分析】中选择矩形"Rectangle"，将窗口大小设置为 11×11，在【统计类型】中选择"Maximum"。

（6）山顶点生成

ArcMap 主菜单中点击 ArcToolbox，打开 ArcToolbox 菜单，依次点击【Spatial Analyst 工具】—【地图代数】，选择"栅格计算器"，打开【栅格计算器】对话框。在地图代数表达式中输入"sd = "YIGEN_Maximun.tif" - "YIGEN.tif" == 0"，生成名为 sd 的山顶点图层。

（7）山顶点转换为矢量点

ArcMap 主菜单中点击 ArcToolbox，打开 ArcToolbox 菜单，依次点击【Spatial Analyst 工具】—【重分类】，

选择"重分类",打开【重分类】对话框。在输入栅格选择"sd",输出栅格中输入输出栅格图层的名称为 sd_rec。在【重分类字段】中选择"Value",在【重分类】表中将旧值为 1 的值对应的新值改为 1,把旧值为 0 的值对应的新值改为 NoData。点击【确定】,生成栅格图层 sd_rec。在打开 ArcToolbox 菜单中,选择【转换工具】选项卡,然后选择【由栅格转出】选项,选择【栅格转点】工具将栅格点层转换为矢量点层 sd_vector。

(8)在地图窗口中显示山顶点

在 ArcMap 窗口中,依次显示 back、YIGEN_hillshade、Contour_200、Contour_100 和 sd_vector。在 back 图层点击右键,在【符号系统】选项卡中将其透明度设置为 60%作为等高线三维背景掩膜。

习作 7-8 网络分析——道路网络的建立

1. 知识点

地理网络、网络的组成、网络属性。

2. 习作数据

SanFrancisco.gdb。

3. 结果与要求

采用已有的数据,建立道路网络。

4. 操作步骤

(1)加载数据

启动 ArcMap,在目录树中链接数据文件夹 Ex7_8。

(2)在【目录】窗口中找到 Transportation 要素数据集

在 ArcMap 主菜单中找到目录,打开目录窗口,双击 SanFrancisco.gdb 数据库,打开 Transportation 要素数据集。

(3)创建道路网络

在 Transportation 要素数据集点击右键,在打开的快捷菜单中依次点击【新建】—【网络数据集】。在打开的对话框中,【输入网络数据集的名称】标签下为新建的道路网络命名,这里采用默认的名称 Transportation_ND,然后在【选择网络数据集的版本】中选择对应的版本,在 10.8 版本中默认的网络分析模块的版本为 10.1,点击【下一页】。

(4)设置网络要素数据集

在【选择将参与到网络数据集中的要素类】对话框中,将 Streets 要素类选为"道路网络建立的数据源",点击【下一页】。

(5)设置转弯类型

在接下来打开的对话框中,选择【是】为网络进行转弯建模。在【转弯源】中选择"RestrictedTurns",注意【通用转弯】已经默认选中,点击【下一页】。

(6)设置联结性

在接下来的对话框中点击【连通性】设置连通性。在打开的【连通性】对话框中确认 Streets 的连通属性为【端点】,选择【确定】,点击【下一页】。

(7)高程设置

在打开的对话框【如何对网络要素的高程进行建模】中选择【使用高程字段】为道路网络进一步定义连通性(当两个一致的【端点】都具有 1 值时,两者连通,否则,两者不连通),点击【下一页】。

(8)设置交通数据集

在打开的对话框中选择【是】为道路网络设置使用交通数据集,点击【下一页】。

(9)网络属性设置

在打开的对话框中选择【添加】增加一个道路网络的属性值。在【名称】中输入"RestrictedTurns",在

【使用类型】中选择【限制】，在【约束条件用法】中选择【禁止】，选中【默认情况下使用】，使在创建道路网络时该限制自动创建点击【确定】。

(10) 选择 Evaluators 给新属性设置值

继续选择给新属性设置值。点击【名称】选择"RestrictedTurns"，在【类型】中选择"布尔型"，在【用法】中选择"限制"，点击【是】，点击【下一页】。

(11) 继续选择 Evaluators 给新属性设置值

在打开的对话框中选择【是】，设置【方向】。点击【方向】，打开【网络方向属性】对话框。在【常规】选项中确定【等级】的属性值为【主要】，【名称】的值为"Name"，点击【是】，点击【下一页】，点击【完成】完成道路网络的建立。

习作 7-9　网络分析——道路网络的建立

1. 知识点

地理网络、网络的组成、网络属性。

2. 习作数据

SanFrancisco.gdb。

3. 结果与要求

采用已有的数据，建立道路网络。

4. 操作步骤

(1) 加载数据

启动 ArcMap，链接数据文件夹 Ex_9。

(2) 准备操作环境

在数据文件夹 Ex_9 中双击 Excercise 09.mxd，打开包括导入数据的 ArcMap 操作窗口。在主菜单中依次选择"自定义"—"工具条"，在【Network Analysis】选项卡前打钩。点击打开【Network Analyst】工具条。

(3) 创建建立路径分析的图层

在【Network Analyst】工具条中点击右侧的下拉箭头，在打开的下拉菜单中左键单击【新建路径】创建新的路线。这时路线分析图层被加载到【Network Analyst】窗口。在网络分析中的各个类型，如停靠点、障碍点、路径等信息显示在【Network Analyst】窗口面板中，但所有的类型的值均为 0（即为空值）。

(4) 添加路径经过的停靠点

在窗口面板中，单击选中【停靠点(0)】，这时停靠点属于激活状态。在【Network Analyst】工具条中选择"创建网络坐标工具"，通过单击【创建网络坐标工具】，在 Streets 道路网络中的任何位置增加一个停靠点。重复以上操作增加第二个和第三个停靠点。如果停靠点没有位于网络中，会显示【无坐标】符号，这时采用【选择/移动网络位置工具】工具将该点拖至网络中（在本例中位于主干道 5 km 之内）。单击【Network Analyst】打开【Network Analyst】窗口，这时可以看见增加的 3 个停靠点和具体的位置信息。

(5) 设置网络分析参数

右击【路径属性】，打开道路网络【图层属性】对话框，点击【分析设置】选项卡。在【阻抗】对应的文本框中设置对应参数为"TravelTime(分钟)"，这是由于该数据集包含历史交通数据，该历史交通数据具有 TravelTime(分钟)属性。在【使用开始时间】选项前打钩，设置计算路径的时间参数。在【时间】文本框中输入"8:30AM"，在【星期】中设置"星期一"。在【交汇点的 U 形转弯】右侧的选项卡中选择"允许"，在【输出 Shape 类型】中选择"具有测量值的实际形状"，在【应用等级】和【忽略无效位置】选项卡前打钩。在【限制】选项框的 RestrictedTurns 和 Oneway 选项前打钩，在【方向】选项框选择距离单位为"英里"，在【使用时间属性】选项卡前打钩，并在下方的下拉菜单中选择"TravelTime(分钟)"。

注意：当【重新排序站点以找到最佳路线】选项未打钩时，表示计算出的路径为旅行推销员路径(traveling salesman problem, TSP)。旅行推销员路径问题规定推销员必须询问所选择的访问站，并且仅能访问一次，推销员可以从任一站点出发，但必须回到出发点，该类问题研究的目的是决定推销员走哪条路的总阻抗值最小。

（6）计算最佳路径

在【Network Analyst】工具条中点击【求解】，可以看到一条最佳路径在地图窗口的图中显示。在【Network Analyst】工具条中点击【方向】，选择其中一条记录，查看对应的地图，点击【关闭】。

（7）保存路径

【Network Analyst】窗口中右击【路径】，在弹出的快捷菜单中选择"导出数据"，将计算出的路径保存。

习作 7-10　网络分析——寻找商店布设的最佳位置

1. 知识点
定位与配置分析。

2. 习作数据
SanFrancisco.gdb 和 excerise10.mxd。

3. 结果与要求
通过网络分析确定最佳的商店布设位置。

4. 操作步骤

（1）加载数据

启动 ArcMap，链接数据文件夹 Ex_10。

（2）准备操作环境

在数据文件夹 Ex_10 中双击 Excerise10.mxd，打开包括数据的 ArcMap 操作窗口。在主菜单中依次选择"自定义"—"工具条"，在【Network Analysis】选项卡前打钩。点击打开【Network Analyst】的工具条。

（3）创建新的位置分配

在【Network Analyst】工具条中单击右侧的下拉箭头，在打开的下拉菜单中单击【新建位置分配】创建新的位置分配。这时路线分析图层被加载到【Network Analyst】窗口。在网络分析类型（设施、需求点、线、点障碍、线障碍和多边形障碍）所有的值是空的。

（4）增加候选设施

在【Network Analyst】窗口中，右击【设施(0)】并选择"加载位置"，打开【加载位置】对话框。从【加载自】下拉列表中选择"Candidatestores"，在【位置分析属性】选项中确保 NAME 属性自动映射到 NAME 字段，点击【确定】，16 个候选商店被加载到设施网络分析类中，新的设施在【Network Analyst】窗口中列出并显示在地图上。

（5）增加需求点

在【Network Analyst】窗口中，右击【请求点(0)】并选择"加载位置"，从【加载自】下拉菜单中选择"TractCentroids"，在【位置分析属性】选项中确保 NAME 属性自动映射到 NAME 字段，在 Weight【字段】选择"POP2000"，点击【确定】，新的需求点在【Network Analyst】窗口中列出并显示在地图上。

（6）设置位置分配分析的属性

在【Network Analyst】窗口中打开【图层属性】。单击【分析设置】选项。在【阻抗】下拉菜单中选择"TravelTime（分钟）"。选择"使用开始时间（按需求选择可不选）"。将【行驶自】改为"请求点到设施"。在【交汇点的 U 形转弯】下拉菜单中选择"允许"。将输出类型改为"直线"（尽量选择直线，但成本依然还是按网络得出的）。在检查框中勾选"应用等级"和"忽略无效位置"。在限制条件中勾选"RestrictedTurns"和"Oneway"。单击【高级设置】选项。在【问题类型】的下拉菜单中选择"最大化人流量"。将【要选择的设施点】增至 3，将【阻抗中断】增至 5，将【阻抗变换】设置成线性，点击【确定】完成。

(7) 确定最好店面地址

点击【Network Analyst】工具条上的【求解】按钮（地图上将显示出需求点），打开【设施点】的属性表，检查表中的属性，有 3 个特性有类型；208 个需求点中有 113 被选中；【请求点】中列出了需求。关闭【属性表】，查看【线】的属性表，查看【线】的属性表。

(8) 添加所需的设施

在【Network Analyst】工具条中选择"设施点(16)"并选择"加载位置"。在【加载自】下拉菜单中选择"ExistingStore"。确保【位置分析属性】为 NAME 字段。将【默认值】那一列中的 FacilityType 中的下拉菜单改为"必须点"，点击【确定】结束。

(9) 点击【Network Analyst】窗口中的【分析图层属性】按钮

选择高级设置选项，在【问题类型】下拉菜单中选择"最大市场份额"。在【阻抗变换】中选择"幂"。将阻抗参数值变为 2。点击【确定】结束。接着运行流程：点击【Network Analyst】工具条中的【选项】，点击【常规】选项卡，然后点击【全部消息】，最后点击【确定】。然后点击【Network Analyst】工具条的【求解】按钮，即弹出消息栏；地图上的线将需求点连接到选定的和竞争对手的商店。在表中点击【设施点】选择"属性表"，即可观察到 3 个设施的类型和每个设施需求点的数量，以及每个设施需求权重总和。关闭【属性表】。

(10) 实现目标市场份额

点击【Network Analyst】工具条上的"分析层属性"，随后窗口弹出，点击【高级设置】按钮，接着点击【问题类型】按钮，在下拉列表中选择"目标市场份额"，改变市场份额百分比为 70，最后点【确定】。接着运行流程：点击【Network Analyst】工具条中的【选项】，点击【常规】选项卡，然后点击【全部消息】，最后点击【确定】。然后点击位于【Network Analyst】工具条的【求解】按钮，即弹出消息栏，即可得到以下消息：除了 3 个竞争对手的设施和一个必要的设施外，还有 9 个设施占有市场份额，意味着需要争取到这 9 家门店，才能实现 70% 的市场份额。

习作 7-11　网络分析——寻找最近设施

1. 知识点

定位与配置分析。

2. 习作数据

SanFrancisco.gdb 和 Excerise11.mxd。

3. 结果与要求

寻找能够最快提供火灾响应的消防站。

4. 操作步骤

(1) 准备操作环境

在实验数据文件夹中双击 Excercise11.mxd，打开包括导入数据的 ArcMap 操作窗口。在主菜单中依次选择"自定义"—"工具条"，在【Network Analysis】选项卡前打钩。点击打开【Network Analyst】的工具条。

(2) 创建建立最近设施的图层

在【Network Analyst】工具条中单击右侧的下拉箭头，在打开的下拉菜单中单击【新建最近设施点】创建新的设施。这时最近设施分析图层被加载到【Network Analyst】窗口。在网络分析中的各个类型，如设施、事件、路线、点障碍、线路障碍和多边形障碍等信息显示在【Network Analyst】窗口面板中，但所有的类型的值均为 0（即为空值）。

(3) 添加代表消防站点的设施

在【Network Analyst】窗口面板中，右击【设施(0)】并选择"加载位置"，打开【加载位置】对话框的【加载自】下拉菜单中选择"FireStations"。单击【确定】，可以看见它将 43 个消防站点设为设施并在【Network Analyst】窗口中列出来。

(4) 添加事件，通过地理编码添加一个紧急呼叫的事件

在【Network Analyst】窗口面板中，右击【事件点(0)】并选择"查找地址"。在【查找】对话框中的【查找位置】下拉菜单选择"SanFranciscoLocator"。在【单行地址】文本框内输入"1202 Twin Peaks Blvd"。单击【查找】后会在【查找结果】对话框底部列出一行查找到街道地址相对应的位置。右键单击该行选择"添加为网络分析对象"，将定位地址添加的事件，在【Network Analyst】窗口可以看见该事件。关闭【查找】对话框。

(5) 设置分析参数

在【Network Analyst】窗口面板上右击最近设施点图层，选择"属性"，在弹出的【图层属性】对话框中单击【分析设置】选项卡，确保【阻抗】设置为"TravelTime（分钟）"。在这次分析中不用勾选"使用时间"。在【默认中断值】文本框内输入 3，ArcGIS 会搜索能在 3 分钟内到达火灾现场的消防站，超过 3 分钟不能到达的消防站会被忽略。【要查找的设施点】文本框内输入 4，ArcGIS 将搜索最多 4 个消防站，但也遵循之前 3 分钟的规则，如果只有 3 个消防站在 3 分钟的截止时间内，则不会发现第 4 个消防站。在【行驶自】勾选"设施点到事件点"。在【交汇点的 U 形转弯】右侧选项中选择"允许"，在【输出 Shape 类型】右侧选项中选择"具有测量值的实际形状"，取消勾选"应用等级"，勾选"忽略无效位置"，在【限制】框内取消勾选"RestrictedTurns"，在【方向】框中的【距离单位】选项框中选择"英里"，勾选"使用时间属性"并且在该选项框中选择"分钟"，单击【确定】。

(6) 确定最近设施

在【Network Analyst】工具条点击【求解】按钮，可以看到 3 条路径在地图窗口的图中显示，在【Network Analyst】工具栏内单击【方向】按钮，选择其中一条记录，查看对应的地图，点击【关闭】。

第 8 章

空间数据表现与地图制图

【内容提要】 空间数据的表现功能贯穿于 GIS 空间数据输出的始终,其与地图制图通过地图符号、制图综合、专题设计等知识相互影响、相互发展,两者的关系进一步说明了 GIS 脱胎于地图学,在地图学的基础上进一步发展的相互依存关系。本章从地图学与 GIS 的渊源出发,介绍地图的符号、专题信息的表现、专题地图设计、制图综合、地理信息可视化等 GIS 空间数据表现及输出的工具及方法。

8.1 GIS 数据表现与地图学

地图学与 GIS 都是在地图制图学基础上发展起来的,地图是记录地理信息的一种图形语言形式。从历史发展的角度来看,GIS 脱胎于地图,它具有存储、分析、显示和传输的功能,并成为地图信息的又一种新的载体形式,尤其表现在计算机制图中,为地图特征的数字表达、操作和显示提供了成套方法,为 GIS 的图形输出设计提供了技术支持。与此同时,地图目前仍是 GIS 的重要数据来源之一,其理论与方法对 GIS 的发展有重要的影响,特别是 GIS 中的许多空间数据表现的技术来源于地图学,在表现手段上则更加灵活、丰富。二者的本质差别在于,地图强调的方面为数据分析、符号化与其显示,而 GIS 则更注重对信息的分析。

GIS 输出、显示结果的一个重要部分是计算机制图,它也是地图学中较新的领域。计算机制图将地图设计和绘制通过计算机程序和相应绘图硬件来实现,在绘制地图符号的基础上,对地图特征的许多处理,如分类、空间插值等均可用计算机来实现。但利用计算机进行制图综合的结果仍较为机械化,需更多的进行专家经验化,特别是用计算机同时对多种内容进行地图综合仍然不成熟。总之,计算机制图利用计算机处理图形信息以及借助图形信息进行人-机通信处理是 GIS 算法设计的基础,GIS 是随着计算机制图技术的发展而不断发展完善的。

8.1.1 构成地图学与地理信息系统的数学法则

比例尺被用来衡量地图对它所表现的地面景物。简单来说,比例尺是地图上直线长度与地面上相应距离的水平投影长度之比。如地图上注有比例尺 1∶50 000,所表图上地物的长度相当于相应实际地物长度的 1/50 000。因此，也可认为，比例尺是地图缩小程度的标识，是构成地图数学要素的基本组成部分之一。

地图上各种地物之间的关系，要求按数学法则构成，即先将地球自然表面的景物垂直投影到地球椭球面(或球面)上，再将地球椭球面(或球面)按数学法则投影到平面上构成地图。这种按数学法则将地球椭球面(或球面)绘制到平面上的方法，称为地图投影。在这种方法建立的数学基础之上，使地球表面上各点和地图平面上的相应各点保持设定的函数关系，从而在地图上准确表达出空间各要素的关系和分布规律，才能反映出它们之间的方向、距离和面积，使地图具有区域性和可量测性。

8.1.2 地图学与 GIS 的制图综合

对制图区域客观事物的取舍和简化即为制图综合。经过概括后的地图可以显示出主要的事物和本质的特征。地图的比例尺、用途、主题、制图区域的地理特征以及符号的图形尺寸是影响地图概括的主要因素，地图概括主要表现在内容的取舍、数量简化、质量化简和形状化简等方面。地图最重要、最基本的特征是以缩小的形式表达地面事物的空间结构，这个特征表明，地图不可能把地面全部事物毫无遗漏地表示出来，因为地图上所表示的地面状况是经过概括后的结果。地图上所表现的地面景物，从数量上看是少的，从图形上看是小了、简化了，即地图上所表现的内容都是经过取舍和化简的。由 1∶5000 比例尺缩小到 1∶50 000 比例尺的地图，对原来的内容如不进行取舍和化简，缩小后的地图既不清楚又不易读。这种把实地景物缩小或把原来较详细的地图缩成更小比例尺地图时，根据地图用途或主题的需要，对实况或原图内容进行取舍和化简，以便在有限的图面上表达出制图区域的基本特征和地理要素的主要特点的理论与方法，称为地图综合(地图概括)。制图综合就是对客观事物进行取舍和化简，取舍就是从大量的客观事物中选出最重要的事物，而舍去次要的事物；化简就是对客观事物的形状、数量和质量特征的化简；形状化简是去掉轮廓形状的碎部，以突出事物的总体特征；数量和质量特征的化简就是减少分类和分级的数量，以缩小与客观事物的差别。取舍和化简是根据地图的比例尺、用途和制图区域的地理特征，对地图上各要素及其内在联系加以分析研究，选取的目的是强调主要的事物和本质的特征，而舍去次要的事物和非本质的特征。制图综合可分为比例概括和目的概括。前者由于地图比例尺缩小，图形也缩小，有些图形缩小到难以清楚地表达出来，从而必须选取和化简；后者是因为客观事物的重要性并不完全决定于它的图形大小，故而它的选取和化简也不完全由比例尺决定，还要根据编图者对客观事物重要性的判断来确定。

在 GIS 的发展过程中，GIS 的产生、发展与制图信息系统存在着密切联系，两者的联系是基于空间数据库的表达、显示和处理。从系统构成与功能上看，地图是一种图解图像，是根据地理思想对现实世界进行科学抽象和符号表示的一种地理模型，是地理思维的产物，也是实体世界地理信息的高效载体，地图可以从不同方面、不同专题来系统地记录和传输实体世界历史的、现在的和规划预测的地理景观信息。地理信息系统具有机助制图系统的所有组成和功能，并且地理信息系统还有数据处理的功能。

8.2 地图的符号

8.2.1 地图符号的概念

地图符号(symbol)是表达地图内容的基本手段,是地图的语言。地图符号由形状不同、大小不一和色彩有别的图形和文字组成,它的一个重要作用是注记,注记间存在形状、尺寸和颜色的差别。就单个符号而言,它可以表示事物的空间位置、大小、质量和数量特征;就同类符号而言,可以反映各类要素的分布特点;而各类符号的总和,则表明区域总体特征及各要素之间的关系。地图符号可以指出目标种类(如建筑)及其数量特征和质量特征(如建筑的面积和形状类型),并且可以确定对象的空间位置和现象分布(如森林分布等)。

8.2.2 地图符号的分类

(1)按照符号的定位情况分类

按照符号的定位情况可以将地图符号分为定位符号和说明符号。

①定位符号。指图上有确定位置,一般不能任意移动的符号,如河流、居民地及边界等,地图上的符号大部分都属于这一类。

②说明符号。是为了说明事物的质量和数量特征而附加的一类符号,通常是依附于定位符号而存在的,如说明森林树种的符号等。它们在图上配置于地类界内,但都没有定位意义。

(2)按照符号所代表的客观事物分布状况分类

按照符号所代表的客观事物分布状况可将符号分为点状符号、线状符号和面状符号3类。

①点状符号。是一种表达不能依比例尺表示的小面积事物(如油库等)和点状(如控制点状实体)所采用的符号。点状符号的形状和颜色表示事物的性质,点状符号的大小通常反映事物的等级或数量特征,但是符号的大小和形状与地图比例尺无关,它只具有定位意义,一般又称这种符号为不依比例尺符号(图8-1)。

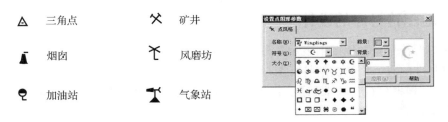

图8-1 点状符号

②线状符号。是一种表达呈线状或带状延伸分布事物的符号,如河流,其长度能按比例尺表示,而宽度一般不能按比例尺表示,需要进行适当的夸大。因而,线状符号的形状和颜色表示事物的质量特征,它的宽度通常反映事物的等级或数值,这类符号可表示事物的分布位置、延伸形态和长度,但不能表示其宽度,一般又称为半依比例符号(图8-2)。

 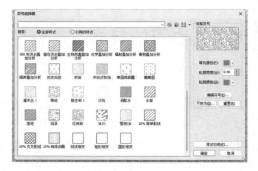

图 8-2 线状符号　　　　　　　　图 8-3 面状符号

③面状符号。是在一定的地图比例尺下，表示出事物分布范围的符号。其通过轮廓线（实线、虚线或点线）表示事物的分布范围，轮廓形状与事物的平面图形相似，轮廓线内加绘颜色或说明符号以表示它的性质和数量，并可以从图上量测其长度、宽度和面积，一般又把这种符号称为依比例符号(图 8-3)。

8.2.3 地图符号的构成要素

地图上的形状、尺寸和颜色是构成符号的 3 个基本要素。

(1) 符号的形状

符号的形状主要是表示事物的外形和特征，面状符号的形状是由它所表示的事物平面图形决定的，点状符号的形状往往与事物外部特征相联系，线状符号的形状是各种形式的线划，如单线、双线。

(2) 符号尺寸

符号尺寸大小和地图内容、用途、比例尺、目视分辨能力、绘图与印刷能力等都有关系，不同比例尺的地图，其符号大小也有所不同。

(3) 符号的颜色

符号的颜色可以增强地图各要素分类、分级的概念，简化符号的形状差别，减少符号数量，提高地图的表现力。使用颜色主要用以反映事物的质量特征、数量特征和等级。

8.2.4 地图符号库的设计

地图图形符号是在地图上表示各种空间对象的图形记号，它又是在有限空间大小中定义了定位基准的有一定结构的特征图形。为便于操作，往往把"有限空间大小"定义为"符号空间"，并根据可视化要求(显示分辨率大小，符号精细程度要求)统一规范其尺寸。符号库即是符号的有序集合。

在此定义下，可根据点、线、面不同符号类型，以及矢量和栅格两种不同显示方式制作符号库。

8.2.4.1 地图符号库设计的原则

①对于国家基本比例尺地图，图形符号颜色、图形、符号含义与匹配比例尺，应尽可能符合国家规定图式。

②专题地图部分，尽可能采用国家及整个符号部门标准，有益于标准化、规范化。

③新设计符号应遵循图案化及整个符号系统逻辑性、统一性、准确性、对比性、色彩象征性、制图和印刷可能性等一般原则。

8.2.4.2 矢量符号库

大多数点、线、面符号通常使用矢量形式的坐标来表示，由符号空间平面内这些点的坐标、线宽及绘制(或不绘制)指令编码的有序集合称为矢量符号数据。可以采用 3 种方法来绘制矢量符号，下节将介绍绘制方法，这里先讨论信息块、程序块及综合方法构造符号库。

(1) 信息块方法

信息块方法是用人工或程序将要绘制的符号离散成数字信息。通常，一个符号构成一个信息块，绘图时读取并处理该符号的信息块，完成该符号的绘制。下面按点、线、面 3 类分别来阐述符号库绘制的问题。

①点状符号信息块。在点状符号信息块中记录符号的颜色码、笔粗码、定位点坐标图形(X_0,Y_0)、图形特征点坐标及其联系(一般用表示绘制或不绘制的抬落笔码表示)。它的结构如图 8-4 所示。

颜色码	定位点 X_0	定位点 Y_0	特征点数 n	X_1	Y_1	抬落笔码 1	笔粗码 1	…	X_n	Y_n	抬落笔码 n	笔粗码 n

图 8-4 点状符号信息块结构

由于任意曲线都可由若干折线逼近到任意程度，因而只要选择适当分辨率的空间大小，任意点状符号均可采用上述信息块构成。把一个信息块组成一行记录，有序地组织它们为一个文件，即是矢量点状符号库。

使用时，读入该符号相应的行记录的信息块，按图上描述位置和方向，将信息块中坐标数据先平移至中心，必要时进行缩放，再进行旋转，即可连续调用两点绘线语句予以绘出。不难看出，各种点符号均可用统一规范进行程序绘制，这种绘图称之为代数法绘图。

②线状符号信息块。地图上各类线状符号往往是由沿着线状要素中轴线延伸重复串接的符号单元而成，如图 8-5 所示，其中 L 为符号单元长。

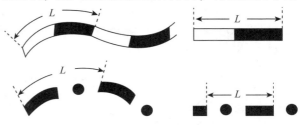

图 8-5 线状符号与符号单元

每一单元由点符部分和线符部分组成，线符部分中的点符部分只是部分线符才有，它仅是在一定部位并以线符延伸方向为 X 轴(曲线的 X 长轴)，没有变形，按单元距离 L 重复配置；而线符部分，以线符中心线为配置轴线，单元长相同，只是弯曲部位凹向压缩，有一定变形，像一根理想的橡皮条，这一现象在数学上称为伦移变换。这时，符号信息块由两部分组成：线-线信息块和线-点信息块，如图 8-6 所示。一般来讲，绝大多数线符中的点符部分不超过两个。没有点符时，点符数为 0。把上述两个信息块分别作为一行记录，

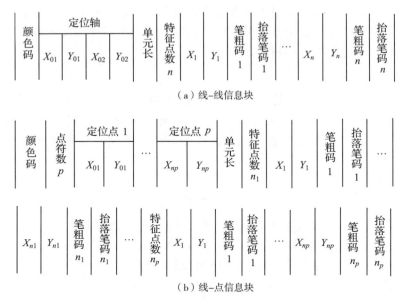

(a) 线-线信息块

(b) 线-点信息块

图 8-6 符号信息块

以同样的记录号，放入线-线符号库和线-点符号库。

绘制该线状符号时，分别取两库中同一记录号的两个信息块，采用不同的绘制方法重复绘制两个信息块，将可高质量地完成线状符号绘制。

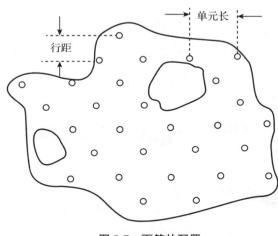

图 8-7 面符的配置

③面状符号信息块。面状符号由填充符号在面域内按一定方式配置组合而成。一般情况下，填充符号按一定方向、一定行距在面域内逐行配置(图 8-7)。

面状符号信息块中存储的是填充符号的单元信息，它的结构类似于线状符号中线—线信息块，但需增加 3 种信息：行距、行向倾角和排列方式。行向倾角指晕线方向与 X 轴的夹角，地图中有时有两组相交晕线，故有可能有两种行倾角；一般只有一种。排列方式一般有"井"型、交错和散列 3 种，如图 8-8 所示，在信息块中用不同代码表示。散列式中有图单元长度可变，行距与单元长均可变以及倾角、单元长、行距三者可变 3 种，分别如图 8-8(c)、8-8(d) 和 8-8(e) 所示。

面状符号信息块如图 8-9 所示。

面状符号信息块中填充符号比线状符号中配置情况简单得多，由于它不需顾及弯曲时的配置，只考虑直线轴时的配置，因此信息块中，点、线部分可以合并。比较面状和线状符号信息块可发现采用信息块的方法能够使符号数据同绘图程序相对独立，动态增添、更

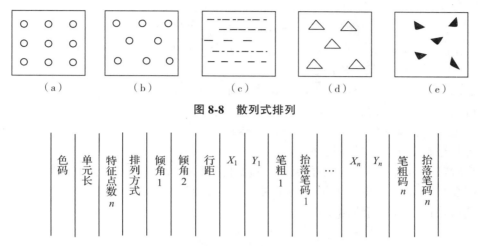

图 8-8　散列式排列

色码	单元长	特征点数 n	排列方式	倾角1	倾角2	行距	X_1	Y_1	笔粗1	抬落笔码1	…	X_n	Y_n	笔粗码 n	抬落笔码 n

图 8-9　面状符号信息块

新和精化符号库特别方便，符号库是开放式的，适应广泛的空间信息显示需要。实践表明，128×128 的点状符号空间，256×48 的线状符号和面状符号空间能够较好满足地形图精度所需，其符号精度将不低于 0. 2%，而且较为节省存储空间。

(2)程序块的方法

程序块方法对每一类地图符号编一个绘图子程序，并把这些子程序组成符号的程序库，绘图时按符号的编号调用库中相应程序，输入相应参数，该程序根据参数及已知数据计算绘图矢量，从而完成地图符号的绘制。这种方法的成功取决于对绘图要素全面而又精心的分类，准确地用数学表达式描述各类符号及编程，并且选择合适的参数。

图 8-10　圆的几何图解

下面分别简单介绍点状、线状及面状符号编程方法的绘制。

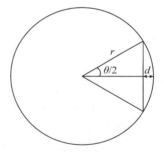

①点状符号。点状符号通常都可以和直线配合成圆弧组合，绘制直线段就不赘述了，现以圆弧绘制说明其算法。如图 8-10 所示，任何圆都可用正多边形来逼近，适当选取 θ，使 θ 相对应的正多边形与圆弧之间的拱高小于限差 d，这样圆心角 θ 与圆半径 r 之间的关系为：

$$d=r\left(1-\frac{\cos\ \theta}{2}\right) \tag{8-1}$$

$$\theta=2\arccos\left(1-\frac{d}{r}\right)\approx 2.8\sqrt{\frac{d}{r}} \tag{8-2}$$

$$n=\left[\frac{2\pi}{\theta}\right] \tag{8-3}$$

式中　[　]——指对括号内数据取整(以下均采用此定义)。

因此，只要给定了限差 d(一般取 0. 05~0. 10 mm)和可能最大圆的半径 r 就可算出 n 和 θ。也即半径为 r 的圆可用正 n 边形取代，可采用角增量，按逆时针连续旋转计算出各点坐标并顺次连接而成。即各点按下式计算：

$$x_i = r\cos(i\times\theta) + x_0$$
$$y_i = r\sin(i\times\theta) + y_0 \quad (i=0,1,2,\cdots,n) \tag{8-4}$$

式中 x_0，y_0——圆心坐标，画圆从 (x_0, y_0) 开始，顺序连至 (x_n, y_n)，继续连至 (x_0, y_0)，使圆周闭合。

当绘制一段圆弧时，只需精心设计起始 θ 角，终止 θ 角，即可绘制任意圆弧，椭圆的绘制也可用类似的方法进行。

按上述算法，编制程序，调试无误后，再配合以绘制某些直线段的功能，即可方便地编制出各种绘制点状符号的子程序。

②线状符号。线状符号的配置绘图，其已知条件是中心轴线及需配置线状符号结构尺寸，以图 8-11 所示土堤符号为例，绘制要解决：在何处绘制短横线，即中轴线上位置；绘横线到何处止，即短横线两端点位。

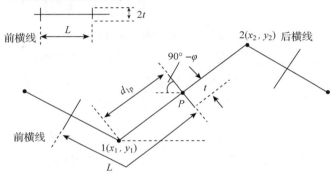

图 8-11 土堤符号与绘制原理

设中心轴线是从指定起点开始按顺序排列的直线段衔接而成的折线，任取其中一直线段，称与前一线段连接点为第一节点，坐标为 (x_1, y_1)，与后一线段连接点称为第二节点 (x_2, y_2)，则该线段长为：

$$d_{12} = [(x_2-x_1)^2 + (y_2-y_1)^2]^{1/2} \tag{8-5}$$

显然，与第一节点距离为 d_{1p} 的横短线位置 (x_p, y_p) 可由下式计算：

$$x_p = x_1 + (x_2-x_1)\times\frac{d_{1p}}{d_{12}}$$
$$y_p = y_1 + (y_2-x_1)\times\frac{d_{1p}}{d_{12}} \tag{8-6}$$

设此直线段方向角余角为 φ，则

$$\sin\varphi = \frac{y_2-y_1}{d_{12}}$$
$$\cos\varphi = \frac{x_2-x_1}{d_{12}} \tag{8-7}$$

有横短线两端点坐标：

$$x_1 = x_p \pm t\times\sin\varphi$$
$$y_1 = y_p \pm t\times\cos\varphi \tag{8-8}$$

这时可算下一横短线，离 l 点距离。

若
$$d'_{1p}=a_{1p}+L \quad d'_{1p} \leq a_{12} \tag{8-9}$$

则令 d'_{1p} 为新的 d_{1p}。按式(8-6)~式(8-8)计算下一横短线在折线12上的位置和新的横短线端点坐标，继续式(8-9)的步骤。否则说明 d_{12} 上已经安排不下下一个横短线，这是应使 $d'_{1p}=d'_{1p}-d_{12}$，并把2点作为1点，且把下一个节点作为2点，按式(8-5)计算 d_{12}，再进行式(8-10)比较后决定运算流向。如此，直至用完所有节点，即可把中心轴线都绘上了横短线，再把中心轴线均绘上土堤中心线，这就完成了土堤的绘制。

> 注意：如果 p 点在节点2上，或接近2点，当此节点是最后一点时，横短线照常绘制，否则应绘在过2点的角平分线上；为图形美观，可适当把 L 调整，使中心轴线长度为横短线间隔的整倍数。

此算法可被扩展为获得离中心轴线等距离的两条平行实线(或虚线)，如双线公路、街道等，同样还可产生长城、陡坎、境界线、大车路、地类界等一类沿中心轴线保持一定规律配置的点和短线。

③面状符号。最普通的面域是由若干封闭多边形组成的。面状符号的共同特点就是在面域内填绘不同方向、不同间隔、不同粗细的"晕线"，或规则分布的个体符号、花纹或颜色。其中"晕线"是较为一般的且基础性的，所谓"晕线"即是一组平行的等间距的平行线，设晕线与 x 轴倾角为 θ，并设间距为 d，在多边形内填绘晕线，已知条件是该多边形的封闭轮廓线，如图8-12所示。其算法步骤如下：

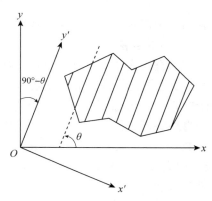

图 8-12 面状符号晕线绘制示意图

a. 顺时针旋转坐标系90°即 θ 角，使新坐标轴 y 与晕线平行，这是任意封闭多边形上所有轮廓线，也即相应节点坐标都变换为 $x'oy'$ 下，设它们分别为 (x'_1, y'_1)，(x'_2, y'_2)，…，(x'_n, y'_n)，(x'_{n+1}, y'_{n+1})，…。其中，$x'_{n+1}=x'_1$，$y'_{n+1}=y'_1$，是外轮廓线上首尾点。这里若有多条轮廓线，每条线之首末点总相同。

b. 在 $x'oy'$ 下计算第1条晕线的位置。

c. 对已知多边形轮廓各节点，求坐标系下 $x'oy'$ 的 x' 横坐标最小值 $x'_{\min}$ 和 $x'_{\max}$，这时，第1条晕线的 x' 值为：

$$a=x'_{ao}=\left[\frac{x'_{\min}-0.012}{d}\right]+d \tag{8-10}$$

式中　d——晕线间隔距离；

　　　[　]——取整符号。

当 $a>x'_{\max}$ 时，则停止运算，否则进行下步。

d. 求晕线与各轮廓线各边交点，其中，晕线与任一边有无交点，判别式如下：

若
$$(a-x'_i)(a-x'_{i+1})<0 \tag{8-11}$$

则交点为：

$$\left(a,\ y_1' + \frac{(y_{1+1}'-y_1')(a-x_1')}{x_{i+1}'-x_1'}\right) \tag{8-12}$$

否则若且

$$(a-x_{i+1})(a-x_{i-1})<0 \tag{8-13}$$

则交点为：

$$(x_i',\ y_i')$$

e. 将交点按 y' 值排队，并顺序记录排队后的各点坐标。
f. 将交点坐标进行坐标系反旋 $90°-\theta$ 的变换，其序不变。配对绘线，即连 1~2、3~4。
g. 计算新的晕线的位置。

$$a=a+d \tag{8-14}$$

当 $a>x_{\max}'$ 时，则停止运算，否则继续 c、d、e、f 步骤。

可增加平行或垂直的另一组晕线，也可适当改进式(8-6)中配对绘线程序为点、实线、虚线组合，进行面状符号各种灵活绘制。

采用程序块的方法，可以绘制大量的各种符号，但必须首先能用数学表达式精确描述它们，因而其绘制类型相对而言，尚不够广泛，同时也较难予以动态变更。

(3) 综合法

综合法实质上是把信息块与程序法结合在一起，绘制组合式符号。它把符号分解为折线、圆、矩形、正三角形等各种图素，各种图素的使用采用信息块量参数，程序是由图素绘制程序所组合而成，其综合使用形成了组合符号，功能更强，但结构复杂。例如，折线信息块库就如同前述，对于圆绘制，其参数为圆心 X、圆心 Y、半径 r，对圆弧则增加两个参数 θ_1、θ_2，可把五元组组成一个信息块；同样，绘矩形有定位点 x、y、高、宽和方向 5 个参数，又可组成五元组的信息块；如果采用这 3 种信息块，则符号将由各种折线、各种圆弧和各种矩形所组成。

这种方法作为特例通用性更广一些，上述两种方法如果采用各种特定方法，把空间数据库质量、数量、时间等数据量化，动态变更图素的信息块，那么各种专题图符号绘制也相当方便。

8.2.4.3 栅格符号库

栅格制图技术途径有两个重要的技术前提：一是分辨率，它相应于栅格像元的大小，也决定了栅格处理一系列基本特性，它的决定是需要与可能综合平衡的结果，由于计算机硬软件的发展，目前按要求来决定分辨率已没有太大困难；二是栅格坐标系，过去传统的空间坐标系也即 Y 轴方向与人们习惯的空间坐标系方向相反，实质一样，但还是不方便，现统一于 Y 轴方向上，这时，矢量、栅格系仅存在实数坐标和整数坐标概念差别，为便于矢栅统一，栅格符号库由于栅格绘图特点，一般不采用符号程序块的方法，大都仅采用符号信息块的方法。下面介绍点状、线状、面状栅格符号制作方法。

(1) 点状符号

符号空间内定义了定位点的特征点集。符号空间定义为能够足够表达最精细符号和实用中最大符号的尺寸空间，设为 $n×n$ 栅格空间，其定位基准为：定位点及其定位轴，后者以定位像元及过此像元的水平轴线来表示，设其为 x_{01}，y_{01} 以及射线（x_{01}，y_{01}）→（x_{01}+500，y_{01}）。

特征点集：

$$\{x_{ij},\ y_{ij},\ c_{ij}\} \qquad (i,\ j=0,\ 1,\ 2,\ \cdots,\ n)$$

c_{ij} 为符号 i 列，j 行颜色码，显然，它们是相对于定位点的坐标（$x_{ij}-x_{01}$，$y_{ij}-y_{01}$），当符号为单色时，c_{ij} 为 0 或 1；当符号为 16 色混杂时，c_{ij} 为 0 或 1 或…或 15；也可以为 256 色混杂，c_{ij} 则为 0 或 1…或 255。

点状符号一般采用单纯色符号。可采用 128×128 矩阵，每个矩阵元素用 1 个 bit（比特）表示，有两种元素值 0（表示像元黑），1（表示像元白），点符号信息块共长 4+2048 个字节＝2052 字节，结构如图 8-13 所示：

$$128\text{行}\left\{\begin{matrix} 0 & 0 & 0 & 0 & \cdots & \cdots & \cdots & 0 \\ \vdots & \vdots & \vdots & \vdots & \vdots & \vdots & \vdots & \vdots \\ 1 & 0 & 0 & 1 & 0 & 0 & \cdots & 0 \\ 0 & 1 & 0 & 1 & 0 & 0 & \cdots & 1 \end{matrix}\right.$$

128个bit＝8×16，即一行16个字节，
共 16×128＝2048字节

图 8-13　点符信息块构造示意

依次组织各符号为上述 2052 个字节的不同序号的一条记录，即成栅格符号库。也可把上述点符信息块，直接组成数图合一的单色位图（bitmap）供人机交互时调用，颜色使用时再选定。图 8-14 为部分点状符号库的图形。

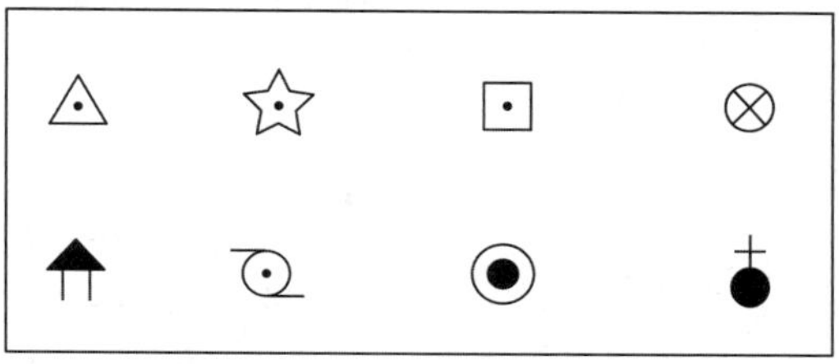

图 8-14　栅格点状符号库部分图形

（2）线状符号

线状符号定义和点状符号一样，仅是符号空间与点状符号不一样，它在符号延伸方向的轴线上尺寸大，信息丰富，而在横向，尺寸小、信息少。另外，由于图中元素配置方法不同，可把线符信息分为线-线符号块及线-点符号块两部分。例如，可以把线-线符号空间定义为 256×48，线-点符号空间定义为 96×48。同点状符号信息块一样，每一线状符号由线-线符号信息块 1540 字节和线-点符号信息块 580 个字节组成。图 8-15 为线符信息块的构造方法。

由上述结构可以看到，对于各种宽度、虚实结构，点符、线符结合，对称与不对称定位，对称与不对称符号结构，线符信息块都予以包容，这种符号库结构是十分全面的。

类似点状符号库，可同样组织各线状符号为线状符号库。

（3）面状符号

面状符号定义同点状符号。它的信息块的制作决定于确定独立的完整的填充点阵单元，图 8-16 表示了这一过程。必须顾及连续填充点阵单元后的总体结构，做好固定点阵大小的信息块组织。其信息块的组织方式也同点状符号。

上述点阵面状栅格符号信息块及成库，可采用人机图形交互程序自动处理组织而成，设计能力强、准确、方便、规范且动态性强。可兼并常规的各种点、线、面符号库的制作，它与 8.3 节介绍的相应通用绘图程序的结合，形成了理论严密、通用、规范的代数法符号化系统。

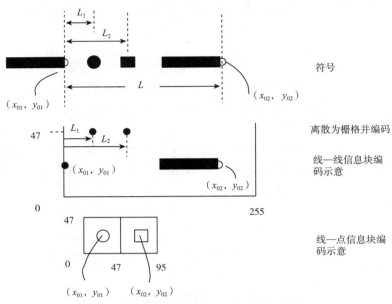

图 8-15 面状符号填充点阵单元及信息块形成示意

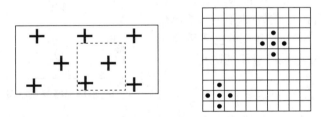

图 8-16 栅格面状符号

8.3 专题信息表现

8.3.1 专题地图的含义

专题地图是突出地表示一种或几种自然现象和社会经济现象的地图。按内容可分为三大类：自然地图、社会经济地图和其他专题地图。自然地图表示自然界各种现象的特征、地理分布及其相互关系，如地质图、水文图等；社会经济地图表示各种社会经济现象的特征、地理分布及其相互关系，如人口图、行政区划图等；其他专题地图，指不属于上面两类的专题地图，如航海图、航空图等。

8.3.2 专题地图的表示方法

真正的点状事物在地面上很少存在，一般都占有一定的面积，只是大小不同。点状分布要素指那些占据的面积较小，不能按比例尺表示，又需定位的事物。对于点状分布要素的质量特征和数量特征，可以用点状符号表示。

在地面上呈线状或带状分布的事物很多,如交通线、河流及边界线等,对于这些事物的分布质量特征和数量特征可以用线状符号表示。

面状专题内容的表示方法,最常用的有:等值线法、质底法、范围法、点值法、符号法、动线法、统计图法等。

(1) 等值线法

在地图上通过表示一种现象的数量指标的一些等值点的曲线,称为等值线系,如等高线、等温线。等值线法宜用于表示地面上连续分布而逐渐变化的现象,并说明这种现象在地图上任一点的数值或强度。等值线的数值间隔原则上通常为常数,以便判断现象变化的急剧或和缓。但也有例外,如等

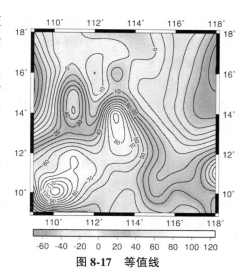

图 8-17 等值线

值线间隔的大小首先决定于现象的数值变化范围,变化范围越大(以等高线为例,地貌高程变化越大),间隔也越大;反之亦然。根据等值线分层设色,颜色应由浅色逐渐加深,或由冷色逐渐过渡到暖色,从而提高地图的表现力(图 8-17)。

(2) 质底法

质底法又名底色法,用于将区域划分为质量相同的地段(图 8-18),由于质底法广泛应用各种颜色,所以有时也称之为底色法。首先,按现象的性质进行分类或分区,制成图例,在地图上绘制出各分类界线,然后把同类现象或属于同一区划的现象绘成同一颜色或统一的晕纹。这种方法可以用来表示地表面上的连续面状现象(如气象现象)、大面积分布的现象(如土壤覆盖)或大量分布的现象(如人口)。质底法的优点是鲜明美观,缺点是不易表示各类现象的逐渐过渡,而且当分类很多时,图例比较复杂,必须详细阅读图例后才

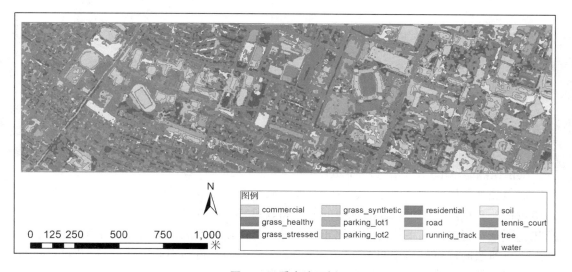

图 8-18 质底法示例

能读图。注意质底的两种颜色系统不应该相互重叠,但是底色是可以与晕线重合的。通常,质底法与其他表示方法结合起来使用。

(3) 范围法

范围法用于表示某种现象在一定范围内的分布,又名区域法。范围法分为精确范围法[图 8-19(a)]和概略范围法[图 8-19(b)],前者有明确的界线,可以在界线内着色或填绘晕纹或文字注记;后者可用虚线、点线表示轮廓界线,或不绘制轮廓界线,只以文字或单个符号表示现象分布的概略范围。

在地图上表示范围可以采用各种不同的方法。用一定图形的实线或虚线表示区域的范围;用不同的颜色普染区域;在不同区域范围内绘以不同晕线;在区域范围内均匀配置晕线符号,有时不绘制出境界线;在区域范围内加注说明注记或采用填充符号。范围法与质底法的区别在于,所表现的现象并不布满整个编图区域;不一定有精确的范围界线。

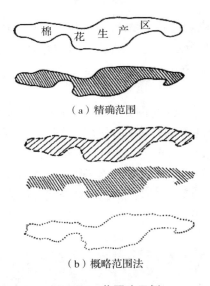

图 8-19 范围法示例

图 8-20 点值法示例

(4) 点值法

点值法是在图上用小点表示现象的分布和数量,它适用于表示分布不均匀的现象。从图上点的疏密就可看出现象的集中或分散的程度。布点时要确定点的大小及其代表的值,在最稠密的地方,点可以近于紧接但不能重叠,在最稀疏的地方,也要有点的表示;在其他地方,则依比例显示出点的疏密(图 8-20)。

点值法是质底法和范围法的进一步发展。质底法和范围法只能反映现象的分布范围及其质量特征,点值法则可以表明现象的分布和数量特征。点值法有两种方法:一是均匀布点法,即在一定的区划单位内均匀地布点;另一是定位布点法,即按照现象实际所在位置布点。点值法的优点是简单明了,如果恰当地采用不同颜色和不同形状的点,既可表示现象的数量特征,也能表示它的质量特征和发展概况。

(5) 符号法

符号法使用各种不同形状、大小和颜色的符号来表示现象的分布及其数量特征和质量特征。通常以符号的大小表示数量差别，形状和颜色表示质量差别，并将符号绘在现象所在的位置上。符号法包括个体符号法和线状符号法。

①个体符号法。是地图表示法中的一种较为特殊的方法，用于表示不依地图比例尺或所占面积小于地图符号本身的一些地物的位置，通常用来表示按点定位的现象。个体符号按其形状可分为几何符号、文字符号和象形符号。地图上应用最广的是几何符号，这是由于文字符号和象形符号不能精确地表示位置以及数量的差异。几何符号具有简单的几何图形，便于绘制，能准确地指明地物位置，且便于比较大小。文字符号一般用表示现象名称的前1~2个字母代表。由于采用字母会使地图不易阅读，不能指示地物的准确位置，不能按符号大小对比，使文字符号的应用受到一定限制。象形符号相似于所表示对象的图形，可进一步分为象征符号和实体符号。前者的形状与所表示地物有某种程度的联系；后者用实体图形表示相应的事物分布。

②线状符号法。线状符号常用于表示几何概念的线划，如分水岭、地面上确定的各种边界线(如国界线)，还可用于表示线状分布的不能依地图比例尺表示其宽度的地物，如河流与公路等。此外，还可以用于强调图上按面积表示地物的主要方向，如山脊线、山脉走向线等(图8-21)。

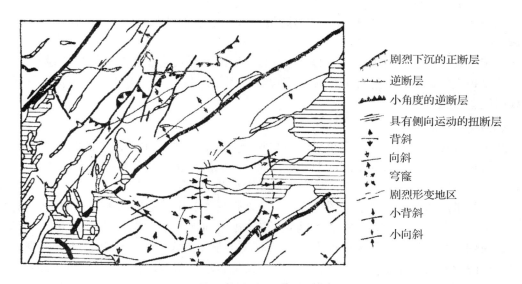

图8-21 线状符号法示例(地质构造线)

(6) 动线法

现象的运动路线和方向，一般使用动线法来表示，常见的有箭形符号，如人口迁移线、洋流和货运路线等。箭头和箭体上部的方向应保持一致，箭头的两翼应保持对称。箭形的粗细或宽度可表示洋流的速度强度或货运的数量；箭形的长短表示风向、洋流的稳定性；首尾衔接的箭形表示运动的路线，动线法用于面状事物移动的表示。

(7) 统计图法

统计图法一般根据编图区域内各区划单位或典型地点的统计资料,用地图形式表达出来。可以分为图形统计图法、分级统计图法和定位统计图法 3 种。

图 8-22 统计图法示例

①图形统计图法。根据各区划单位的统计资料制作成图形或图表,绘在地图上该区划单位之内的方法叫作图形统计图法。这种方法与符号法的区别在于,它反映一个区划范围的现象,而不是一个点上的现象,宜于表示绝对的数量指标。在地图制图中采用较多的是:线状统计图形/柱状和带状等,其长度与所比较的数值成正比;面积统计图形(正方形、圆形等),其面积大小与所比较的数值成正比;立体统计图形(立方体、圆球等),其体积与所比较的数值成正比(图 8-22)。

②分级统计图法。分级统计图法是表示一定区域单位范围内某种制图现象平均密度的方法。分级统计图法可根据各区划单位的统计资料,按照现象的密度、强度或发展水平进行等级的划分,然后依据级别高低,在地图上按区划分别填绘深浅不同的颜色或疏密不同的晕线,以显示各区划单位间的差异。分级时可采用等差、等比、逐渐增大的方式,也可采用任意的方式,因此适于表示相对的数量指标。该种方法的优点是绘制简单,且易于阅读。

③定位统计图法。将固定地点的统计资料,用图表形式绘在地图上的相应地点,以表示该地某种现象的变化,这种方法称为定位统计图法。其中,常用的图表包括柱状图表、曲线图表、玫瑰图表等。

(8) DEM 表示法

数字高程是基于地表面位置布局的高程量测数据,主要应用于某个区域的地形分析,前面的几种方法只能反映现象的水平分布特征,而无法表现垂直分布特征,数字高程表示法弥补了这一缺点,广泛地用于工程、规划和军事领域。

①地貌晕渲图及其与专题地图叠置。为了增强丘陵和山地地区高差起伏的视觉描述效果,制图工作者运用"阴影立体法"即地貌晕渲法,从而使绘制的图件看起来动人,但费用太高,地貌晕渲法的质量和精度很大程度上取决于制图工作者的意识和技巧等主观因素。数字地形图投入生产并加以应用后,地貌晕渲便能自动、精确地实现。自动晕渲的原理基于"地面在人们眼里是什么样子,用何种理想的材料来制作,以什么方向为光源照明方向"等的考虑。制图输出时常用灰度级和连续色调技术表示明暗程度,从而使得到的图片看起来类似于航片。实际上,从高程矩阵中自动生成的地貌晕渲图与航片有许多不同。主要表现在:晕渲图不包括任何地面覆盖信息,仅通过数字化的地表起伏显示;光源一般确定为西北 45°方向,而航片的阴影会随太阳高度角变化;晕渲图通常会经过平滑和综合处理,没有航片上显示出的丰富地形细节。

自动地貌晕渲图的计算简单，首先是根据 DEM 数据计算坡度和坡向，然后将坡向数据与光源方向比较，面向光源的斜坡得到浅色调灰度值，反方向的得到深色调灰度值，两者之间得到中间灰度值。灰度值的大小根据坡度进行确定。计算晕渲图的主要研究集中在坡面反射率的定量描述，由于计算反射率的公式都较复杂，往往将坡度和坡向转换成反射量，通过建立查找表的方法，使计算和处理更为有效(图 8-23)。

图 8-23 地貌晕渲图

晕渲图本身可以描述地表的三维状况，在地形定量分析中的应用不断扩大。如果把其他专题信息与晕渲图叠置组合在一起，将大幅度提高地图的使用价值，例如，运输线路规划图与晕渲图叠加后大大增强了直观感等，这是传统方法不能实现的。

②三维曲面。许多 GIS 软件都提供了利用 DEM 数据生成三维投影的功能，通常三维透视图包括平滑的曲面三维透视图(图 8-24)和网状三维透视图(图 8-25)两种形式。在三维曲面图上还可以叠加其他信息，最典型是叠加同一区域的遥感图像或者该 DEM 生成的晕渲图，以增强其"立体感"。生成三维透视图，需要设置视点位置、视角等参数，因此可以通过设置不同的参数，生成连续的三维透视图并组成动画，达到"虚拟飞行"的效果。

图 8-24 曲面三维透视图

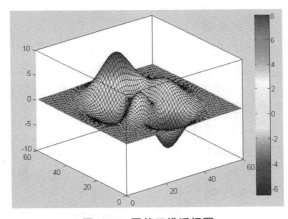

图 8-25 网状三维透视图

在利用网格 DEM 生成三维曲面以及地貌晕渲图的过程中，需注意的是：如分辨率过高，则会使数据量很大，降低了计算速度；分辨率过低，则会使计算结果变得粗糙，这时可以考虑在网格点之间利用曲面函数拟合，但是由于曲面函数是连续的，使结果显得"不真实"，一个较好解决办法是利用分形内插，后者可以生成更为自然的地形。

8.4 专题地图设计

专题地图的总体设计，是指在任务和要求明确后提出初步的图幅基本轮廓，包括投影选择、明确比例尺、划定图幅范围、进行图面规划和绘制设计略图等方面。

8.4.1 图幅基本轮廓的设计

相比普通地图和国家基本地形图,专题地图的总体设计更为复杂多样。编制一幅专题地图,既要将学科专业与制图的紧密结合,又要对图幅的用途和使用者的要求有深入的了解和掌握。在此基础上,才能设计图幅的基本轮廓。具体要求内容包括:

①该图幅是专用还是多用。专题地图既能专用也能多用,且向多用方向发展,因此相应地产生了一版地图多种式样的制作。

②明确地图使用者的特殊要求。根据不同的读者对象、不同用途以及不同使用场合等要求,满足所编制的专题地图的使用要求,如作为规划、参考、教学用途等。在确定图幅的用途与要求之后,需要明确总体设计的指导思想,拟定专题内容项目,突出重点,提出图幅总体设计方案。

③参考已出版的类似专题地图。分析已出版图件在使用中的优缺点,取长补短,以便更好地满足地图使用者的需要。

8.4.2 制图区域范围的确定

专题地图图幅的区域范围,需根据用途和要求确定。范围选择是否合适,在很大程度上影响着图幅的使用效能,并与专题地图的数学基础有紧密联系。与普通地图一样,根据图幅范围可分为单幅、单幅图的内分幅、分幅3种形式。

(1) 单幅

单幅指一幅图的范围能完整地包括专题区域,通常也称为截幅。专题区域放置于图幅正中,其形状确定了图幅的横放、竖放和长宽尺寸。专题区域与周围地区的关系要正确地处理。为便于阅读和使用,专题地图一般以横放为主;有些专题区域性形状是长的,而地图的方向习惯是上北下南,需要竖放。

(2) 单幅图的内分幅

这是指地图范围超过一张全开纸的尺寸,而分为若干印张。"内分幅"应按纸张规格,一般分幅不宜过于零碎,分幅的面积大体相同。

(3) 分幅

分幅是地形图普遍采用的一种形式。分幅图不受比例尺的限制,分幅图的分幅线是根据区域的大小采用矩形分幅和经纬线分幅的,分幅图原则上是不重叠的。此外,图廓内专题区域以外的范围如何确定,在总体设计时也应明确下来。方法包括:①突出专题区域线,区内区外表示方法相同,只把专题区域界线加粗,或加彩色晕边,以显示专题区域范围,同时也能与相邻区域紧密联系。②只表示专题区域范围,区域外空白,突出专题区域内容,区内要素与区外没有什么联系。③内外有别,即专题区域内用彩色,区外用单色,且内容从简。这是专题地图普遍采用的方法。

8.4.3 专题地图数学基础的设计

专题地图数学基础包括比例尺、地图投影、坐标网、地图配置与定向、分幅编号和大地控制基础等,其中比例尺和地图投影是最主要的。

(1) 影响数学基础设计的因素

①专题地图的用途与要求。专题地图的用途与要求是影响数学基础设计的主导因素，因为投影和比例尺都是根据图幅的用途和要求选择设计的。

②制图区域的地理位置、形状和大小。制图区域的地理位置、形状和大小这是一个重要方面，位置和形状往往影响投影和比例尺的选择。在设计时对制图区域的形状和大小要详细研究，并同时设计多个不同方案，从中选择最为合理的。

③地图的幅面及形式。地图的幅面及形式对数学基础设计会产生一定影响，从而关系到使用效果。

(2) 投影和比例尺的设计

①比例尺设计。专题地图比例尺的设计应考虑图幅的用途和要求，根据制图区域形状、大小，充分利用纸张有效面积，并将比例尺数值凑为整数。在实际设计地图比例尺的工作中，往往还会出现一些特殊的问题，如不要图框或破图框、移图、斜放。

②投影设计。在专题地图制图中采用较多的是等积投影和等角投影，具体设计时采用何种投影，需根据专题地图的用途和要求确定。

8.4.4 图面设计

专题地图不仅要有科学性，而且也要有艺术性。图面设计包括图名、图例、比例尺、插图(或附图)、文字说明和图廓整饰等，以及它们的大小和位置关系(图 8-26)。

(1) 图名

专题地图的图名要求简明地表现图幅的主题，一般安放在图幅上方中央。字体要与图幅大小相称，以等线体或美术体为主。

(2) 图例

图例符号是专题内容的表现形式，图例中符号的内容、尺寸和色彩应与图内一致，多放在图的下方。

(3) 比例尺

比例尺有两种表示方法：一种是用文字(如一比一百万)或数字(如 1∶1 000 000)表示；另一种是用图解比例尺表示。图解比例尺间隔也有两种划分方法：一种是按单位长度划分，表明代表的实际长度；一种是按实地距离划分，每格是按比例计算在图上的长度。比例尺一般放在图例的下方，也可放置在图廓外下方中央或图廓内上方图名下处。

(4) 附图

附图是指主图之外所加绘的图，在专题地图中，它的作用主要是补充主图的不足。专题地图中的附图，包括重点地区扩大图、内容补充图、主图位置示意图、图表等，附图放置的位置应灵活。

(5) 文字说明

专题地图的文字说明和统计数字要求简单扼要，一般位于图例中或图中空隙处。其他有关的附注也应包括在文字说明中。

专题地图的总体设计，一定要视制图区域形状、图面尺寸、图例和文字说明、附图及

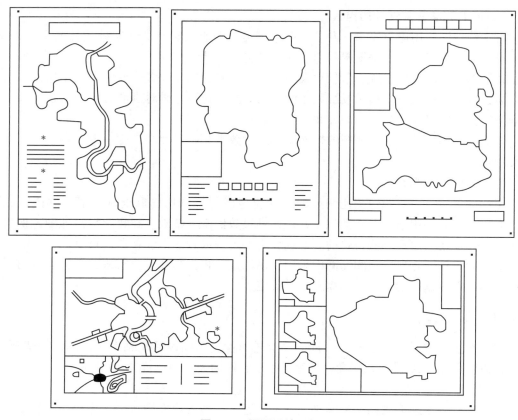

图 8-26　图面设计示例

图名等多方面内容和因素具体灵活运用，使整个图面生动，易获得更多的信息。图 8-26 为一些各种风格的图面设计。

8.5　制图综合

地理信息系统中地理信息综合功能的研究和开发是当前 GIS 进步与应用发展所面临的一个新挑战。由于 GIS 技术和应用的迅速发展，所需处理的问题也更加复杂化，使 GIS 中地理信息的有效利用和表达的问题显得更加突出。因此，GIS 中地理信息综合受到越来越多的关注，从基本比例尺数据派生出多比例尺、多用途和多专题的更多有用信息，并提高地理信息的表达和利用的效率，以满足 GIS 的可视化和各种分析、制图输出等需要。

8.5.1　制图综合的概念

制图综合是对制图区域客观事物的取舍、简化。经过概括后的地图可以显示出主要的事物和本质的特征。地图的比例尺、用途和主题、制图区域的地理特征以及符号的图形尺寸是影响制图综合的主要因素，因此制图综合主要表现在内容的取舍、数量简化、质量化简和形状化简等方面。

专题地图制图综合的实质就是在科学分析研究各种专题内容要素特征的基础上，根据图幅的用途和比例尺，将图幅的专题内容加以概括化，把最主要的要素、对象的基本轮廓、主要的特征和基本规律反映在地图上。专题地图制图综合围绕着几何性和地理性两方面进行。在几何性方面对制图对象的形状和大小综合简化，在地理性方面对专题内容的综合概括。制图综合就是几何正确性和地理真实性的紧密结合。

8.5.2 影响制图综合的主要因素

制图综合的程度受各种因素的影响，主要因素有：地图比例尺、地图的主题和用途、制图区域的地理特征及符号大小等。

(1) 地图比例尺

比例尺对制图综合的影响非常明显。由于比例尺的缩小，同一个制图区域在图上的面积随之缩小，因而图上所能表示的地物数量也相应减少。当地图幅面一定时，不同比例尺地图所包括的实地范围不同，小比例尺地图包括的地面面积较大，大比例尺地图所包括的地面面积较小。在不同范围内，对同一地物重要程度的评价不相同，有些事物从小范围看是重要的，但在大范围内可能是次要的。

(2) 地图的主题

地图的主题即地图上所反映的主要内容，它决定各事物在图上的重要性，因而影响制图综合程度。这在专题地图上表现特别明显，例如，比例尺相同的同样地区但主题不同的两幅地图，一幅是地形图，一幅是政区交通图，前者主要表示地形特征及水系，居民地较少，不表示铁路和公路；后者重点表示行政区划、铁路和主要公路、各级行政中心以及作为交通枢纽的居民地，对于水系则只是表示主要的河流和湖泊，一般不表示地形。

(3) 地图的用途

任何一幅地图所能表示的内容都是有限的，只能满足某一方面或某几方面的要求，所以地图内容的选择和表示就必须考虑地图的用途。地图用途既然直接决定着地图内容，因而就影响着制图综合。例如，1∶50万比例尺的地形图和1∶50万比例尺的政区图，由于两者用途不同，地图内容的取舍和化简程度就很不一样。1∶50万比例尺的地形图是国家基本地形图之一，在军事上是战役用图，经济上是规划用图，在科学研究方面是参考用图，在这种地图上要全面地反映制图区域的自然和社会经济方面的基本情况；而1∶50万比例尺的政区图是省级机关进行行政管理、部署工作用图，在图上主要表示社会经济要素（如境界、居民地、交通线等），而对自然要素（如地形、土质、植被等）则可作较大的概括。

(4) 制图区域的地理特征

制图区域地理特征是指该区域的自然和社会经济条件，地面上不同地区具有不同的地理特征，因此制图综合时就要选取那些能反映区域特征的事物，舍去那些不代表区域特征的事物。同样的地理事物在不同地区具有不同的意义，这就影响着制图综合。例如，小城镇在人口稠密的地区是次要的，图上一般不表示，而在人口稀少的地区，小城镇则成为主要的居民地，图上要选取。

(5) 符号的图形尺寸

各种地理事物，在图上均以符号表示。符号的图形、尺寸直接关系着地图的负载量，因而也影响着制图综合的程度。图形尺寸规定得小一些，选取的内容就可以多一些，概括程度就小一些，地图的内容就会详细一些，图面负载量就大一些；反之，地图内容必然简略，图面负载量就小。此外，几何图形的最小尺寸与图形的结构和复杂程度有关，轮廓符号的最小尺寸受轮廓界限的形式、内部颜色和背景等一些因素影响，可见符号图形最小尺寸是确定制图综合的必要参考数据。

(6) 可视化要求

可视化是地理信息处理的窗口与处理结果的直观表达形式，因而是决策的直观依据。只有把空间数据库中的海量数据转换为直观的图形信息，才能为规划、管理与决策提供有力的支撑。

8.5.3 制图综合的基本方法

制图综合是一个高度智能化和具有创造性的作业过程，它是一个整体任务，包含了一系列不同性质的操作，可以分解为若干个子过程来实现。由于这些子过程之间缺少明确的内在或逻辑联系，使这些子过程以某种混合形式进行组合应用。不同学者对制图综合过程提出了不同的分解模式：例如，三算子模式（选取、概括和移位）；四算子模式（选取、概括、合并和移位）；七算子模式（纯几何综合包括简化、夸大、位移）；几何/概念综合（选取、合并类型化和强调）。传统的制图综合包括的内容主要有：选择主要的对象，确定主要对象的选取标准；概括数量特征，主要从缩减分级、改变表示方法着手；综合质量特征，将一些相近的分类分级予以归并，利用组合符号代替单个符号；简化轮廓图形，包括简化符号线划和轮廓界线，把小面积图斑合并成为大面积的轮廓，夸大具有特征的小面积轮廓；去掉一些小指标，转化为总的指标等。

启发式制图综合是把整个优化过程分解为若干个子过程来实现，这些子过程基本上等同于传统制图综合的某些手法（如选取、概括、合并与位移等）。在概括过程中，如弯曲海岸线的概括意味着相应的港湾或海角的取舍。"英国海岸线长度问题"是新兴学科——分形学中的一个典型问题。分形几何是用来描述难以用欧式几何来描述的具有多层嵌套的自相似结构。地图中的河系，地貌中的沟汊，城市中的大道、胡同、小巷、里弄等，均具有嵌套特征，是典型的分形结构。分形几何原理在地图信息处理中必将得到应有的深入应用。

分形（fractal）一词是 B. Mandelbrot 用拉丁词根创造的单词，意思是细片、破碎、分数、分级等。它是那些局部和整体按照某种方式相似的集合。分形具有以下特征：具有精细的结构，在任意小的尺度下，总有复杂的细节；分形是不规整的，它的整体和局部都不能用传统的几何语言来描述；通常具有自相似形式，这种自相似可以是近似的或者是统计意义上的；一般而言，分形的某种定义之下的分形维数大于其拓扑维数，例如，在平面上，一条分形曲线的维数为 $1\sim2$；在大多数情况下，分形以非常简单的方法确定，可以由迭代过程产生。分形是描述不规则几何形态的有力工具，而自然界的许多物体，都具有分形的特性，如海岸线、地形、云、甚至生物等。对于一条海岸线而言，无论从遥感卫星上看，还是从岸边的悬崖上看，它总是曲折的。因此，对于这些地物，要完全"精确"的描述其几何形状是不可能的，在 GIS 数字化的过程中，要进行抽样操作。

总之，制图综合的基本方法为内容的取舍、数量化简、质量化简和形状化简。图 8-27～

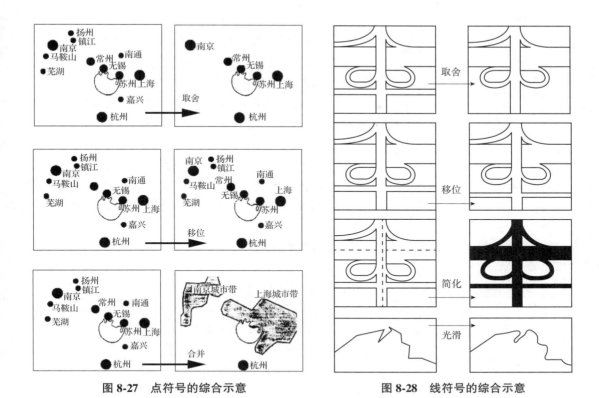

图 8-27 点符号的综合示意　　　　图 8-28 线符号的综合示意

图 8-29 分别是对点状符号、线状符号和面状符号的综合。

(1) 内容的取舍

内容的取舍是指选取较大的、主要的内容，而舍去较小的、次要的或与地图主题无关的内容。选取主要表现在：一是选取主要的类别，二是选取主要类别中的主要事物。舍去主要表现在：一是舍去次要的类别，二是舍去已选取类别中的次要事物。注意主要与次要是相对的，它随着地图的主题、用途、比例尺的不同而异。地图内容的选取，一般按下列顺序进行：

①从整体到局部。进行选取时，要首先从整体着眼，然后从局部入手。

②从主要到次要。地图上所表示的各个要素，根据地图的主题和用途，有主要与次要之分。选取时要按照先主要、后次要的顺序进行。

③从高级到低级。这样可以保证较高级的能被选择，不至于遗漏。

④从大到小。这样可以保证大的事物首先入选。

总之，选取时要从总体出发，首先选取主要的、高级的、大型的事物，再依次选取次要的、低级的、小型的事物，最后还要从整体上进行分析，观察是否反映了制图区域的总体特征。

(2) 质量特征的化简

地图上各事物的质量差别通常是以分类来体现的。质量特征的化简就是减少一定范围内事物的质量差别，用概括的分类代替详细的分类，即按事物的性质合并类型或等级相近的事物。例如，将针叶林、阔叶林和混交林合并为森林；将喀斯特山地、喀斯特丘陵、喀斯特台地、喀斯特溶蚀堆积盆地合并为喀斯特地貌。

(3) 数量特征的化简

数量特征的化简就是减少事物的数量差别，增大数量指标内部变化的间距，对于数量指标低于规定等级的事物不予表示。在用等值线表示数量特征的地图上，化简时要扩大等值线间距值。进行数量特征化简时，不仅要考虑地图比例尺和用途，而且要特别注意考虑事物数量分布的特点及保持具有质量意义的分级界限。

(4) 形状化简

形状化简用于呈线状和面状分布的事物。形状化简的目的在于保留事物本身所固有的、典型的特征。化简的方法有删除、夸大和合并。删除就是去掉那些因比例尺缩小而无法清楚表示的碎部。有时为了显示和强调事物平面图形的特征，将本来按比例应删除的小弯曲，夸大表示出来。合并就是将邻近的、间隔小到难以区分的同类事物的图形加以合并，以表示出事物的总体特征。对某种事物进行形状简化时，要考虑到其他事物的关系，使彼此之间能协调一致。例如，对湖泊进行形状化简时，要注意与地形、水系的关系。

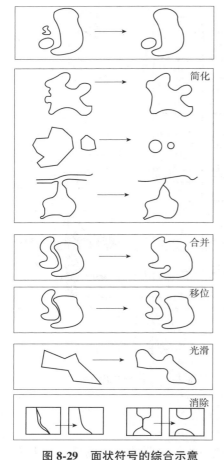

图 8-29　面状符号的综合示意

8.6　地理信息可视化

8.6.1　地理信息可视化的基本概念

(1) 可视化

可视化的本意是变成可被视觉所感知。计算机图形、图像的概念已出现了几十年，而图形、地图的出现甚至可以追溯到人类起源的远古时代，而"可视化"的概念频繁地出现在计算机科学和地理信息科学之中，"科学计算可视化"等新概念层出不穷，可视化目前已成为一种汹涌的技术潮流，这是有其深刻的原因和背景的。

人类是信息科学的主体，信息是由人来感知、处理和利用的。客观的事物及其运动通过人的视、听、嗅、味、触的感官被感知。同样的，人类及实践活动的结果，各种实验、资料、成果、经验等也只能被上述各种感官所感知，进而由人脑进行推理、分析、判断和决策。据估计，人类信息70%以上是通过视觉来获取的。很明显，视觉在信息世界中有一定的特殊地位：视觉有雄厚的生物生理基础，在人脑的150亿个神经元中，有

78%以上与人的视神经活动有关,视觉是人类神经活动中高度进化和发展形成的生物生理能力。视觉的信息传输及接收是平行的,显然,人们一睁眼就可接收视野内的三维世界,而不像听觉仅是通过一维串行来传输。视觉的信息传输速率、接收速率很高,它是以光速传递到人的视网膜上,再由人的视觉神经的反应弧来接收的。视觉的信息传输与接收又是分层次的,人们对于视图,首先可以感受到其上最突出的、最鲜艳的特征,然后是一般特征,最后可以感受到细微的、局限性的、次要的特征,这样可以根据视觉传输信息的特点把需要突出的信息放在第一层次,次要的信息放在第二层次。三维视窗的信息密度可以非常大。视觉在这些信息传输和接收上的特点,特别适于空间信息的表现。适合于空间信息多维特性数据量大而复杂的特点。俗话说"千言万语抵不上图的一角",正是准确地表达了串行的一维语言对二维空间信息的传输能力远远比不上图的事实。

(2)科学计算可视化

科学计算可视化是指运用计算机图形学和图像处理技术,将科学计算过程中产生的数据及计算结果转换为图形和图像显示出来,并进行交互处理的理论、方法和技术。它不仅包括科学计算数据的可视化,而且包括工程计算数据的可视化,其主要功能是从复杂的多维数据中产生图形,也可以分析和理解存入计算机的图像数据。它涉及计算机图形学、图像处理、计算机辅助设计、计算机视觉及人机交互技术等多个领域。它主要是基于计算机科学的应用目的提出的,侧重于复杂数据的计算机图形。

实现科学计算可视化将极大地提高科学计算的速度和质量,实现科学计算工具和环境的进一步现代化;由于它可将计算中的过程和结果用图形和图像直观、形象、整体地表达出来,从而使许多抽象的、难于理解的原理、规律和过程变得更容易理解,枯燥而冗繁的数据或过程变得生动有趣,更人性化;同时,通过交互手段改变计算的环境和所依据的条件,观察其影响,实现对计算过程的引导和控制。

(3)空间信息可视化

空间信息可视化是指运用地图学、计算机图形学和图像处理技术,将地学信息输入、处理、查询、分析以及预测的数据及结果表现为图形符号、图形、图像,并结合图表、文字、表格、视频等可视化形式显示并进行交互处理的理论、方法和技术。

采用声音及触觉、嗅觉、味觉等多种媒体方式可以使空间信息的传递、接收更为形象、具体和逼真,但是目前看来,有的对地理空间信息意义并不大,如嗅觉、味觉、触觉媒体渠道,而声音、音频媒体方式也主要起辅助作用,因而有的学者把可听、可嗅、可尝、可触也列入可视化范畴。

根据上面的定义,空间信息的可视化与科学计算可视化的紧密联系和主要差别已一目了然。也可以说,空间信息可视化是科学计算可视化在地学领域的特定发展。

8.6.2 空间可视化的形式

8.6.2.1 电子地图

(1)电子地图的概念

随着信息系统、计算机硬、软件技术的发展,一种新型地图——电子地图以其卓越性能发展成为地理信息科学中的一个新领域。地图是地理信息的图形符号模型,也是各种 GIS 最主要的数据源。地图与 GIS 之间的桥梁是数字地图,它是以数字形式表示的地图,是地图的数字形态。电子地图是数字地图与 GIS 软件工具结合后的产物,它是一种处于运动状态的数字地图,这种运动状态或是输入、输出,或是显示、检索分析。它以电磁材料为存储介质,并依托于空间信息可视化系统再现。在较新的技术基础上,它使用几乎一切 GIS 技术工具,并且可以提供传统 GIS 的大范围、多要素的综合分析技术手段。这些,在电子地图集中得到更为集中的反映。电子地图集是为了一定用途,采用统一、互补的制作方法系统汇集的若干电子地图,这些地图具有内在的统一性,互相联系,互相补充,互相加强。

(2) 电子地图与 GIS 的区别

①定义不同。GIS 是在计算机硬、软件系统支持下,对整个或部分地球表层(包括大气层)空间中的有关地理分布数据进行采集、储存、管理、运算、分析、显示和描述的技术系统。电子地图是以地图数据库为基础,以数字方式存储于计算机外存储器上,并能在电子屏幕上实时显示的可视地图。

②功能不同。GIS 具有空间数据的采集、储存、管理、运算、分析、显示和描述等功能。电子地图是地图制作和应用的一个系统,是由电子计算机控制所生成的地图,是基于数字制图技术的屏幕地图,是可视化的实地图。"地图的可视化"是电子地图的根本目标。

③侧重点不同。GIS 更侧重于信息分析,电子地图强调的是数据分析、符号化与显示。

④用途不同。GIS 可以直观、便捷地集成各种属性数据、高效管理信息资源、对决策制作地图提供与获得空间位置提供相关的辅助服务等。

(3) 电子地图的特点

电子地图能够全面继承并发展地图科学中的地学信息,进行多层次智能综合加工、提炼的优点。具有很强的空间信息可视化性能,系统而严密的教学基础,科学而系统的符号系统,强有力的可视化界面,支持地图的动态显示,并可采用闪烁、变色等的手段来增强读图手段和提高效果。电子地图支持空间信息的多种查询、检索和阅读。电子地图支持基本的统计、计算和分析。大多数电子地图支持"所见即所得"的编辑和输出硬拷贝,支持电子出版。大多数电子地图支持多媒体信息技术。

总之,电子地图(集)极大地保留了传统地图的优点,大大地扩展了传统地图的作用范围,并包含了 GIS 的主要功能,其中较完善的空间信息可视化功能和地图量算功能是一般 GIS 所欠缺的。可以说,电子地图(集)是一种新型的、内容广泛的 GIS 产品,而电子地图(集)系统则是一些内容广泛、功能各异的新型 GIS 系统。

(4) 电子地图(集)开发实例——万象电子地图集开发的关键技术

万像电子地图集系统是武汉大学在国家有关部门支持下开发的一个电子地图集系统,它具有

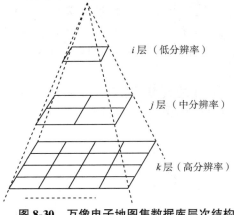

图 8-30　万像电子地图集数据库层次结构

一般电子地图系统的特点，也有自己特色的结构和开发技术(图8-30)。其电子地图数据库是一个严密的、统一的、多尺度的空间定位框架。在理论上，把系统空间上升作为GIS的重要对象，而不再是一种虚幻的、绝对的尺度空间。

专业数据库是类似于一般GIS的矢量结构空间数据库，与整个电子地图集数据库空间上严密、准确地一体化叠加，实际上其空间是由电子地图数据库统一定义的：矢栅一体在屏幕上共存、互补，图中嵌像，像中嵌图；迅速互相转换；模拟数据产品和数字产品浑然一体；矢量数据具有集成质量、数量、时间、空间和多媒体的全面特征。

电子地图集数据库在每个尺度空间上，采用无缝无叠技术系统，使每一个尺度上，不管有多少图幅，均可连续漫游，其均是一个完整而连续的平面，使GIS的数据输入管理、使用和输出均十分简单，出现了新的概念，根除了"拼图""接边"的需要。

矢量、栅格结合的空间分析技术理论分析表明：栅格数据本身已内蕴了全面的空间关系数据，与矢量形式的目标管理优点相结合，空间分析具有全面、规范、严密、高效的优点。很明显，在此种结构下，"位""邻""近""势"4种空间概念得到全面的体现，相应的空间分析的难点，如动态最优路径分析，高效、优质DEM生成技术，大区域多边形多重叠置等问题迎刃而解。

采用在上层小比例尺层次上"开窗"及下层大比例尺图上同位"开窗"加漫游技术，全面代替了在同一层次上开窗的技术方法。

8.6.2.2 动态地图

(1) 动态地图的概念

伴随着电子地图的发展，集中而又形象地表示空间信息的时空变化状态和过程的地图也正迅速地发展起来，发挥出越来越重要的作用，这就是动态地图。动态地图的产生和发展是时空GIS发展的必要基础和前提。

(2) 动态地图的特征

目前动态地图基本上是以电子地图形式出现的，其主要特征是逼真而又形象地表现出地理信息时空变化的状态、特点和过程，也即是运动中的特点。

动态地图可以直观而又逼真地显示地理实体运动变化的规律和特点。具体而言，它可以用于：

①动态模拟。使重要事物变迁过程再现，如地壳演变、冰河地貌的形成及模拟、流水地貌的形成、人口增长与变化等。在这些复杂的动态过程中，动态地图是一个有力的武器，它可以通过增加或降低变化速度，暂停变化以仔细观察某一时间断面，改变观察地点和视角，获取运动过程中的各种信息。

②运动模拟。对于运动的地理实体，如人、车、船、机、星、弹的运行状态测定和调整，以及环境测定和调整，都是由动态地图来帮助完成的。

③实时跟踪。这方面在运动物体上安装全球定位系统GPS是一个明显的例子，它能够显示运动物体各时刻的运动轨迹，使空中管制，交通状况监控、疏导，战役和战术的合围、围堵，均具有可靠的时空信息保证。

(3) 动态地图的表示方法

①利用传统的地图符号和颜色等表示方法。例如，采用传统的视觉变量，通过不同大

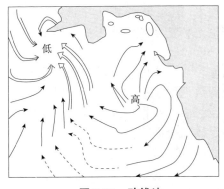

图 8-31 动线法

小、色相、方位、形状、位置、纹理和密度,组成动态符号,结合定位图表,分区统计图表法以及动线法来表示。图 8-31 是采用动线法表示气流运动的例子。这方面军事上的事例更多,行军、战斗、战役等动态过程都能够采用传统方法予以表示。

②采用定义了动态视觉变量的动态符号来表示。基于动态视觉变量(视觉变量的变化时长、速率、次序及节奏)可设计相应一组动态符号,并加上相应电子地图手段(闪烁、跳跃、色度、亮度变化)反映运动中物体的矢量、数量、空间和时间变化特征。

③采用连续快照方法作多幅或一组地图。这是采用一系列状态对应的地图来表现时空变化的状态,这一方法在状态表现方面是较为全面的;但对变化表达不够明确,同时数据冗余量较大。

④地图动画。其制作方法与上一方法基本相同,只是它适当地在空间差异中内插了足够密度的快照,使状态差异由突变变为渐变。这一方法弥补了上一方法中变化表达不够明确、时间维上拓扑关系模糊的缺点,是动态地图表现较为丰富的形式,缺点是数据量大。

8.6.2.3 虚拟现实

(1) 概念

虚拟现实技术 VR 是计算机硬件、软件、传感、人工智能、心理学及地理科学发展的结晶。它是通过计算机生成一个逼真的环境世界,人可以与此虚拟的现实环境进行交互的技术。

从本质上讲,虚拟现实技术 VR 是一种崭新的人机交互界面,是物理现实的仿真。它的出现彻底改变了用户和系统的交互方式,创造了一种完全的、令人信服的幻想式环境,人们不但可以进入计算机所产生的虚拟世界,而且可以通过视觉、听觉、触觉,甚至嗅觉和味觉多维地与该世界沟通。这是一种具有巨大意义和潜力的技术,其正在迅速的发展之中。

(2) 分类

VR 的类型是根据它的交互性质来分的,也即是根据它能实现人的视感、听感、触感、嗅感和传感器的程度和质量来区分。根据目前所见资料,可分下列几种 VR 类型:

①世界之窗(Windows on World System,WOW)。它仅用显示器和音卡来显示虚拟世界,衡量标准是看起来真实,听着真实,物体的行为真实。

②视频映射。它在上述 WOW 基础上把用户的轮廓剪影作为视频输入与屏幕二维图形合成,屏幕上视频映射显示用户身体和虚拟世界的交互过程。

③沉浸式系统。完全的 VR 系统把用户的视点和其他感觉完全沉浸到虚拟世界中,它可以是头盔加其他交互硬件,也可以是多个大型投影仪产生的一个洞穴。

④遥视、遥作。遥视把用户的感觉和真实世界中的远程传感器、遥测仪连接起来,并用机器人、机械手进行远程操作。实际上,阿波罗登月计划和网络会诊、网络手术已显现了这方面的实际进展。

⑤混合现实。遥现和虚拟现实的结合产生了混合现实和无缝仿真,例如,脑外科手术

时，脑外科医生看到的是由真实场景、预先得到的扫描图像和实时超声图像组合而成的场景；领航员则在它的头盔或显示屏上既看到电子地图和数据，又看到真实景象。

知识点

1. 地图符号：是表达地图内容的基本手段，是地图的语言。是在地图上表示各种空间对象的图形记号，它又是在有限大小空间中定义了定位基准的有一定结构的特征图形。
2. 地图符号的分类：按照符号的定位情况可以将地图符号分为定位符号和说明符号。按照符号所代表的客观事物分布状况可将符号分为点状符号、线状符号和面状符号3类。
3. 地图符号的构成要素：符号的形状、符号尺寸、符号的颜色。
4. 专题地图：是突出地表示一种或几种自然现象和社会经济现象的地图。按内容可分为三大类：自然地图、社会经济地图和其他专题地图。
5. 专题地图的表示方法：面状专题内容的表示方法，最常用的有：等值线法、质底法、范围法、点值法、符号法、动线法、统计图法等。
6. 制图综合：是对制图区域客观事物的取舍、简化。经过概括后的地图可以显示出主要的事物和本质的特征。
7. 影响制图综合的主要因素：制图综合的程度受各种因素的影响，主要因素有地图比例尺、地图的主题和用途、制图区域的地理特征及符号大小等。
8. 地理信息可视化：是运用图形学、计算机图形学和图像处理技术，将地学信息输入、处理、查询、分析以及预测的结果和数据以图形符号、图标、文字、表格、视频等可视化形式显示并进行交互的理论、方法和技术。
9. 电子地图：电子地图是数字地图与GIS软件工具结合后的产物，它是一种处于运动状态的数字地图，这种运动状态或是输入、输出，或是显示、检索分析。它以电磁材料为存储介质，并依托于空间信息可视化系统再现。
10. 动态地图：集中而又形象地表示空间信息的时空变化状态和过程的地图。
11. 虚拟现实：是计算机硬件、软件、传感、人工智能、心理学及地理科学发展的结晶。它是通过计算机生成一个逼真的环境世界，人可以与此虚拟的现实环境进行交互的技术。

复习思考题

1. 简述符号的设计原则。
2. 简述制图综合的主要影响因素。
3. 简述地理空间可视化的定义和功能。
4. 简述图综合的基本方法。
5. 说明视觉在信息世界的特殊性。
6. 简述电子地图的特点。
7. 简述电子地图、普通地图和GIS的区别。
8. 简述动态地图的特征以及表示方法。

实践习作

习作 8-1 海燕乡土地利用统计图的制作

1. 知识点

地图符号地理信息可视化、专题地图的制作。

2. 习作数据

XZS.e00、QS.e00 数据。

3. 结果与要求

利用所学知识，使用所给数据统计出海燕乡各村各类土地利用的面积，并制作专题地图。

4. 操作步骤

（1）加载数据

打开 ArcMap，在目录树中链接数据文件夹 Ex8_1。

（2）数据转换

将 e00 文件转换为 shp 文件，在【工具箱】中打开【转换工具】，在选单中打开【To Coverage】，双击【从 E00 导入】，在选项框中输入后缀为 E00 的文件（如 XZS.e00 和 QS.e00。e00 文件所在的路径中不可出现中文字符），点击【确定】，此时 e00 转换为了 Coverage 文件。依旧是在【转换工具】中，点击【转为 Shapefile】，双击【要素类转 Shapefile（批量）】，将转换出来的 Coverage 中的面要素（polygon）添加，选取合适的输出路径点击【确定】，完成后显示的就是 shp 文件。

（3）图层合成

在【工具箱】打开【分析工具】中的【叠加】，双击【联合】，将步骤（2）转换出的 shp 加入选框，选取合适的输出路径，点击【确定】，完成两个数据的合成。

（4）地块选取

点击菜单栏中的【选择】选项，点击其中的【按属性选择】，选择【联合】后的图层，选取条件：""QUANSHU" ='滨河村' AND("地类号" >10 AND "地类号"<20)"，得出滨河村的耕地地块。

（5）面积计算

单击右键，在打开的快捷菜单中点击【打开属性表】打开联合后的图层的属性表，点击属性表下方的【显示所选记录】得到刚才选取的区域，右键 AREA 这一列字段，点击【统计】得出滨河村的耕地面积，将其记录。

（6）面积数据的录入

在 qs 转换出来的 shp 中，单击右键，在打开的快捷菜单中点击【打开属性表】打开它的属性表，点击【添加字段】，添加一个记录耕地面积的字段"耕地"，类型为 Double，完成后，打开【编辑】，输入步骤（5）所选的耕地面积值。

（7）将剩余的村子依照步骤（5）和步骤（6）进行数据录入

将步骤（4）选取条件为：""QUANSHU" ="滨河村" AND("地类号">20 AND"地类号"<30)"，得到滨河村的园地地块；选取条件为：""QUANSHU" ="滨河村" AND("地类号">30 AND"地类号"< 40)"，得到滨河村的林地地块；选取条件为：""QUANSEU" ="滨河村" AND("地类号"> 50 AND "地类号"<60)"，得到滨河村的建设用地地块；选取条件为：""QUANSHU" ="滨河村" AND("地类号">70 AND"地类号"< 80)"，得到滨河村的草地地块。然后替换"QUANSHU"的属性值为 qs 权属图层中剩下的 5 个村庄的名称，按照以上方法结合步骤（5）和步骤（6）分别得出海燕乡各个村庄 5 类用地的面积。

(8)统计图制作

右键单击 qs，点击【打开属性表】打开其属性表，在【符号系统】选项卡中选择【图表】，可使用饼图或条状图。将步骤(5)~(7)统计结果的 qs 属性表中的字段：耕地、园地、林地、建设用地和草地，依次选择输入右侧的图像属性框中，将所需统计的属性选取出来，点击【确定】即可得出。

(9)专题图制作

点击菜单栏中的【视图】选项，点击【布局视图】进行专题图的制作，可添加图例、指北针等地图整饰要素，完成后点击【导出地图】将专题图导出。

习作 8-2 三维可视分析

1. 知识点

地图可视化、三维地图。

2. 习作数据

roads. shp、bldg. shp、ortho. lan、dtm _ tin 和 Animation. sxd。

3. 结果与要求

对地理数据进行三维浏览制作飞行动画。

4. 操作步骤

(1)加载数据

启动 ArcScene，链接数据 Ex8 _ 2，添加数据 roades. shp、bldg slop、ortho. lan、dtm _ tin，dtm _ tin 不进行显示。

(2)高程系数设定

在 roads 图层右键点击【属性】打开【图层属性】对话框，选中"基准高程"选项勾选"在自定义表面上浮动"，并且将高程夸大系数自定义为 2。对 bldg 和 ortho 进行相同操作。

(3)建筑物立体化并赋予颜色显示

在 bldg 的属性表中，点击【拉伸】选项卡，勾选"拉伸图层中的要素，…"，点击表达式图标，输入公式""[HEIGHT] * 2""，此时建筑物高度将根据 HIEIGHT 字段进行相应的拉伸；选中【符号系统】选项卡，点击【唯一值】，字段名选为 B0-ID，将值全部添加，赋予建筑物不同的颜色显示。点击【确定】完成。

(4)熟悉各三维展示工具

点击【工具】中的各个功能，进行三维显示功能的熟悉，完成三维浏览。

(5)三维动画显示

在 ArcScene 中打开【动画】。在工具栏打开【3D 分析】、【动画】和【工具】。

(6)飞行过程录制

在【动画】中点击【录制】，在【Tools】中点击【飞行】，对飞行过程进行录制。

第 9 章

GIS 的行业应用

【内容提要】 地理信息系统是反映人类现实世界的现势和变迁的各类空间数据及描述这些空间数据特征的属性,在计算机软件和硬件支持下,以一定的格式输入、存储、检索、显示和综合分析应用的技术系统。它起源于 20 世纪 60 年代,至 80 年代国外已普及应用。90 年代在我国开始推广,发展十分迅速。GIS 综合计算机硬件、软件和地理数据、个人设计于一体,能有效地搜集、存储、更新、管理、显示和分析各种形式的地理信息,由于其独特的数字高程模型、空间分析功能以及网络分析等功能,经过了近 60 年的发展,到今天已经逐渐成为一门相当成熟的技术,并且得到了极广泛的应用。尤其是近些年,GIS 更以其强大的地理信息空间分析功能广泛应用于基础设施建设、林业、矿业、水利、城市规划、土地管理、灾害管理等许多领域。

9.1 GIS 在城市规划及建设中的应用

市政建设、规划管理是大比例、高精度地理信息的典型用户,其业务本身包括大量的空间查询和分析内容,自然就成为地理信息系统的一个重要的、有一定特殊性的应用领域。和发达国家相比,国内规划行业的 GIS 应用起步较晚,规划设计单位的应用以及科学研究、人才培养方面还比较薄弱,就目前状况,规划界 GIS 的实际应用主要侧重在管理部门,例如:在沿海开放城市、内地某些大、中城市的规划局,开始了以 GIS 为基础的建设项目申请与审批信息系统的开发,其中有的城市已初步实现。还有一些城市,结合地下管线的普查,建立地下管线数据库,结合分区规划的编制,建立分区规划数据库,这些可对规划设计、项目审查、工程协调工作提供快捷、直观、精确的查询、统计和制图等功能。现在基本可实现目标为空间数据分类与可视化,资源的空间供需分析,以及进行综合性的数据储存、更新、查询。

9.1.1 GIS 在城市规划及管理中的应用

我国现在正面临经济发展的增速期,建设用地需求大增,进行建设用地的合理评价与规划是重中之重。城市建设用地与地质环境的协调性评价是城市规划、城市土地利用评价的基础,其目的在于为因地制宜地进行建设项目的选址和城市功能区划提供可靠的地学依据,达到以最少的社会经济投入获得最佳的社会、环境与经济效果。因为需要综合考虑在建设和运营过程中的需求和地形地貌、持力层及地下水条件以及地质环境灾害等影响因素,以确定适宜的、不利的以及宜避开的建设用地地段,对数据收集处理要求极高,"3S"技术,特别是GIS的数据分析和分层叠加功能使其脱颖而出。在城市规划具体应用方面可体现为城市绿化管理,包括绿化率、分布模式、可利用土地、可变更调整模式预演都需要GIS和RS的辅助,其中地理信息系统的分析功能最为重要。还有建筑规划设计、城市综合设计等。

在进行城市总体规划时,GIS还可以将地区的人口规模、经济状况和设施名称通过可视化平台多维度展示,助力于人口规划、设施选址、交通路线设计。可以在规划预防自然灾害、环境污染、紧急救援等事项时分析出缓冲时间等数据,保障城市和人民生命财产安全。

在进行城市地下空间规划时,GIS可以综合分析地下地上空间建筑的关系,提高安全性,减少施工量,降低成本;可以将地下交通信息和数据以彩色图形输出,方便制订维护计划、追踪故障地点等;可以帮助管理部门或用户控制客流密度、制订行车计划、捷径查询等(图9-1)。

图 9-1 GIS 在城市规划中应用

在进行城市交通规划时,GIS可以对交通规划涉及的人口、经济数据、道路长度等级、通行能力、交通量、等数据进行收集整理与可视化表达,便于实现交通流量控制、交通预测、对交通信息的全面管控、对事故区域精准定位、道路交通维护。

9.1.2 GIS 在城市建设中的应用

城市公共设施是维持城市健康运转的基本保证。目前大多数城市的公共设施是伴随着城市居住区的开发而建成的,居住区开发中往往从满足自身需求为出发点来配建公共服务设施。由于居住区受规模、形式的限制,居住区配建的公共服务设施不能完全满足城市整体的需求。从大的区域范围就会存在很多服务盲区,这些地方缺乏相关公共设施,人口稠密区域公共设施布置相对较少等问题。利用GIS的缓冲区分析,很方便地就能发现服务盲区,便于规划设计中进行相应的调整。在生成的缓冲区下面再叠加上人口密度图很方便地统计出每个公共设施所需服务的人数,与其现状服务规模进行比较就能很快知道哪些公共设施服务规模不够,需要新建服务设施或扩建规模。利用 GIS 的缓冲区分析、空间分析和统计功能可以摆脱传统依据规划师个人经验来进行公共设施规划和布局的方法,便于规划人员更加科学合理地进行公共设施规划布局。例如,在利用 GIS 进行管网设计及管理时主要包含以下 7 个部分:

(1)数据建库与更新

GIS 数据维护工具(C/S)是一个桌面应用程序,面向专业管理人员提供专业、强大的数据录入、数据管理和系统维护等功能,支持 Access、Excel、CAD、GPS 测量等多种格式的管网数据自动入库、建网与更新,支持管线的绘制、调整、分割、合并等图形编辑功能,确保数据的完整性、准确性和现势性(图 9-2)。

图 9-2 数据库的建立

(2)二维可视化三维可视化

以二维可视化三维方式展示管网地图,可任意实现地图的缩放、测量、信息查询等功能,辅助用户准确了解管网的地一点点埋设分布、走向等状态(图 9-3)。

(3)设备资产管理

利用 GIS 实现资产的分布,查找和位置定位管理,对设备的领用、投放、运行、维修保养到报废全生命过程管理,智能清查盘点(图 9-4)。

(4)安全应急分析

结合管网抢修、维修等业务,提供管网拓扑分析、管网爆管分析,实现影响用户统计、关阀定位等功能,为快速处理管网爆管及预防管网老化提供决策支持,有效降低事故发生率,减少事故影响。

(5)运行状况分析

与工业自动化控制系统结合,获取温度表、压力表、流量表等各类仪表的数据,能够实

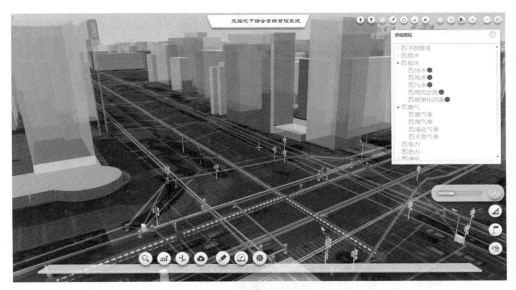

图 9-3 城市地下综合管网图

(http://www.cybergraphics.cn/page105?product_id=3)

图 9-4 附属物分类汇图

(http://www.cybergraphics.cn/page105?product_id=3)

时监测各站点及主要设备运行动态,对设备启停状态、故障信息及时报警提示并形成日志记录(图 9-5)。

(6)生产巡检功能

从管网生命周期的日常运行角度出发,严格遵循不同业务的具体实施流程,实现了巡检、维修养护、检漏等业务的自动化、信息化管理,解决了传统的人工管理模式实施周期长、服务效率低下等难题,有效降低企业管理成本,保障设备稳定运行(图 9-6)。

图 9-5 连通性分析图

(http：//www. cybergraphics. cn/page105? product_ id=3)

图 9-6 实时编辑与巡检扫描

(http：//www. cybergraphics. cn/page105? product_ id=3)

(7) 集成视频监控

集成生产、安防的视频监控系统可快速定位，还可在地图上直接点击调取相关的视频监控信息，并可对现场摄像头的角度进行调控。

9.1.3 GIS 在土地管理中的应用

土地利用规划的编制、审批和实施涉及大量图件、指标等空间数据，对规划成果质量和管理的时效性要求都很高，运用 GIS 等现代技术进行管理十分必要，可以提高管理的科学性、管理质量和管理效率。扩展来说，是"3S"的整体应用，而"3S"技术在土地利用规划管理中的应用，主要是利用遥感和全球定位系统获取空间数据。在此基础上，可以建立土地利用动态遥感监测系统和土地利用规划管理信息系统，以辅助规划的编制和修改、土地利用年度计划编制、建设项目用地预审、报批用地规划审查、土地开发整理项目管理、规划实施情况监测和执法检查等。

(1) 土地资源调查中的应用

在西部大开发战略中，GIS 技术为西部大开发土地资源综合开发利用提供了科学、可靠的土地资源基础成果，为编制规划提供了科学、现势的基础数据和图件资料，应用 GIS

技术大大提高了国土资源大调查的效率和精度。充分认识土地利用和土地覆盖变化的规律能极大地提高制定土地利用规划的科学性和合理性。近年来，GIS 技术在国土资源管理中的应用逐步走向成熟，在土地执法监察、土地利用动态监测、土地变更调查数据复核等方面发挥了巨大作用，已成为国土资源管理的重要手段。

(2) 土地资源动态监测方面的应用

采用高新技术对土地资源利用现状进行动态监测，主要是利用已有的全国土地详查数据和网件及最新的卫星遥感信息，在全球定位系统和地理信息系统的支持下对土地资源利用现状进行动态监测，而其中遥感和全球定位系统都是信息获取的手段，而地理信息系统是对信息进行管理和分析的手段。地理信息系统是在特定的硬件和软件支持下，对土地利用图进行数字化，建立空间数据库，经过编辑、空间分析和信息表达，从而为咨询、决策提供服务。

(3) 基于 Server GIS 的城市地籍信息系统的设计与实现

为了更好地满足地理空间信息共享的需求，提高地理空间数据的资源利用率，结合 Server GIS 技术，目前提出的一种集成 C/S 架构和 B/S 架构应用系统 GIS 功能的复合架构模式，将其应用于国土资源行业城镇地籍信息系统的架构改造实践中，将其应用于国土资源行业城镇地籍信息系统的架构改造实践中时，可较好地解决单一架构模式系统存在的问题，满足地理空间信息共享的需求，为其他行业 GIS 应用系统的建设提供了思路。

(4) 土地估价

土地估价中不仅涉及大量的非空间数据，还涉及与地理位置有密切关系的空间信息，如土地的坐落位置，各种公共服务设施的分布各种基础配套设施的分布等。除了估价师的经验之外，还需要对相关数据进行处理分析和比较，这使 GIS 在土地估价业务中成为必然选择。

现今地理信息系统在本行业具有如下基本功能：首先是项目管理。系统把每笔估价业务作为一个项目来进行管理。估价师可进行项目的新建、编辑、查看等操作，并可按受理日期来进行估价业务的统计分析及打印。再者是辅助估价及估价报告管理功能，系统能根据待估土地的用地类型、估价目的等自动从方法库中选择适合的估价方法进行评估，当然估价人员也可参考自行决定。估价结束后，系统可根据该土地情况调入相应估价报告模板，从数据库中提取相关信息，自动生成土地估价报告，经估价师修改确认后入库管理。还有估价参数管理。土地估价的估价参数包括非空间属性数据和空间属性数据，前者主要是估价所用到的各种基本参数，如土地还原利率、各类房屋的重置价、耐用年限、残值率。个别因素及区位因素修正系统表以及各种估价方法所用到的各项数据等；后者则是用于反映与空间实体对应的属性数据，如地理实体的几何信息、标志 ID 等。为了增加系统的开放性，系统除了提供给估价师一般的参数值修改、删除等编辑功能外，还提供了参数项的增设功能。例如，每种估价方法都有其基本的计算公式，但并不是固定不变的。主要因为公式中的数据项会因城市、宗地的不同而有不同的选取，如在运用剩余法对一块待开发土地进行估价的过程中，该宗地有无建设期，建设期多久，建设资金的投入是一次性还是分期，都会使计算公式有所不同；而对于不同的城市其不同用地类型的个别因素修正体系也会有所不同。

(5) GIS 与房地产信息管理与评估

海量房地产信息与相关的数据处理是目前房地产信息管理中的难题。而 GIS 对采集的信息进行存储、编辑、检索、查询等功能，可作为房地产一种有效的管理和辅助决策工具。通过对房产产权、周边布局空间位置等数据的采集，构建房地产信息数据库，了解房地产的具体规划和布局现状以便对未来发展提供决策支持。例如，利用 GIS 的拓扑叠加能结合开打区域的地理要素进行环境评价图叠加，分析确定最适宜房地产居住区；利用 GIS 的网络分析功能，分析开发区内交通噪音影响和适宜居住环境的分区。GIS 强大的制图功能和分层存储数据的优势，不仅可以便捷地维护数据、避免传统制图的烦琐，还能够根据用户需求绘制房地产信息专题制图。

例如，邵阳市自主研发的 GIS 系统项目，将利用无人机航空摄影测绘成果建立房产测绘 GIS 图形库，并将航摄数据库、房屋实景照片与房屋产权数据关联，从而构建成"以图管房"的市房产 GIS 系统，实现测绘、GIS 和产权业务系统一体化的无缝融合。邵阳市房产产权利用 GIS 系统，完成了邵阳市的无人机航摄和数字正摄像图制作；辅助办理地理定位、查看房屋照片等房产业务工作。在产籍管理上，实现了房产信息的"一键"查询，建立纸质档案和电子档案两套系统。

杭州市为实现基于 GIS 图形的房屋安全管理，于 2015 年开展了 GIS 定位采集。据统计，截至目前，杭州城镇既有住宅 GIS 定位采集工作已完成 18 000 余幢。工作人员对建筑物进行 GPS 空间位置定位和现场拍照采集核实记录楼房的建筑单位、电梯等信息，并将基础数据传至后台数据库。经过计算机的坐标转换等处理后，采集成果与杭州市住房保障和房产管理局房产测绘 GIS 信息系统进行关联，最终形成翔实的房屋安全档案资料。

9.2 GIS 在资源管理及环境保护中的应用

通过 GIS 技术对资源数据可以进行清查，监测获取数据并绘图，特别是利用 GIS 可以将传统化数据图表转换为数字信息表并储存至数据库，并对决策与方案进行拟定，通过数据存储及数据分析模块，对资源实际分布情况进行数据采集与分析，根据实际情况制定相应决策方案，能够促进资源管理，同时对资源调查活动进行模拟，并评定相应的实施方案。因此，GIS 在矿产资源探测与管理、精准农业应用、林业管理、环境保护等方面皆有较好应用。

9.2.1 GIS 在矿产探测与管理中的应用

由于 GIS 能够高效率、高精度、定量的实现真正地学意义上的区域空间分析和过程模拟，因而在地学研究应用领域中的地位日益突出，特别是在地质制图、地质灾害的预测、石油勘探资料的管理、矿产资源的评价及预测等方面的应用深度和广度正在进一步拓宽，并且取得了显著的社会效益和经济效益。

矿产资源预测是综合的地学信息，它的目标是进行优选靶区。重点是如何从大量的多源地学信息资料中提取有用部分进行综合分析达到矿产资源预测的目的。迅速发展起来的地理信息系统，为综合处理地学资料和进行矿产资源预测开拓了广阔的前景。

地学工作者进行矿产资源预测时，通过从多源地学资料中提取有用信息，然后运用专家知识，结合数学方法，如逻辑运算、贝叶斯(Bayes)规则等，建立预测模型，以模型的推理网络为线索，利用地理信息系统有效的空间分析手段，把各种证据图层综合叠加分析，最终产生以概率为指标的矿产资源预测图，高概率指标有利的矿产资源远景区，作为勘探者和决策者进行勘查规划的依据(图9-7)。

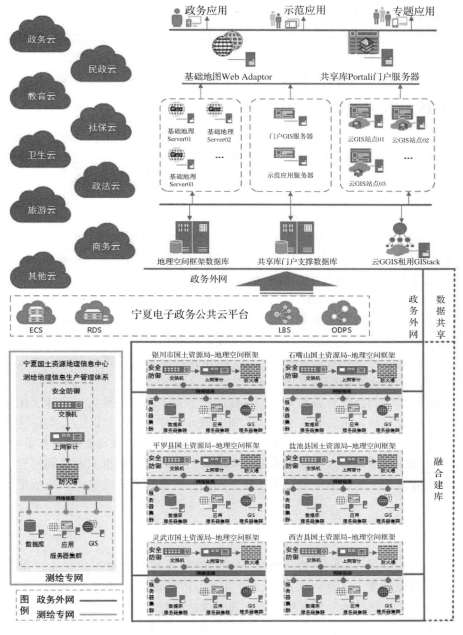

图 9-7　宁夏国土资源地理空间基础信息共享库网络拓扑

基于 GIS 的多层次模糊数学评价方法已经在我国西北的鄂尔多斯、准噶尔、柴达木等盆地及华北的沁水盆地的煤层气评价中取得了良好的效果。其资源评价方法优点在于大大降低劳动强度，提高工作效率；资源评价基于数据的理解转化为基于地质模型的理解，专家可在评价系统中对多元评价信息进行交互式对比及综合分析。

除此以外，在矿产资源勘查评价、矿产资源规划管理、矿产资源储量管理、矿山动态监测与预警和数字矿山等开发利用上，GIS 成果显著。在技术水平上除现有的 ArcView，MapInfo 等 GIS 通用基础软件平台上经二次开发研制适合地质领域的应用软件外，结合地质学领域的实际，将地学中的盆地模拟、储层建模、地质统计方面的数学手段和方法嵌入到 GIS 的空间分析模块中，扩展 GIS 的空间分析功能，形成专门用于地学领域研究的 GIS 基础平台也是现今发展的趋势，地理信息系统将会在地质领域发挥更大的作用。

9.2.2 GIS 在精确农业中的应用

精确农业是指运用遥感、遥测（如气温、土壤温度等的遥测）、GPS、计算机网络、GIS 等信息技术、土壤快速分析技术、自动滴灌技术、自动耕作与收获技术、保存技术等定位到中、小尺度的农田，在微观尺度上直接与农业生产活动和管理相结合的高新技术系统。

GIS 是精确农业整个系统的承载动作平台和基础，各种农业资源数据的流入、流出以及对信息的决策、管理都要经过 GIS 来执行。GIS 作为精确农业的核心组件，将 RS、GPS、专家系统、决策支持系统等组合起来，起到"容器"的作用。在精确农业中，GIS 还用于各种农田土地数据，如土壤、自然条件、作物苗情、产量等的管理与查询，也能采集、编辑、统计、分析不同类型的空间数据。作物产量分布图等农业专题地图的绘制和分析也都由 GIS 来完成。特别是农业土地适宜性的评价是通过对农用土地自然属性的综合鉴定，将农用土地按质量差异分级，以阐明在一定科学技术水平下，农用土地在各种利用方式中的优劣及对农作物的相对适宜程度，GIS 在开展农业土地适宜性评价中的应用是农业土地利用决策的一项重要基础性工作。

随着地球气候变幻莫测，各种复杂的气候层出不穷，水灾、旱灾、风沙、冰冻都是危害农业的重大气象气候灾害，在人类与自然灾害做斗争中，GIS 可以为人类在这方面作出巨大贡献。在监测自然灾害中 GIS、GPS 和 RS 3 种技术相结合使防震减灾有了科学依据。对于有灾的区域，可根据 GIS 提供的数据受灾面积，同时可以根据 GIS 空间特性，对某一地方历史数据分析，从而推演灾害发生的时空规律，对灾害预测提供微观的数据分析以及宏观的解决对策。

9.2.3 GIS 在林业管理中的应用

我国森林面积和森林蓄积量位居世界前列，但是地域分布极不均匀，林木生产周期长，森林系统结构复杂，资源信息量大，如果使用传统调查方式进行调查，人力投入极大，成本收益小，时效性低，对森林资源管理、森林调查、森林防火、森林虫害防治监察等活动开展极其不利。因此，引入 GIS、RS 以及 GPS 对成立森林数据库，进行资源管理更新，数据库科学储存查询，实现数据可分析化、可视化、可推测化，必不可少，它有利于我们了解资源的动态变化，进行演化模式推测，便于规划利用林地。

现代林业测绘技术系统是集测绘学、地理学、林学的综合专业技术，以现代测绘手段获取林业资源信息的一门新兴林业信息系统。用来研究林区在规划设计、资源调查、工程建设时期森林本身及其周围环境与空间几何相关的一系列动态和静态空间问题，进而保证林业资源的合理、优化开发利用和林区工程建设的顺利进行。现代测绘科学技术正在向集成化、数字化、动态化、实时化、自动化、智能化方向发展（图 9-8）。

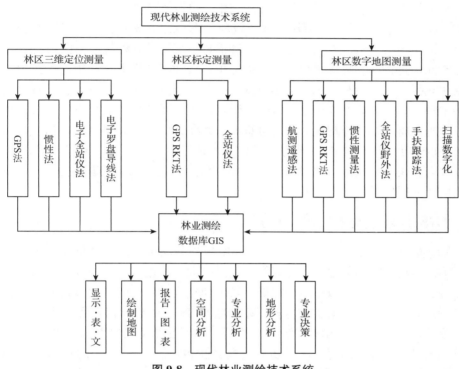

图 9-8　现代林业测绘技术系统

我国林业资源调查部门近十几年来在利用航测和遥感相片进行林业资源调查、灾害环境监测方面取得了成就，同时，中国林业科学研究院推出的 GIS 系统受到国内地学界的广泛关注，已能解决相关地学分析和林业测绘成图问题。

林业测绘之关键技术不是"3S"之本身，而是如何把"3S"集成化，使其形成一个系统，一个能解决与林业资源调查、监测相关的一系列图、文、表及分析、预测、决策问题。例如，西双版纳热带林已实现 30 年的动态变化监测，该监测项目以西双版纳傣族自治州全境为监测对象，采用分期连续重复测定热带林（包括雨林、季雨林、常绿阔叶林等天然森林）的林地面积。由于遥感跨度长达 30 年之久，随着科技的进步，监测方法也不断更新。所以，在不同的时期采取了不同的监测方法。其中，第一次采用两期航空相片结合卫星图像进行抽样监测，第二次采用两期卫星图像进行差值监测，第三次采用遥感结合 GIS 进行动态监测。对数据整理可知，GIS 处理得出观察值准确地反映雨林的演变和面积扩缩，再经实地调查查证数据准确，大大降低管理调查成本，解决林业长期以来经营粗放，管理水平低下，信息技术落后问题，同时也表明地理信息技术发展与合理运用对林业管理作用巨大。

9.2.4 GIS 在渔业中的应用

在传统的渔业资源管理中，监测、调查的数据在记录、描述和汇总分析时常常与地理位置联系不紧密，对诸如洄游路线、产卵场等多以其抽象的经、纬度数值加以描述，难以给人一种直观、清楚的认识。加之数据繁多，缺乏一个空间地理数据和业务数据为一体的数据库管理系统，对这些数据的综合分析利用也极为有限。GIS 和遥感提供了水生资源及其环境、渔业管理单位、生产系统等的绘图技术，可以支持决策过程。

目前，GIS 和遥感技术主要应用在渔业资源动态变化的监测、渔业资源管理、海洋生态与环境、渔情预报和水产养殖等方面。地理信息系统则具有独特的空间信息处理和分析功能，如空间信息查询、量算和分类、叠加分析、缓冲区分析等，利用这些技术，可以从原始数据中获得新的经验和知识。遥感技术具有感测范围广、信息量大、实时、同步等特点，而且卫星遥感在渔业的应用已经从单一要素进入多元分析及综合应用阶段。利用遥感信息可以推理获得影响海洋理化和生物过程的一些参数，如海表温度、叶绿素浓度、初级生产力水平的变化、海洋锋面边界的位置以及水团的运动等，通过对这些环境因素的分析，可以实时、快速地推测、判断和预测渔场。由此可见，GIS 和遥感技术的发展为海洋渔业资源的研究提供了新的手段和内容。

9.2.5 GIS 在环境保护中的应用

GIS 在环境管理中，助力于环境管理、环境规划与决策、环境评价、环境监测、环境模拟与预测。通过 GIS 的数据采集与编辑、信息查询、数据库管理、统计制图、空间分析等功能，将已经编码的空间数据组合并确定其地理位置，对空间数据进行分析和运算。同时可以进行污染源分布、污染扩散分析(图 9-9)。GIS 中的综合信息和空间分析模型可以为科学决策提供依据，通过 GIS 的缓冲区分析、叠置分析等功能模块实现环境规划与决策。通过 GIS 可以对环境因素、污染物的数据属性和它们的空间分布进行科学分析。GIS 的图形界面使用户可直观地了解污染发生的情况，并对污染物排放进行预测显示。通过 GIS 技术对地下水的监测网络进行了设计，可以实现场地监测和分析，有利于管理地表和地下废物设施，及时发现潜在污染源。GIS 对插点污染源进行管理，监测其发展动态，对实现污染物总量控制的分析、预报、计算、管理等具有重要的作用。特别地，GIS 数据中大量环境信息之间的相关性、耦合性可对环境的演变进行数值模拟，发现规律，可以根据相关情况对环境的演变进行预测，更好地为环境保护服务(图 9-10)。

9.2.6 GIS 在旅游管理中的应用

在当今社会的三大产业中，发展势头最快和对经济增长带动作用最活跃的要数服务业。服务业中的绿色产业——旅游业正以其无烟化、效益化的优势受到国家政府部门的重视，它的繁荣程度是一个国家或者地区发展的主要标志之一。

与旅游业相关的资源调查、配置、推广等都需要用信息化的手段进行管理与决策。但由于旅游是围绕旅游地展开的活动，因而与地理构成了紧密的关联，但传统基于电子表格的管理方式不能对地理要素进行有效的管理。因此，以地理空间数据库为基础，能在计算

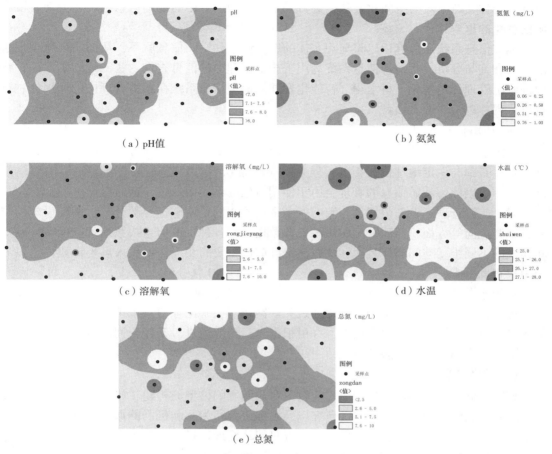

(a) pH值　　(b) 氨氮　　(c) 溶解氧　　(d) 水温　　(e) 总氮

图 9-9　环境地理信息系统界面

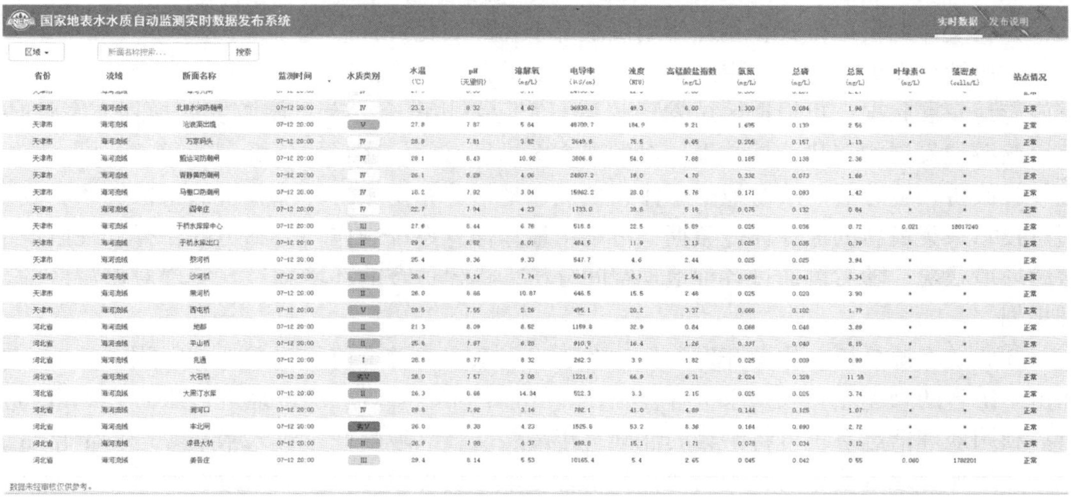

图 9-10　水质监测系统

机软、硬件支持下对与空间相关数据进行采集、管理、分析的地理信息系统成为现阶段旅游信息化的重要途径。

地理信息系统通过标识码将地理实体的属性信息和空间信息联系，从而实现地理现象的空间查询与分析。将地理信息系统运用于旅游管理中的信息查询、资源规划等方面，将促进旅游管理的定量化、科学化、智能化发展。地理信息系统在旅游管理中的作用，主要可以体现在以下 3 个方面：

(1) 旅游信息管理

旅游信息是旅游数据按一定规范及不同应用需求加工后形成的可供旅游群体服务的数据。特点是都与一定地理位置相关，但由于应用需求不同会造成其属性信息的丰富多样、结构不一。因此，旅游信息的管理会由于使用对象的不同而发生一定的变化。

对于旅游管理运营部门而言，政府或者企业关心的是旅游资源的分布、基础设施的配套、游客流向等方面，因而采集的旅游资源数据是将各种资源信息按照地理空间实体特征转换成的不同维度空间实体表达，而将满足其应用需要的相应信息放入属性字段内，以方便用户查询检索。

对于旅游的服务群体而言，游客关心的是出行线路的安排、景区周边的住宿情况等。通过地理信息系统，用户可以实时地通过互联网访问旅游地理信息系统端口，及时地了解景区的位置、周围的旅游服务设施，并可根据自身情况通过多条件查询检索到令人满意的出行路线，定制个性化的旅游方案。

(2) 旅游信息分析

现阶段旅游管理的研究集中于产业政策对旅游影响模型的构建、旅游企业服务创新体制的建立、旅游目的地社区参与性研究以及游客旅游行为驱动机制的探索四个方面。针对以上内容，传统基于问卷、访谈的田野调查只能片面地选择若干因子进行基于某一区域范围内的研究，且无法对研究结果的可靠性进行有效检验，而将地理信息系统引入旅游管理，则可以利用它强大的空间分析功能，从各地理实体的空间分布形态及其属性信息出发，分析实体的格局模式、相互作用机制及事物的演化过程。

①旅游地发展分析。利用决定旅游地发展的自然、社会因子构建发展模型，定量地了解旅游地发展状况。再根据区域发展政策、实际公共设施分布对旅游发展规划方案评估，获得旅游地发展的趋势分析结果，对发展方案进行有效、客观的分析。

②旅游环境分析。旅游地的水体、植被、地形分布是旅游环境分析的主体因子，利用遥感技术采集最新的地理环境数据，再利用地理信息系统制作环境廊道图，得到现阶段的旅游环境状况。随后可通过各种地理空间分析，构建适合的环境廊道，实现对旅游区的合理规划。

③旅游客源分析。旅游开发的目的在于吸引众多的游客前往旅游地进行旅游消费，然而由于游客的兴趣点、收入水平等皆存在差异性，难以客观、准确地进行旅游客源市场分析。利用地理信息系统可将游客的性别、年龄层次、兴趣爱好、收入水平等进行量化后形成属性数据，通过地理模型的构建，并结合地学分析可形成定量的旅游客源属性分析，为旅游规划提供科学的依据。

（3）旅游专题制图

旅游地图的构成要素除传统的地理要素外还要表达与旅游相关的旅游主、客体、旅游媒体要素，如旅游景点、旅游路线等。地理信息系统具有强大的数据编辑、处理功能，可方便地进行地图要素修改；采用分层、分要素的数据存储方式，可根据用户需求进行不同地图要素的配置，输出形成各种旅游专题图，如景点图、交通图等；可快捷地进行地图缩编，控制地图显示要素详细度，制作不同比例尺地图，满足不同旅游规划的要求。

9.3 GIS在灾害预警与救灾中的应用

GIS技术在灾难管理中的应用也十分广泛，量化分析有关的空间和非空间特性以及评估灾害发生的可能性和影响程度。通过对遥感影像数据进行分析、更新、保存、制作灾害专题图，提供给不同领域以供专门领域进行评估分析。具体体现在：在灾难预防阶段，GIS技术是规划路线、定位的工具；在救灾应险阶段，GIS技术能配合GPS进行灾区搜寻抢救；在赈灾和灾后重建，GIS技术则能够获取损失数据以及人口普查等信息。

例如，在经历了汶川地震、雅安地震后，随着信息化技术的发展，利用"3S"技术进行防灾减灾救灾应用，成都市防震减灾局基于地理信息系统技术搭建"地震灾害快速评估系统"。该平台可与现场采集、无人机、天网等手段进行技术对接，通过预先评估地震灾害范围、受灾重点区域、受灾人口、经济损失等，可为抗震减灾指挥决策提供科学依据，最大限度地保障市民生命财产安全。

（1）GIS在森林火灾中应用

森林火灾是一种破坏性极大的灾害，如果发生重大森林火灾，导致水土流失、生态环境恶化、沙尘暴频发，造成巨大经济损失，不仅多年造林护林的成果会毁于一旦，而且会影响正常的生产生活秩序，在社会上造成不良影响。高度重视和加强森林防火工作，有效处置森林火灾，对于保障人民群众生命财产安全、维护生态安全和社会稳定，具有重大的现实意义。

近年来地理信息系统技术发展迅速，其主要的原动力来自日益广泛的应用领域对地理信息系统不断提高的要求。另一方面，计算机科学的飞速发展为地理信息系统提供了先进的工具和手段，许多计算机领域的新技术，如面向对象技术、三维技术、图像处理和人工智能技术都可直接应用到地理信息系统中（图9-11）。以"3S"为核心的森林防火扑火科技体系，可以根据林火的

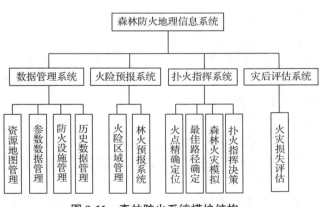

图9-11 森林防火系统模块结构

情况，为决策指挥提供特定条件下的扑火方式，比如调动何种力量，从何地调动，配备何种装备，是否需要建防火隔离带，在什么方位、距火场多远处建最合适等。森林防火扑火

科技体系中的决策支持系统和指挥系统同样可以根据林火的情况，启用不同层次的扑火指挥系统，进行有效指挥，使各种扑火队伍实行联动，协同作战。为所有扑火人员和参与扑火的车辆、飞机等配备 GPS，并将其 GPS 参数、持有人姓名或车辆、飞机等的资料输入数据库，在扑火指挥时，就可以通过 GIS 知道所有人员和车辆的位置及实时动态，并使用通信系统对其进行实时调度，及时通知可能处于危险中的个人或队伍迅速撤离危险区域，从而最大限度地避免救灾时造成的人员伤亡。

森林防火扑火科技体系还将森林资源的评估体系引入林火灾后损失评估系统，充分利用"3S"技术的自动测报、自动计算功能建立损失评估系统，在森林火灾后，可以迅速确定森林过火面积、林木烧损程度和蓄积损失量等，并结合森林类型计算直接经济损失；同时，根据数据库中记录的调动人员、车辆及其他各种装备的数量、死伤人员数量、扑火总耗时等，快速计算间接损失。

(2) GIS 在洪灾中应用

地理信息系统在水利行业中的应用与实践始于 20 世纪 80 年代后期，最初大多应用在防洪信息系统上，其后扩展到了水资源、水环境、水土保持、农田水利、水利工程规划与管理等许多方面。初期应用时主要停留在建立数据库，进行数据库检索、查询、叠加分析、缓冲区分析和空间显示上，只是发挥了 GIS 最低层次的功能，还无法为空间复杂问题如环境规划与管理、灾害应急管理等提供足够的决策支持。进入 90 年代后，在某些领域就开始将它作为分析、决策、模拟甚至预测的工具，体现出明显的社会、经济和生态效益，在我国水利建设中发挥了重大的作用。自然灾害预警、灾情分析对国民经济发展、工农业生产及相应调整的决策关系很大。

洪涝灾害给我国造成的损失每年平均高达 2000 亿元，借助于遥感监测数据的搜集，利用 GIS，可以有效地进行洪水灾情监测和洪水淹没损失的估算，动态地模拟和直观地演示灾情变化趋势，为抗灾抢险和防洪决策提供动态、实时、准确的信息。事实上，黄河水利委员会已建设了黄河三角洲地区防洪减灾信息系统，在 GIS 技术支持下，借助大比例尺 DRM 模型加上各种专题地图如土地利用、水系、工矿居民点及社会经济统计信息等，通过各种图形叠加、操作、分析等功能，估算泄洪区域及面积，模拟淹没区域范围、水淹程度和蓄积容量，比较不同泄洪区内的淹没损失，选择最佳的洪水蓄积区，并分析选择人员撤退、财产转移和救灾物资供应等的最佳运送通道和合理的分配方案，为该区域防洪减灾工作出了贡献。不仅如此，河海大学等单位在利用 GIS 作为开发环境，建立分布式流域降雨径流模型或推求模型参数进行水文模拟和水文预报，基于 GIS 用水力学模型进行洪水演变模拟等方面的研究也取得重大的进展。GIS 技术的应用，使较准确地进行灾害预警、空情分析与灾害损失预估有了可能，对防洪减灾的应变决策与管理有着十分重大的意义。它随着技术革新不断发展，GIS 的运用得到提高，内容逐步深入。

9.4 GIS 在电信行业运营中的应用

随着电信产业在国民经济和人民生活中所处的地位越来越重要，它的有效运作影响愈大。电信网络资源是电信管理部门最重要的基础设施，它准确、完整与否，直接影响着邮电通信的规划、建设和管理，但它面临着如下困境：随着城市建设的发展，电信业务量不断扩大，地下管线的分布日益复杂，原始数据庞大。另外，由于技术更新，设备和线路处于经常性的变动之中，难于实时、准确地对所有电信设施的运行状态和生命周期进行跟踪管理。再者，设计、施工、部门依靠其数据资料开展业务，对信息的准确性、一致性要求很高，需要在本地网范围内实现数据信息的共享。电信运营企业本身在故障定位、抢修方案分析等方面也需要提升速度，因此引入 GIS 势在必行。

GIS 的信息收集分析和图层叠加管理，图层分析，定点查询，预测模拟等功能在解决上述问题上有着不可忽视的功劳，下面就以武汉电信 GIS 系统发展状况来了解它的"进化模式"。

武汉电信 GIS 利用 GIS 软件、计算机与数据库技术，将武汉市电信本地网信息与武汉市城市地理信息紧密结合，从根本上改变通信管线网络规划、建设、管理及资料保存的传统模式，实现管线网络规划预测、工程设计、维护管理、图纸文档保存的计算机化，提供多专业、多层次、多目标的综合服务。将集数据管理、查询、统计、分析、图形管理、图形编辑、彩图输出等诸功能于一体，可方便、有效、快速地存储、更新、统计、分析和显示通信管线网络信息，最大限度地满足通信管线网络规划、建设、维护的实际需要，进一步提高电信本地网维护水平及服务质量，减轻劳动强度，降低服务系统的运营成本。它对电信设施与图形相结合的运行维护管理进行合理规划，具体体现为建立武汉 I12000 背景电子地图库，并在背景电子地图的基础上开发一个能实时进行电信设施管理的 GIS，实现电信各部门信息、资料共享，为工作协同，电信设施管线等设施的维护、建设和管理效率的提高提供保证。它还提供了一个开放的系统，供相关性行业查询。实现空间和属性综合查询、可视化表达输出。GIS 强大的功能正努力地取代传统管理模式，在电信高速发展的信息爆炸时代，这也是顺应潮流的必然选择。

9.5 GIS 在交通运输中的应用

交通运输规划是实现交通运输资源的合理利用与最佳配置的基本保证，其根本任务是按照社会经济发展模式和趋向，设计合理的交通系统，以便为以后土地利用与社会经济活动服务，满足社会和经济发展的需要，本着现有交通运输资源来探索最好的解决方案，通过制定目标并设计达到目标的策略或行动。地理信息系统是反映人们赖以生存的现实世界的现势和变迁的各类空间数据，及描述这些空间数据特征的属性数据在计算机软件和硬件的支持下，以一定的格式输入、存储、检索、显示和综合分析应用的技术系统。交通地理信息系统(GIS-T)是收集、存储、管理、综合分析及处理空间信息和交通信息的计算机系统，它是 GIS 技术在交通领域的延伸，是 GIS 与多种交通信息分析和处理技术的集成。

例如，交通勤务管理系统的建立核心内容是建立与系统时钟相一致的勤务管理方案，该图层的管理方式是随值勤民警上下岗的时间不同而改变。交通勤务管理系统的建立，改变传统的勤务管理方法，通过地理信息系统电子地图界面可视化，科学布置警力。系统提供交通设备查询定位功能，在查询中可以设置查询的多种条件，例如，设备类型、设备编码、空间范围。在查询时，可以组合多个查询条件进行交通设备的查询。同时，系统根据路口流量检测设备监测到的数据，在电子地图上用可视化的方式显示路段车流量的变化。

对受监控的路段，根据监测到的汽车流量数据，用不同的颜色来标识该路段的道路状况是流畅还是拥堵等。还可以在电子地图上标注事故发生地，通过点密度即可判断事故多发地，为道路标志等附属设施设立及道路事故分析提供参考。

在交通运输系统中，最常用的是利用 GIS 技术优化交通系统。在规划交通主管道的过程中，结合数据模型模拟现实，在拓宽道路的过程中，结合遥感技术，选择缓冲地带以及替代路线，助力城市交通的正常运行。同时，GIS 技术还能有效疏导车辆。交通执勤根据指挥中心发布的信息及时做出反应，在交通事故或交通拥堵处进行车辆疏导，以确保交通秩序；GIS 通过导航系统实时发布城市道路交通情况，传递至电子地图进行路线的重新规划，提高出行效率。再者，利用 GIS 技术可以精准地预测道路交通情况。技术人员可以通过对人流量、车流量的分析，构建交通运输压力模型，分析提高交通规划效率，从而加强对交通设施的管理。在路网的交叉口处进行模拟分析，确定路标、指示牌、红绿灯、检测线圈等基础设施的位置，以确保交通运输畅通与安全。

9.6 GIS 在军事领域的应用

军事地理信息系统（MGIS）是地理信息系统技术在军事方面的主要应用，是指在计算机软硬件的支持下，对军事地形、资源与环境等空间信息进行采集、存储、检索、分析、显示和输出的技术系统。它具有海量的数据整合能力、地理空间仿真分析能力、卫星导航系统衔接能力，在现代战争中 MGIS 为决策者提供了更为全面的数据库资源保障，模拟分析陆海空形势，让决策者更好地运筹帷幄、决胜千里。

MGIS 技术的应用需要依靠全球定位系统 GPS 以及地理观测系统 EOS 来采集数据。当下，先进的 GPS 系统主要存在于西方发达国家，如美国国防部的 GPS、俄罗斯的 GLO-NAS 和欧洲空间局的 NAVSAT 等。这些 GPS 具有准确度高，连续性强，行动快速的优越性，而地理观测系统 EOS，现阶段涉及陆海空多个空间的卫星系统，它具有深度探测广、不间断监控的特点。

利用 MGIS 多媒体技术以及与卫星导航系统相结合能获取更全面的信息。这些信息既包括区域的地形、土壤、植被、水文、气候、资源等自然地理数据，又包括涉及战争需要的人口、经济、通信、交通等人文地理数据。这些原始数据基础上再经过分析整理，制作成符合军用的高精度地图，方便快捷地查询最优作战线路、登陆区域、打击目标、武器运输、全局态势等作战信息。在平时的军事训练中，利用这项技术进行模拟演练，体验战争状态，发现各种可能出现的特殊情况，对提高军队的作战能力都有十分重要的帮助。

9.7 GIS 应用领域发展趋势

未来 GIS 应用领域将会在传统领域的基础上向其他弱 GIS 行业延伸，也就是弱 GIS 行业的 GIS 比重增强。因为现在随着 IT 技术发展，GIS 也积极跟随 IT 技术的步伐，从技术上进行融合，GIS 也正在与大数据、云计算、容器、物联网、VR、AR、MR、游戏、电影等进行结合，技术的发展让这些领域的 GIS 应用产生可能。只要有空间信息，就可以通过地图的媒介进行展示，可以将 GIS 空间查询、空间分析、符号化渲染等常用功能为应用领域提供便利。

同时 GIS 已经向商业智能延伸，SuperMap 的地图慧，捷泰天域的 GeoQ 等都是典范，Esri 的 CityEngine 已经为电影的三维场景提供建模。再者，GIS 系统由原来的 C/S 架构的桌面端 GIS，到现在的 WebGIS，以及更加轻量级的移动 APP 发展，行业需求仍然以当前的 WebGIS 端 GIS 为主，而 WebGIS 的发展会向专业化、轻量化发展。后续可能也会与车联网以及物联网协同。当然，现在 WebGIS 的发展，随着访问数量激增，并发数加大，对于互联网的架构设计、负载均衡、集群、监控等技术也会在以后的行业 GIS 项目中不断应用。

复习思考题

1. 如何在精细化农业中应用 GIS 技术？
2. 智慧林业中应用了 GIS 技术的哪些功能？
3. GIS 技术在生态治理及环境保护方面有哪些应用优势？
4. 结合自己的专业，举例说明如何利用 GIS 技术解决实际问题。

实践习作

习作 9-1　土壤侵蚀危险性分析

1. 知识点

加权叠加分析的概念及模型建立。

2. 习作数据

研究区界线（Study Area）、植被（Vegetation）、土壤类型栅格（Soilsgrid）。

3. 结果与要求

采用已有的 DEM 数据，提取坡度、重分类和土壤类型栅格数据进行加权叠加分析，从而得出土壤侵蚀危险性的不同等级。

4. 操作步骤

方案一：在 ArcMap 工作环境完成习作内容

（1）加载数据

启动 ArcMap，添加矢量数据：研究区界线（StudyArea）、植被（Vegetation）、栅格数据（Soilsgrid）。

（2）添加需要的扩展模块

在主菜单中依次选择【自定义】—【扩展模块】，在【空间分析】、【3D 分析】选项卡前打钩，加载空间分析和了 3D 分析扩展模块。

（3）符号化实验数据

右键单击 vegetaion 图层，在弹出的快捷菜单中选择"属性"，打开【图层属性】对话框选择"系统符号"，在左侧【显示】文本框中选择【分类】下的选项"唯一值渲染"。在右侧的【值字段】选项卡的下拉菜单中选择"VECTYPE"，将 vegetaion 图层用 VECTYPE 的值代表的符号显示。采用同样的方法显示 soilsgid 图层，其中【值字段】采用 S_value 字段设置。

（4）设置研究区边界符号

双击【目录】面板中 study area 图层下的 polygon 图标，打开【属性选择】对话框，在对话框右侧将【填充颜色】设置为无颜色。

(5) 转换 DEM 数据为栅格格式

打开【工具箱】，选择【转换工具】工具下"To 栅格"，选择"DEM to 栅格"，在【DEM to 栅格】对话框中【Input USGS DEM Files】选项的下拉菜单中选择输入文件为"elevation. dem"。该文件通过点击通过输入框右边的文件夹在数据文件夹 Ex9_1 中找到。然后在【输出栅格】中输入"DEMToRa_dem"，作为生成的栅格数据的名称，其他值默认，单击【确定】。

(6) 生成坡度图像

在【工具箱】中，点击【空间分析】工具条下的【表面分析】选项，选择"坡度"，在打开的【坡度】对话框【输入栅格】选项卡下输入步骤(5)生成的栅格数据 DEMToRa_dem，在【输出栅格】输入"Slope_DEMToRa"，设置输出栅格的名称，其他值默认，单击【确定】。

(7) 重分类坡度图

在【工具箱】中，点击【空间分析工具】工具下的【重分类】选项，选择【重分类】工具，在出现的【重分类】对话框的【输入栅格】文本框中选择输入栅格为"Slope_DEMToRa"，在【重分类字段】文本框中选择字段为"value"，单击下方的【加载】，添加分类表 slopereclass，在【输出栅格】输入"Reclass_Slop"，将分类结果保存为 Reclass_Slop，单击【确定】。

(8) 矢量数据转换为栅格数据

打开【工具箱】，执行【转换】工具下的【转为栅格】选项，选择"要素转栅格"，【输入要素】文本框中选择"vegetation"图层，在【字段】下的文本框中选择字段为"VEGTYPE"，在【输出栅格】文本框中输入"Feature_shp"，将矢量数据 vegetation 转换为对应的栅格数据 Feature_shp，其他值默认，单击【确定】。

(9) 设置不同土地利用类型的权值

打开【工具箱】，执行【空间分析工具】工具下的【叠加】选项，在【加权叠加】工具中，单击右上方的"+"图标，添加加权叠加图层，依次添加 soilsgrid、Feature_shp 和 Reclass_Slop 图层，其中 soilsgrid 的【字段】选项的输入字段设置为 S_VALUE，单击【确定】，影响值设置为 25，Scale Value 值分别设置为 1、5、9、3、Restricted；Feature_shp 的【字段】选项的输入字段设置为 VEGTYPE，单击【确定】，影响值设置为 25，Scale Value 值分别设置为 6、3、1、9、8、Restricted；Reclass_Shop 的字段设置为 value，单击【确定】，影响值设置为 50，Scale Value 值分别设置为 1、2、3、4、5、6、7、8、9、9、Restricted，其他值默认，在【输出栅格】文本框中输入"Weight_soil"，输出加权后的土地利用栅格数据，单击【确定】。

(10) 显示土壤侵蚀性分析结果

加载数据 Weighte_soil 到 ArcMap 窗口，右击 Weight_soil 图层，在弹出的快捷菜单中选择【属性】，打开【图层属性】对话框，选择【符号系统】标签，在左侧【显示】文本框中选择【类别】下的选项【唯一值】渲染，在右侧的【值字段】选项卡中选择 Value 值代表这个图层的符号显示。由生成的图层中可知，[0…9]表示研究区内土壤侵蚀的危险级别，1 表示发生土壤侵蚀的可能性较小，9 表示发生土壤侵蚀的可能性极大。

方案二：在 Model Builder 窗口中完成操作

(1) 建立 Model Builder 文件

在菜单栏下，执行【地理处理】中的【模型构建器】选项，打开模型构建器应用窗口，执行【模型】选项中的【模型属性】选项。【常规】选项中输入名称"土壤侵蚀危险性分析"，输入标注"土壤侵蚀危险性模型"。【环境】选项中，勾选【处理范围】下的【范围】，单击【字段】，在出现的窗口中单击输入处理范围，在下拉菜单中选择"相同图层研究区"，单击【确定】，返回属性窗口，单击【应用】。

(2) 提列标题

将图层植被、土壤类型栅格拖放到【模型构建器】窗口中，从工具箱中将工具【DEM 转栅格】拖放到【模型构建器】窗口中，双击【DEM 转栅格】工具，输入 USGS DEM 文件"elevation. dem"，单击【确定】；将【坡度】工具拖入窗口中，在【模型构建器】窗口中，点击【连接】将派生数据图框 DEMToRa_dem 与工具图框【坡度】连接在一起，将【重分类】工具拖入窗口中，双击工具，单击【加载】，添加分类表【坡度重分类】，其他值默认，单击【确定】，右键运行模型。

(3) 提列标题

从工具箱中将工具【要素转栅格】拖放到【模型构建器】窗口中，在模型构建器窗口中，点击【连接】按钮，将数据图框"植被"与工具图框【要素转栅格】连接在一起，双击工具，选择字段"VEGTYPE"，单击【确定】，右键运行模型。

(4) 提列标题

从工具箱中将工具【加权叠加】拖放到【模型构建器】窗口中，双击工具，添加加权叠加图层，输入权重和比例值，同方案一步骤(3)，输入完成。单击【确定】退出添加窗口，在模型窗口中单击【运行】按钮，运行模型，右键【结果】，单击添【加至显示】，显示结果图。

第 10 章

GIS 的发展趋势

【内容提要】目前，GIS 的应用领域越来越广泛，随着计算机技术的迅速发展，使 GIS 发生了新的变化。GIS 正朝着一个数据标准化、数据多维化、系统集成化、系统智能化、平台网络化和应用社会化的方向发展。GIS 作为时空信息服务的技术支撑，在人工智能、大数据等新兴技术的支持下成为 GIS 发展的趋势和研究热点。本章主要介绍当下地理信息系统发展的热点技术，包括人工智能 GIS、大数据 GIS、深度学习相关的 GIS 和虚拟现实技术等。

10.1 人工智能 GIS

人工智能(artificial intelligence，AI)给各行业带来的巨大挑战与机遇是空前的，将引起未来至少五十年的产业变革。地理信息行业的创新发展必须转变思维方式，树立物联网思维、大数据思维、时空观思维，通过跨界融合，服务社会，争取智能化时代的主动权，实现绿色、智能的整体转型。随着科学进步，人类对时空服务的需求正在从事后走向实时和瞬间、从静态走向动态和高速、从粗略走向精准和完备、从陆地走向海洋和天空、从区域走向全球、从地球走向深空和宇宙。地理信息的存在性需求，决定了它在智能化时代中不会消失，但必须完成从信息化到智能化的转型。人类对位置服务质量要求越来越高，地理信息行业必须提高服务质量，包括对环境、人体健康、人身安全、时空动态等多方面都要加精确地监测，满足"互联网+"和智能化时代下日新月异的个性化、智能化、实时化、精准化的服务需求。

基于人工智能与 GIS 的深度融合，加强空间信息智能化处理、空间推理、地学专家系统、智能化规则知识推理过程等研究，发展人工智能 GIS，能增强问题求解、自动推理、决策、知识表示与使用等方面的能力，可智能化分析、预测、决策及解决复杂的现实问题。人工智能在地理信息行业的应用有很多。比如，自动变化检测、无人机高分数据实时处理。传感器的创新要向人工智能、脑智能方向发展，类似对地观测脑、智慧城市脑和智能手机脑，只有抓住这些前沿，才能让地理信息行业成为全人类需要的大产业。时空地理信息过去是静态的，如今必须走向时空地理信息的智能化新阶段。

10.1.1 人工智能技术在 GIS 应用中的研究

人工智能是计算机科学、控制论、信息论、神经生物学、心理学、语言学等多种学科互相渗透而发展起来的一门综合性学科；是研究解释和模拟人类智能、智能行为及其规律的一门综合性的边缘学科。它借助于计算机建造智能系统，完成诸如模式计算识别、自然语言理解、程序自动设计、定理自动证明、机器人、专家系统等应用活动；其主要任务是建立智能信息处理理论，进而设计可以展现某些近似于人类智能行为的计算系统。

当前普遍的 GIS 系统需要完成管理大量复杂的地理数据的任务，目前，GIS 技术主要侧重于解决复杂的空间数据处理与显示问题，其推广应用遇到的最大困难是缺乏足够的专题分析模型，或者说 GIS 的数据分析能力较弱，而这一能力的提高从根本上依赖于人工智能中的知识工程、问题求解、规划、决策、自动推理技术等的发展与应用。从这一点上讲，在不久的将来，人工智能在 GIS 系统中的应用，尤其是其智能化分析功能将大大改善传统 GIS 应用范围，将 GIS 应用提高到一个新的层次。

将人工智能应用到 GIS 中，使之能够对结构化或非结构化的知识进行表达与推理。以构成一个完整的智能化 GIS。通过增强其在问题求解、自动推理、决策、知识表示与使用等方面的能力，使 GIS 的专题分析模型能自动地、智能化地解决复杂的现实问题，是 GIS 的重要发展方向之一。

10.1.2 人工智能在 GIS 领域的应用

人工智能与 GIS 的结合，其产生的专题分析模型可以增强问题求解、自动推理、决策、知识表示与使用等方面的能力，并能够智能化地解决复杂的现实问题。具体应用领域包括生态评估、环境保护、农林土地建设、地图制图及数据获取、交通运输、通信电力网络规划、灾害预防、养殖副业、城市规划等。按 GIS 应用中涉及的具体人工智能方法来分，又有 GIS 与专家系统(expert system, ES)或基于知识的专家系统(knowledge-based expert system, KBES)的结合，GIS 与模糊推理的结合，GIS 与模式识别(pattern recognition, PR)的结合，GIS 与决策支持系统(decision support system, DSS)的结合等。

10.1.3 人工智能在 GIS 中的研究热点

现实的需求要求 GIS 不仅要完成管理大量复杂的地理数据的任务，更为重要的是实现与地理数据相关的分析、评价、预测和辅助决策系统应用的关键。

(1) 空间分析

空间分析的主要功能不是简单地从地理数据库中通过"检索"和"查询"提取空间信息，而是利用各种空间分析模型及空间操作对空间数据进行处理，从而发现新的知识。传统的 GIS 模型经过智能化改进可用于描述各类地理因素主要特征并预测系统将来的发展趋势。模型如图 10-1 所示。

人工神经网络是一种用计算机去模拟生物机制的方法，是一种不确定的方法。它们不要求对事物的机制有明确的了解，系统的输出取决于系统输入和输出之间的连接权，而这

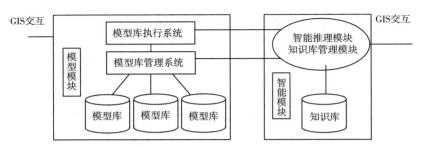

图 10-1 空间分析模型

些连接权的数值则是根据历史上曾经发生过的事例训练得到的,这种方式对解决机理尚不明确的问题特别有效。与传统的统计模型相比,人工神经网络和遗传算法更适合分布不明确的非线性问题。目前,比较成形的人工神经网络模型有:BP(back propagation)网、SOM(sel-organization feature map)网、循环 BP 网、RBF(radial basic function)网和 PNN(probablistic neural network)等。BP 网采用多层前向拓扑形状,由输入层、中间层和输出层组成,可用于分类、回归时间序列预测任务中。SOM 神经网络模型适合对数据对象进行聚类,它的输入层由 N 个输入神经元组成,竞争层由 $m*m=M$ 个输出神经元组成,输入层神经元与竞争层神经元之间相互连接。

地学现象的复杂性和独特性使建立在各种理想条件之上的理论模型很难应用于实际,确定性的模型需要随着地点和时间的改变而不断修改模型参数甚至模型结构,因而在很大程度上失去了模型的普遍性。自然、社会、经济各因素的耦合使这个复杂的系统具有一定程度的非线性和混沌特点,人工神经元网络和遗传算法为建立新的空间模型提供了一条可行的方法。我们知道多层前向神经网络的最重要属性在于它能够学会任何复杂性的映射(线性、非线性),利用这一特性可以在没有或有很少关于研究对象的领域知识的前提下,通过对大量空间数据(样本)进行学习,来建立空间要素之间的依赖关系,以满足人们对空间数学模型的需求。

智能空间分析重点要解决的问题是空间知识的发现、表达与推理问题。对于描述性知识来说,符号方法仍然是一种重要的知识表达与推理手段。而对于具有大规模并行分布式结构的知识,神经网络和遗传算法则具有其他方法无可替代的优越性。

空间知识的自动获取是制约空间分析发展的瓶颈。从空间数据库中发现知识的能力是评价空间信息智能化的重要标志。神经网络与遗传算法的结合使其具有较强的知识学习能力成为可能。

(2)空间推理

空间推理是利用空间理论和人工智能技术对空间对象进行建模、描述与表示,并据此对空间对象间的空间关系进行定性或定量分析和处理的过程。空间推理有浅层推理和深层推理之分。深层次的推理结合了人工智能技术,涉及空间知识的获取、表达与利用,也称为基于规则知识的空间推理。知识可以是从空间数据本身内在的规律提取的事实性知识,也可以是人为规定的或常识性的认知知识。

(3)人工智能

人工智能广泛应用于知识工程、专家系统、决策支持系统、模式识别、自然语言理解、智能机器人等方面。专家系统是其中应用最为成熟的一个领域。专家系统在应用过程中，知识获取的瓶颈是最大的障碍之一。其核心内容是知识库和推理机制，主要组成部分是：知识库、推理机、工作数据库、用户界面、解释程序和知识获取程序，其一般结构如图 10-2 所示。GIS 与专家系统结合在一起，从数据库中提取相应的数据，在知识库和规则库中提取相应的知识和规则，推理机就模拟专家的分析过程，自动处理，直到生成需要的结果。

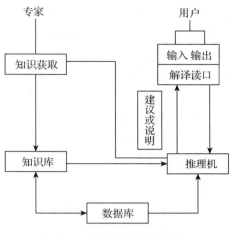

图 10-2　地学专家系统结构

如前所述，由于地理现象的复杂性和强烈的地域个性使系统地理学试图寻找普遍规律的努力只能停留在理论研究阶段，而区域地理学一般性描述无法确定性地揭示地理现象的内在规律亦无法让人们满意。GIS 建立的区域空间数据库是特定区域的定量反映，是个性和共性的统一，包含着大量的地学知识，可以在此基础上探讨普遍性和特殊性的地学规律。对于已经明确的规律，可以直接应用于模型分析而不必经过烦琐的推理，对机理不清的现象可以用专家系统的方法加以解决。同时 GIS 提供的空间分析功能也为地学专家系统提供了有力的工具。

目前，已有的地学专家系统如美国著名的 PROSPECTOR 地质勘探专家系统用于寻找矿藏；我国南京大学开发的用于寻找地下水的勘探地下水专家系统 KCGW；美国石油勘探专家系统 DIPMETER；暴雨预报专家系统 WILLARD、YeeLeung 等。它们将地学专家的经验加以形式化表达并存储在知识库中，采用贝叶斯推理机制。当用户启动系统后，输入某一地区的观测事实及其可信度后，系统经过推理后将推理结果以及这个结果的可信度反馈给用户，当某一结论的可信度超过用户设置的阈值后，则认为已推导出满足用户要求的结论。这一类属于早期编写的人工智能专家系统。近年来，翁文斌等设计的汾河防洪专家系统采用了语义网络知识库、框架知识库、槽知识库、规则知识库和目标库等来表达和存储知识，提供知识库管理系统，除了普通推理机外还提供了专业推理机，是一种比较完善的地学专家系统。

10.1.4　人工智能应用 GIS 的趋势及问题

随着人工智能技术的研究日渐深入，越来越多的人工智能技术可与 GIS 结合开发出更具智能化人性化的系统。最近几年，人工神经网络技术和遗传算法的应用取得了很大的成功，相信在不久的将来，人工智能和专家系统将与 GPS、GIS、RS、DPS、DSS、KDD 等技术相结合，将建立集成化、自动化的空间智能决策支持系统，为可持续发展提供有力的技术支持。

（1）嵌入式发展

嵌入式系统被定义为以应用为中心、以计算机技术为基础、软件硬件可裁剪、适应应用系统对功能、可靠性、成本、体积、功耗严格要求的专用计算机系统。嵌入式设计思想已经得到相当广泛的应用，大到航空航天器，小到儿童玩具，都包含有嵌入式设计理念。软件系统与嵌入式系统结合是软件发展的趋势，"3S"技术与嵌入式硬件系统集成，构成嵌入式"3S"系统，使智能化 GIS 的实现更进一步。比如车载 GIS 系统，是将 GIS 软件嵌入到汽车电子显示系统中，再同车载 GPS 接收系统结合，即可完成汽车实时监控，以及汽车位置、交通信息查询。

（2）构建地理智能体（GeoAgent）

GeoAgent 是利用地学知识进行推理的可进化的智能实体，具有很强的处理地理空间数据的能力，包括智能获取、处理、存取、搜索、表达和决策支持等，是自主计算的分布式计算系统。GeoAgent 具有跨异构系统平台、网络带宽要求低、智能的移动计算等优点，是实现地理智能化的基础，具有宽广的应用前景和发展前途。

地学知识库是 GIS 智能化的关键，也是 GIS 智能化发展的瓶颈。地学知识库的管理是人们注意的另一个热点。人们期望地学知识库能够像使用关系数据库一样，可以方便地对知识单元（知识域中不可再分的单元）进行各种操作，例如：定义知识结构、消除知识冗余、查询修改和更新知识。这种想法使开发者很自然地利用起关系数据库技术构造地学知识库，对地学知识进行管理。

随着对地学现象和地学信息认识和分析的不断深入，原来非结构化的数据和知识可能逐步变得结构化，可以采用一系列指标和公式加以明确表达，从而不再需要人工智能的支持；而新的地学现象、新的观测方式的出现，更高层次地学规律的研究的深入，大量的非结构化信息仍然需要有效的人工智能的支持。人工智能技术也必须能够适应表达和存储多源、多维、多尺度、时空复合的地学信息的需要，支持地学数据融合和地学知识发现的需要。随着越来越多的 GIS 的建立，客观世界逐步纳入人的监测和调控范围之内。面对不断爆炸的信息量，已经不可能单纯依靠人工去处理这些信息。采用人工智能和专家系统技术，让计算机取代这一部分工作已势在必行，这在很大程度上依赖于对地学信息机理的基础研究。

10.2 大数据下的 GIS

大数据时代和人工智能时代的到来，让人们对地理信息行业很期待。目前，不仅有移动互联网上传的数据，还有航天遥感的数据。当数据量很大的时候，会发现数据的价值没有跟数据量呈正向相关的关系，这就让人们思考，数据怎样产生价值？时空信息，如果利用大数据，朝人工智能方向发展，会有很大的应用空间。很多新兴行业需要时空信息来做支撑，比如共享单车。我国地理信息产业还处于"农耕时代"。如果数据链再延伸一些，数据的附加值可能就会增加很多。比如，现在很多地方在建立智慧城市，需要大量地理信息数据做支撑。从这个角度讲，时空信息服务不仅要满足于提供非常漂亮的、非常精准的传统数据，还要提供更符合终端，满足用户需要的数据。

10.2.1 大数据 GIS 技术

现代社会，互联网、移动互联网、物联网和车联网、金融、通信等疯狂地生产数据。

这些数据种类多、数据量大、价值密度低、变化速度快，以至于传统的数据库技术难以对其加以管理和分析，这就是所谓的大数据。近年来发展起来以 Hadoop 和 Spark 为代表的一些新技术系统，可以用来存储、管理和分析挖掘这些数据。这些数据大多具有位置特性，比如手机信令数据、网络搜索数据、电商交易数据，都有相关人员的位置信息，分析这些大数据的空间分布和空间移动特点，能让大数据发挥更大的价值。对于这些数据，传统 GIS 无法直接管理和分析，要基于 IT 大数据技术做复杂的编程才能实现，无疑增加了分析和挖掘的难度。一些 GIS 平台软件厂商结合相关大数据技术，在 GIS 平台软件里增加对带位置的大数据进行存储、索引、管理和分析的能力，降低了大数据空间分析难度，让更多机构和个人不用编程或者仅用较少编程，就可以管理和分析空间大数据，这就是大数据 GIS 技术。

大数据 GIS 技术是对空间大数据进行包括存储、索引、管理、分析和可视化在内的一系列技术的总称，而不是单纯解决某个环节的问题。一些 GIS 平台厂商陆续发布了大数据相关的 GIS 技术，该技术还在不断发展和进化中，应用还处于初级阶段。

10.2.2 大数据 GIS 应用

全国都做了地理信息普查，花了很多人力物力，不仅能够提供影像记录，还能够提供很多增值服务，但这种增值服务与传统地理信息从业人员拥有的专业技术不一样，业务和产品都要跨界，才有更大的价值，不能满足于提供原始数据和产品。跨界过程中，大数据要发挥重要作用，需要结合人工智能，找到更好的服务路径。

时空数据信息在智慧城市里的应用。比如说，把深圳的居住人口和就业人口做分布分析。一个人有两个最常出现的地点：家庭地址和工作场所。早晨他从家里到单位，晚上从单位到家里，他都要经过相关的交通路网，这样，就能通过大数据手段，掌握不同路网的交通流量、交通压力，从而对这个交通路网进行公交路线优化、道路规划优化等，大数据会使城市管理更智能。

当前，很多地理信息数据还存在相关部门的数据库里，需要把它们变成"云"，实现社会化的共享、社会化的服务。在变成"云"的同时，既要能够做到动态更新、全面感知，而且要能够快速地接入互联网，方便使用；同时还要能深度融合，把地理信息跟城市的其他信息融合起来，形成一个社会化的城市信息，然后在这个基础上进行相关的深度挖掘与应用，推动城市管理迈向智能化。

人工智能和大数据结合，还可以发现各领域没有留意到的市场机会，能够解决靠人的直觉或原来的工作流程无法解决的问题。

10.3 人工智能与深度学习下的 GIS 相关应用

深度学习是机器学习领域一个新的研究方向，近年来在语音识别、计算机视觉等多类应用中取得突破性的进展。其动机在于建立模型模拟人类大脑的神经连接结构，在处理图像、声音和文本这些信号时，通过多个变换阶段分层对数据特征进行描述，进而给出数据的解释。以图像数据为例，灵长类的视觉系统中对这类信号的处理依次为：首先检测边缘、初始形状,然后再逐步形成更复杂的视觉形状,深度学习同样通过组合低层特征形成更加抽象的高层表示、属性类别或特征,给出数据的分层特征表示。

近年来,随着类神经网络、数据挖掘、物联网、大数据分析、人工智能与深度学习的技术不断地发展与强化,许多智能化的方法可用于数据分析。GIS作为一个整合各领域的学科,如何透过这些智能化的方式,分析时间与空间的变迁,解决以往较为困难的问题,或者扩展更多的可能性,是非常重要的。同时,在人工智能与深度学习下的GIS,除了能够自动智能地侦测地理数据的对象之外(如遥测影像自动辨识树种),最重要的还是要找出对象之间的关系,以及对象与空间的模式,形成规则(rule),强化后续学习的准确率。

10.3.1 影像辨别

影像相对于矢量数据,相对容易做深度学习应用,原因在于其网格式的数据特性。每一个网格有固定的大小,并且具有一个或多个值,表达这个网格在某空间上的特定属性。例如,遥测影像每一个网格代表某地物在此网格空间大小中反应的光谱值,可能反映的是植被的种类,或者建筑物的材质。而我们如何得知特定的光谱值反映哪一种的植被种类或建物材质,得依靠其他数据(比如:土地利用数据)的辅助,进行分类与学习。目前可以看到应用深度学习的相关研究包括:

①土地利用数据自动化辨识与分类。利用历年遥测数据以及土地利用数据,加以学习分类,提高自动化判释土地利用的准确性。

②模拟都市扩张。透过历年的都市卫星影像与土地利用数据,透过深度学习建立模式,预测未来都透过历年的都市卫星影像与土地利用数据,透过深度学习建立模式,预测未来都市扩张的模式。

③潜在自然灾害的判释。透过历年的卫星影像数据,发生自然灾害的点位、坡度、坡向及雨量数据,进行深度学习建立模式,预测未来可能潜在发生自然灾害的地点。

10.3.2 街景图自动化识别对象

(1)自动辨识门牌号码

Google地图所收集的全世界街景图,透过初步的人工辨识,建立训练数据,并且透过深度学习的方式,建立模式,并且再加上全世界的反馈,不断地训练模式增加准确度。

(2)更新POI数据

除了门牌辨识之外,也可以实时动态更新POI点位数据。先透过深度学习判断每张街景图的对象,再加上拍照的地点与角度,推断出每个对象的位置与轮廓。再结合过去收集的POI数据,得到每个对象所代表的种类。例如,邮局、便利商店等。由于知道每个对象的轮廓、影像以及代表的种类,可以加强深度学习的模式,预测未来每个对象发生改变之后可能代表的种类,更新POI数据。

(3)监视器影像自动判释

利用同样的深度学习方法,应用在监视器影像中。首先,先识别影像中的对象与形状,由于监视器影像是连续拍摄的,我们可以得知对象是否移动、移动的轨迹以及发生的时间。再加上初步人工介入制作训练样本,透过深度学习建立模式,往后透过大量的数据修正来提高模式的准确度。除此识别对象之外,模式也是另外一个重点,例如,如何自动侦测人是否聚集、人是否带大型物品或是否有人长时间逗留在银行前面,都可以作为未来可能发生危机时的自动预警系统。

(4)自动判别照片拍摄的地名

我们除了透过照片的 EXIF 知道拍摄的地点之外,还能够透过深度学习的方式,自动辨别照片内的对象、形状与颜色,自动地获知照片拍摄的所在地点。

10.3.3 无人车自动驾驶

Google 或 Tesla 积极的推出无人车自动驾驶技术,除了倚靠大量的 GIS 数据之外,还必须仰靠 LIDAR 技术,实时侦测对象所在的位置、形状以及距离的远近,来反馈回深度学习模式做反应。同时车与车之间,也可以透过标准的机制,交换训练的成果,告知前方可能的状况,提早做反应。

10.3.4 社交数据分析

社交数据也是另外一个可以应用深度学习的领域。例如,我们可以分析每篇微博文章,找出时间、空间、描述的人事物、表达的情绪以及照片的内容。透过深度学习的方式,归纳可能的模式,预测未来在类似事件发生的情况下,了解社交在空间上是否会有聚集、时间上的反应以及对于事件的情绪反应。

10.4 GIS 中的虚拟现实技术

虚拟现实(virtual reality,VR)是近年来出现的高新技术也称灵境技术或人工环境。VR 用计算机生成逼真的三维视、听、嗅觉等感觉,使人作为参与者通过适当装置,自然地对虚拟世界进行体验和交互作用。使用者进行位置移动时,电脑可以立即进行复杂的运算,将精确的 3D 世界影像传回产生临场感。该技术集成了计算机图形(computer graphics,CG)技术、计算机仿真技术、人工智能、传感技术、显示技术、网络并行处理等技术的最新发展成果,是一种由计算机技术辅助生成的高技术模拟系统。VR 是人们通过计算机对复杂数据进行可视化操作与交互的一种全新方式,与传统的人机界面以及流行的视窗操作相比,VR 在技术思想上有了质的飞跃。

VR 中的"现实"是泛指在物理意义上或功能意义上存在于世界上的任何事物或环境,它可以是实际上可实现的,也可以是实际上难以实现的或根本无法实现的。而"虚拟"是指用计算机生成的意思。因此,VR 是指用计算机生成的一种特殊环境,人可以通过使用各种特殊装置将自己"投射"到这个环境中,并操作、控制环境,实现特殊的目的,即人是这种环境的主宰。

10.4.1 虚拟地理信息系统 VR-GIS

VR-GIS 技术是指虚拟现实技术与地理信息系统技术相结合的技术,包括与网络地理信息系统(WebGIS、ComGIS)相结合的技术。VR-GIS 技术是 20 世纪 90 年代才开始的一种专门以地理信息科学为对象的 VR 技术。

VR-GIS 技术，目前还不用数字化头盔、手套和衣服，它运用虚拟建模语言(virtual reality modeling language，VRML)技术，可以在 PC 机上进行，使费用大幅降低，所以它具有被广大用户接受的特点。但实际上只能称为仿真。它虽然只具有三维立体、动态、声呐（视觉、运动感觉、听觉）的特点，但没有触觉，更没有嗅觉特点等，知识通过大脑的联想，也有一定程度的身临其境的感觉，因此它还不是真正的虚拟，而是一种准虚拟或不完善的虚拟，或半虚拟技术。

10.4.2 VR-GIS 的特点

VR-GIS 的特点包括：对现实的地理区域的非常真实的表达；用户在所选择的地理带（地理范围）内和外自由移动；在 3D(立体)数据库的标准 GIS 功能(查询、选择和空间分析等)；可视化功能必须是用户接口的自然的整体部分。GIS 和 VR 技术的连接主要是通过 VRML 转换文件格式，把 GIS 信息转到 VR 中表示。VR-GIS 方法是基于一个耦合的系统，由一个 GIS 模块和 VR 模块组成。

10.4.3 VR-GIS 的关键技术

(1) 动态环境建模技术

虚拟环境的建立是 VR 技术的核心内容。动态环境建模技术的目的是获取实际环境的三维数据，并根据应用的需要，利用获取的三维数据建立相应的虚拟环境模型。三维数据的获取可以采用 CAD 技术(有规则的环境)，而更多的环境则需要采用非接触式的视觉建模技术，两者的有机结合可以有效地提高数据获取的效率。

(2) 实时三维图形生成技术

三维图形的生成技术已经较为成熟，其关键是如何实现"实时"生成。为了达到实时的目的，至少要保证图形的刷新效率不低于 15 fps，最好是高于 30 fps。在不降低图形的质量和复杂度的前提下，如何提高刷新频率将是该技术的研究内容。

(3) 立体显示和传感器技术

VR 的交互能力依赖于立体显示和传感器技术的发展。现有的 VR 还远远不能满足系统的需要。例如，数据手套有延迟大、分辨率低、作用范围小、使用不便等缺点；虚拟显示设备的跟踪精度和跟踪范围也有待提高。

(4) 应用系统开发工具

VR 应用的关键在寻找合适的场合和对象，即如何发挥想象力和创造力。选择适当的应用对象可以大幅度地提高生产效率、降低劳动强度、提高产品开发质量。为了达到这一目的，必须研究 VR 的开发工具，如 VR 系统开发平台、分布式虚拟现实技术等。

(5) 系统集成技术

由于 VR 中包括大量的感知信息和模型，因此系统的集成技术起着至关重要的作用。集成技术包括信息的同步技术、模型的标定技术、数据转换技术、数据管理模型、识别和合成技术等。

（6）分布式虚拟地理信息系统技术

分布式虚拟地理信息系统（distributed virtual geographic information system，DVR-GIS）是基于网络的虚拟环境，在这个环境中，位于不同物理环境位置的多个用户或多个虚拟环境通过网络相联结。DVR-GIS 支持多人实时通过网络进行交互的软件系统，每个用户在一个 VR 环境中，通过计算机与其他用户进行交互，并共享信息。关键技术包括模型结构（集中式结构和复制式结构）多协议模型（联结管理协议、导航控制协议、几何协议、动画协议、仿真协议、交互协议和场景管理协议等）。

10.4.4　VR-GIS 的应用

（1）对地球系统的结构进行虚拟

对地球系统的结构进行虚拟包括地球构造、地质构造、火山构造、地貌构造、景观构造等进行模拟；城市、交通、大型工程结构进行模拟等。

（2）综合开发与治理虚拟实验

综合开发与治理虚拟实验包括区域可持续发展实验；流域开发与综合治理实验。

（3）污染与整治虚拟实验

污染与整治虚拟实验包括大气污染过程、水质污染过程与扩散过程实验；噪声污染实验等。

（4）科学可视化

科学可视化其目标是开发对不同科学目的的三维地理制图表示的可能性，重点是目标本身的可视化方法。

（5）考古模拟

考古模拟这方面的应用主要是重建目前不存在的三维古代陆地景观。

（6）军事模拟和情报应用

军事模拟，特别是飞行模拟是 VR 实施的主要推动力，军事 VR-GIS 的一个目标是在未来演习中力求允许"虚拟预言"。

（7）教育与培训

VR-GIS 特别适用于教育和培训工作，具有一切影像教育的特点，可以将对地球科学的知识、抽象的概念，用生动的逼近真实的感觉来表达，使学者易于接受和了解复杂系统。

总之，随着计算机软硬件，特别是网络技术的飞速发展，人工智能技术、大数据技术、深度学习、虚拟现实技术都将是 GIS 技术的研究热点和发展趋势。

参 考 文 献

边馥苓, 2006. 空间信息导论[M]. 北京: 测绘出版社.
蔡梦裔, 毛赞猷, 田德森, 等, 2000. 新编地图学教程[M]. 北京: 高等教育出版社.
曾澜, 2006. 我国地理空间信息共享的分类方法和地理编码规则研究[J]. 地理信息世界, 4(6): 21-27.
曾衍伟, 龚健雅, 2004. 空间数据质量控制与评价方法及实现技术[J]. 武汉大学学报(信息科学版), 29(8): 686-690.
陈述鹏, 2002. 地理信息系统导论[M]. 北京: 科学出版社.
段祥召, 2014. 大数据在测绘地理信息方面的应用[J]. 城市建筑(23): 359.
范爱民, 景海涛, 2000. 地图数字化质量问题研究[J]. 测绘通报(4): 1-3.
龚健雅, 1992. GIS 中矢量栅格一体化数据结构的研究[J]. 测绘学报(4): 259-266.
龚健雅, 杜道生, 李清泉, 等, 2004. 当代地理信息技术[M]. 北京: 科学出版社.
龚健雅, 2017. 地理信息系统基础[M]. 北京: 科学出版社.
胡鹏, 黄杏元, 华一新, 2002. 地理信息系统教程[M]. 武汉: 武汉大学出版社.
黄杏元, 马劲松, 汤勤, 2001. 地理信息系统概论[M]. 北京: 高等教育出版社.
金学英, 1979. 用手扶跟踪数字化器进行地图量算的试验[J]. 测绘通报(6): 38-40.
李德仁, 龚健雅, 张桥平, 2004. 论地图数据库合并技术[J]. 测绘科学, 29(1): 1-4.
李德仁, 肖志峰, 朱欣焰, 等, 2006. 空间信息多级网格的划分方法及编码研究[J]. 测绘学报, 35(1): 52-56.
李建松, 唐雪华, 2015. 地理信息系统原理[M]. 2版. 武汉: 武汉大学出版社.
李志林, 2005. 地理空间数据处理的尺度理论[J]. 地理信息世界, 3(2): 1-5.
刘南, 刘仁义, 2002. 地理信息系统[M]. 北京: 高等教育出版社.
陆守一, 陈飞翔, 2016. 地理信息系统[M]. 2版. 北京: 高等教育出版社.
马清利, 2006. GIS 数据源选择方法及其在专业领域中的应用[J]. 科技资讯(4): 11-12.
孟小峰, 周龙骧, 王珊, 2004. 数据库技术发展趋势[J]. 软件学报, 15(12): 1822-1836.
牛新征, 2014. 空间信息数据库[M]. 北京: 人民邮电出版社.
潘瑜春, 钟耳顺, 赵春江, 2004. GIS 空间数据库的更新技术[J]. 地球信息科学学报, 6(1): 36-40.
史文中, 1998. 空间数据误差处理的理论与方法[M]. 北京: 科学出版社.
舒红, 陈军, 1997. 时空拓扑关系定义及时态拓扑关系描述[J]. 测绘学报(4): 299-306.
孙枢, 2003. 地球数据是地球科学创新的重要源泉——从地球科学谈科学数据共享[J]. 地球科学进展, 18(3): 334-337.
汤国安, 刘学军, 闾国年, 等, 2007. 地理信息系统教程[M]. 北京: 高等教育出版社.
汤国安, 杨昕, 2006. ArcGIS 地理信息系统空间分析实验教程[M]. 北京: 科学出版社.
唐静, 吴俐民, 左小清, 2011. 面向对象的高分辨率卫星影像道路信息提取[J]. 测绘科学, 36(5): 98-99.
田永中, 徐永进, 黎明, 等, 2010. 地理信息系统基础与实验教程[M]. 北京: 科学出版社.
汪小林, 罗英伟, 丛升日, 等, 2001. 空间元数据研究及应用[J]. 计算机研究与发展, 38(3):

321-327.

邬伦，刘瑜，张晶，等，2001. 地理信息系统原理、方法和应用[M]. 北京：科学出版社.

吴芳华，张跃鹏，金澄，2001. GIS 空间数据质量的评价[J]. 测绘科学技术学报，18(1)：63-66.

吴风华，2014. 地理信息系统基础[M]. 武汉：武汉大学出版社.

杨慧，2013. 空间分析与建模[M]. 北京：高等教育出版社.

叶为民，张玉龙，朱合华，等，2002. 地理信息系统中的栅格结构与矢量结构[J]. 同济大学学报(自然科学版)，30(1)：101-105.

张超，2007. 地理信息系统应用教程[M]. 北京：科学出版社.

张海荣，王行风，闫志刚，2017. 地理信息系统原理[M]. 徐州：中国矿业大学出版社.

张军海，李仁杰，傅学庆，等，2015. 地理信息系统原理与实践[M]. 2 版. 北京：科学出版社.

CHANG K T，2014. 地理信息系统导论[M]. 陈健飞，连莲，译. 7 版. 北京：电子工业出版社.

CHANG K T，2016. 地理信息系统导论[M]. 陈健飞，等译. 8 版. 北京：科学出版社.

LONGLEY P A，GOODCHILD M F，2004. 地理信息系统(上卷)：原理与技术[M]. 唐中实，黄俊峰，尹平，等译. 北京：电子工业出版社.